"十二五"中等职业教育规划教材

工厂电气设备控制

主　编　刘根润
副主编　隋青松　丁桂斌
主　审　李全利　邓三鹏

U0248055

国防工业出版社
·北京·

内容简介

本书依据维修电工国家职业技能的培养和鉴定要求,结合中职院校电气自动化设备安装与调试专业的教学需求进行编排。为了使本书的内容更加贴近生产实际,我们对目前企业进行了走访,并聘请企业专业技术人员对实际岗位需求进行了筛选,将主要内容划分为常用低压电器检修、三相异步电动机基本控制线路的安装与检修、常用生产机械电气控制线路的识读及故障检修和继电控制线路的设计四部分。

为了更好地适应职业培训一体化教学的要求,本书采用任务驱动模式编写。在文字编排上尽可能采用图示的方法,回避大量文字,力争图文并茂,便于读者理解和学习。

本书可供中等职业技术院校电气类专业使用,也可作为职工培训教材,同时也适合电工、电气类从业人员及爱好者阅读使用。

图书在版编目(CIP)数据

工厂电气设备控制/刘根润主编. —北京:国防工业出版社,2014.3

"十二五"中等职业教育规划教材

ISBN 978-7-118-09337-7

Ⅰ.①工... Ⅱ.①刘... Ⅲ.①工厂–电气控制装置–中等专业学校–教材 Ⅳ.①TM571.2

中国版本图书馆 CIP 数据核字(2014)第 036572 号

※

*国防工业出版社*出版发行

(北京市海淀区紫竹院南路23号 邮政编码100048)

北京奥鑫印刷厂印刷

新华书店经售

*

开本787×1092 1/16 印张17½ 字数438千字

2014年3月第1版第1次印刷 印数1—2000册 定价42.00元

(本书如有印装错误,我社负责调换)

国防书店:(010)88540777   发行邮购:(010)88540776

发行传真:(010)88540755   发行业务:(010)88540717

《工厂电气设备控制》
编写委员会

主　编　刘根润

副主编　隋青松　丁桂斌

参　编　赵　蕊　刘红芬　贾　祥

主　审　李全利　邓三鹏

前　言

工厂电气设备控制技术是中等职业学校培养的电工、电气专业技能型人才必须掌握的基本技能之一，是现代企业生产设备控制的关键技术，也是电气技术人员继续提升专业水平、掌握新技术的基础。

为此，本书采用任务驱动模式编写，力求在传统教材的基础上有重大突破，并尽量满足企业生产的需求，贯彻"做中学、学中做"的职教理念；工学结合，以能力为本位，以就业为导向，以学生为中心的特征，因此在内容上以项目任务形式编排，突出实践与理论的有机结合，技能上力求满足企业用工需要，理论上做到适度、够用。

项目一主要介绍常用低压电器元件的功能、分类、型号意义、结构及工作原理等，通过读者学习掌握低压电器元件的选用及使用方法，具备电气设备日常维护和维修的能力。在编写中为了保证实用性和时效性，这部分主要以介绍目前普遍应用的新型继电控制器件为主，力求通过本书使读者切实提升动手能力。

项目二是本书的核心，主要介绍三相异步电动机继电控制线路的功能、组成及工作原理等，读者通过学习可掌握电动机继电控制线路的安装与检修方法。为了加强实践性教学，这部分主要以线路的安装、接线及故障检修为主，切实提高读者的实践能力。

项目三是本书的重点，讲解典型机床的功能、组成及电气控制线路的工作原理等，读者通过学习可掌握典型机床电气控制线路的故障检修方法。内容安排符合学习认知规律，由浅入深，激发读者的学习兴趣，引导读者逐渐提高技能水平。

项目四是继电控制线路的设计。通过讲解一般继电控制线路的设计和调试方法，使读者加深对电气控制线路原理的理解，提高对电气控制线路分析的能力，同时掌握电气控制线路的设计。同时增加了继电控制线路设计的软件仿真内容，为今后的可编程序控制器的使用和编程打下基础。

本书由刘根润担任主编，隋青松、丁桂斌担任副主编，由李全利、邓三鹏主审，参加编写的还有刘红芬、赵蕊和贾祥。本书在编写过程中得到了天津职业技术师范大学附属高级技术学校、天津源峰科技有限公司、天津市第五机床厂等院校领导、教师和师傅的无私帮助及大力支持，谨在此表示感谢！

此外本书在编写过程中，参考了大量相关文献和网络资源，得到了许多同仁的大力支持和帮助，在此向有关作者一并表示感谢。由于编者水平有限，时间仓促，书中难免有不足和错漏之处，恳请读者批评指正。

编　者

2013 年 11 月

目　录

项目一　常用低压电器检修

【项目描述】

低压电器元件作为企业生产设备的基本控制线路的最小单元,在生产过程中发挥着最重要的作用,同时也是最容易出现故障的部分,因此具备常用低压电器元件选用和检修的能力尤为重要,是电气维修工作人员必须具备的基本能力。

【项目目标】

1. 能正确选用和检测按钮。
2. 能正确拆装和检修熔断器。
3. 能正确拆装和检修接触器。
4. 能正确拆装和检修中间继电器。
5. 能正确选用和检测热继电器。
6. 能正确选用和检测低压断路器。
7. 能正确选用和检测时间继电器。

【项目引导】

凡是根据外界特定的信号或要求,自动或手动接通和断开电路,断续或连续地改变电路参数,实现对电路或非电现象的切换、控制、保护、检测和调节的电气元件均称为电器。

低压电器通常指工作在交流额定电压1200V、直流额定电压1500V以下的电气线路中,起通断、控制、保护和调节作用的电气元件。

低压电器种类繁多,就用途或所控制对象而言,可概括为配电电器和控制电器两大类。配电电器主要用于低压配电系统和动力回路,控制电器主要用于电力拖动自动控制系统,它们的品种和用途如表1-1-1所列。

表1-1-1　低压电器的品种及用途

	电器名称	主要品种	用　途
控制电器	接触器	交流接触器 直流接触器 真空接触器 半导体接触器	主要用于远距离频繁启动器或控制电动机,以及接通和分断正常工作的电路
	继电器	电流继电器 电压继电器 时间继电器 中间继电器 热继电器	主要用于控制系统中,控制其他电器或作主电路的保护

电器名称		主要品种	用　途
控制电器	启动器	磁力启动器 自耦减压启动器 星-三角启动器	主要用于电动机的启动和正反向控制
	控制器	凸轮控制器 平面控制器	主要用于电器控制设备中转换主回路或励磁回路的接法,以达到电动机启动、换向和调速的目的
	主令电器	按钮 限位开关 微动开关 万能转换开关	主要用于接通和分断控制电路,以发布命令或用作程序控制
	电阻器	铁基合金电阻器	用于改变电路的电压、电流等参数或变电能为热能
	变阻器	励磁变阻器 启动变阻器 频敏变阻器	主要用于发电机调压及电动机减压启动和调速
	电磁铁	起重电磁铁 牵引电磁铁 制动电磁铁	用于起重、操纵或牵引机械装置

任务一　按钮的检测

【任务描述】

某机床因使用时间过长,造成按钮损坏,需要相关人员对按钮进行测量和更换。

【任务目标】

1. 通过学习,了解按钮的结构和原理。
2. 能正确识读和绘制按钮的电气符号。
3. 能正确选择和使用按钮。
4. 通过操作,能正确检测量和更换按钮。

【任务课时】

6 小时

【任务实施】

1. 认识元件

1）种类

按钮又称按钮开关或控制按钮,是一种专门发出命令的电器,属于主令电器中的一种,在各种控制场合得到广泛应用。按钮的品种规格繁多,按用途和触点的结构不同分为停止按钮(常闭按钮)、启动按钮(常开按钮)和复合按钮(常开和常闭组合按钮)。按照结构形式不同分为扦按式、旋钮式、钥匙式和紧急式,如图 1-1-1 所示。常用的有 LA2、LA18、LA19 和 LA22 等系列。

图1-1-1 按钮的常见类型

(a) 扦按式；(b) 旋钮式；(c) 钥匙式；(d) 紧急式。

2）型号

常用按钮的型号含义如下：

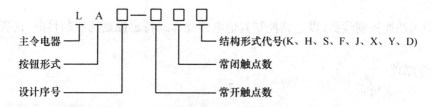

其中：

        K—开启式　　S—防水式　　H—保护式　　F—防腐式　　J—紧急式

        X—旋钮式　　Y—钥匙式　　D—带指示灯式　　DJ—紧急式带指示灯

3）技术数据

控制按钮是一种短时接通或断开小电流电路的电器，不能直接控制主电路的通断，而在控制电路中发出"指令"去控制接触器、继电器等电器，再由它们去控制主电气回路。因此控制按钮的触点允许通过的电流一般不超过5A。

4）知识巩固

（1）型号为"LA2－11H"的低压电器，"LA"表示＿＿＿＿＿＿＿＿＿，"2"表示
＿＿＿＿＿＿＿＿＿，"11"表示＿＿＿＿＿＿＿＿＿，"H"表示＿＿＿＿＿＿＿＿＿。

（2）请写出你使用的练习盘上按钮的型号：＿＿＿＿＿＿＿＿＿。

2. 了解结构

1）特点

按钮具有结构简单、价格低廉、使用和维护方便等优点。

2）结构

按钮一般由按钮帽、复位弹簧、触点和外壳组成（图1-1-2）。目前许多常用的按钮的触点都采用组合式的结构，即根据需要组合触点的形式和数量，一个按钮一般最多可以组合6个常开触点和6个常闭触点。

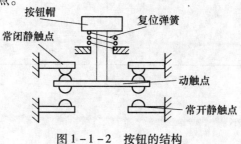

图1-1-2 按钮的结构

3

3）知识巩固

写出按钮的各部分名称。

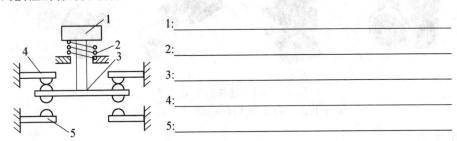

1: _____

2: _____

3: _____

4: _____

5: _____

3. 理解原理

1）用途

按钮用于切换控制线路,以达到控制其他电器动作或特定控制功能的目的,在各种控制场合得到广泛应用。

2）工作原理

如图 1 - 1 - 3 所示。

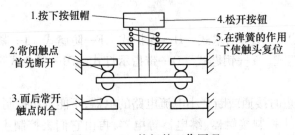

图 1 - 1 - 3　按钮的工作原理

目前许多常用的按钮的触点都采用组合式的结构,即根据需要组合触点的形式和数量,如图 1 - 1 - 4 所示。

图 1 - 1 - 4　组合式按钮

3）知识巩固

请写出按钮的用途。

答:_____

4. 掌握应用

1）认识电气符号

符号如图 1 - 1 - 5 所示。

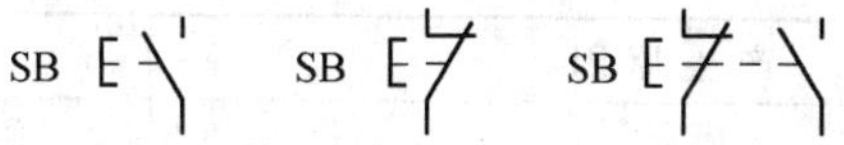

启动按钮　　　停止按钮　　　复合按钮

图 1-1-5　按钮电气符号

2）选用

（1）根据使用场合选择按钮的种类。

（2）根据用途选择合适的形式。

（3）根据控制回路的需要确定按钮数。

（4）按工作状态指示和工作情况要求选择按钮和指示灯的颜色。

3）安装使用注意事项

（1）将按钮安装在面板上时，应布置整齐，排列合理，可根据电动机启动的先后次序，从上到下或从左到右排列。

（2）按钮的安装固定应牢固，接线应可靠。应用红色按钮表示停止，绿色或黑色表示启动或通电，不要搞错。

（3）由于按钮触点间距离较小，如有油污等容易发生短路故障，因此应保持触点的清洁。

（4）安装按钮的按钮板和按钮盒必须是金属的，并设法使它们与机床总接地母线相连接，对于悬挂式按钮必须设有专用接地线，不得借用金属管作为地线。

（5）按钮用于高温场合，易使塑料变形老化而导致松动，引起接线螺钉间相碰短路，可在接线螺钉处加套绝缘塑料管来防止短路。

（6）带指示灯的按钮因灯泡发热，长期使用易使塑料灯罩变形，应降低灯泡电压，延长使用寿命。

（7）"停止"按钮必须是红色，"急停"按钮必须是红色蘑菇头式，"启动"按钮必须有防护挡圈，防护挡圈应高于按钮头，以防意外触动使电气设备误动作。

4）知识巩固

（1）请按照要求补全按钮的电气符号。

启动按钮：图形符号＿＿＿＿＿＿＿＿　　文字符号＿＿＿＿＿；

停止按钮：图形符号＿＿＿＿＿＿＿＿　　文字符号＿＿＿＿＿。

（2）请写出选择按钮的注意事项。

（3）请简要写出使用按钮的注意事项。

5. 检修故障

1）按钮的常见故障及检修方法

控制按钮的常见故障及检修方法见表 1-1-2。

5

表 1-1-2　控制按钮的常见故障及检修方法

故障现象	产生原因	检修方法
按下启动按钮时有触电感觉	1. 按钮的防护金属外壳与连接导线接触 2. 按钮帽的缝隙间充满铁屑,使其与导电部分形成通路	1. 检查按钮内连接导线,排除故障 2. 清理按钮及触点,使其保持清洁
按下启动按钮,不能接通电路控制失灵	1. 接线头脱落 2. 触点磨损松动,接触不良 3. 动触点弹簧失效,使触点接触不良 4. 触点长时间使用产生氧化	1. 重新连接接线 2. 检修触点或调换按钮 3. 更换按钮 4. 检测触点连接情况是否触点压合松动
按下停止按钮不能断开电路	1. 接线错误 2. 尘埃或者机油、乳化液等流入按钮形成短路 3. 绝缘击穿短路	1. 更正错误接线 2. 清扫按钮并采取相应密封措施 3. 更换按钮

2) 测试练习

按钮的测试步骤:

(1) 切断线路电源,将按钮接线中便于拆装的一端拆下来。

(2) 在保持按钮初始状态的情况下,用万用表电阻挡测量按钮的通断情况是否正常,如图 1-1-6 所示。

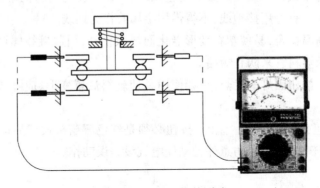

图 1-1-6　按钮的测试

(3) 在按下按钮的情况下,用万用表电阻挡测量按钮的通断情况是否正常。正常时测量的电阻应为 0Ω 或接近于 0Ω。方法见图 1-1-6。

(4) 若触点存在问题,则根据不同的按钮类型,采用正确方法拆下触点,用锉刀对触点进行修复,安装恢复后,还需要进一步用万用表电阻挡测量确认修复情况。

(5) 重新恢复按钮的接线,并检查按钮的接线是否牢固。

3) 安装练习

按钮的安装步骤:

(1) 根据线路需求,选择按钮常开、常闭个数,进行组装。

(2) 在保持按钮松开和按下的情况下,用万用表电阻挡测量按钮的通断情况是否正常。

(3) 检测正确后,根据不同的结构类型,进行正确的安装。

【任务评价】

项目	评价内容	配分	自我评价	小组评价	教师评价	综合评定
器件拆装	1. 根据要求,正确选择按钮的规格和型号,并进行装配,要求装配牢固、正确	10				
	2. 将组装好的按钮固定到面板上,并按原理图进行导线连接,要求接线工艺合格	10				
	3. 拆除按钮上的连接导线,并将按钮从固定面板上拆下	10				
	4. 采用正确步骤分解按钮,要求拆卸方法正确,不丢失和损坏零件	10				
	5. 采用正确步骤组装按钮,要求组装方法正确,不丢失和损坏零件	10				
器件测试	1. 仪表使用方法正确	10				
	2. 测量方法正确	10				
	3. 测量结果正确	10				
职业素质	1. 认真仔细的工作态度	5				
	2. 团结协作的工作精神	5				
	3. 听从指挥的工作作风	5				
	4. 安全及整理意识	5				
教师评语					成绩汇总	

任务二　低压熔断器的检修

【任务描述】

　　某机床因电动机机械卡阻,造成熔断器熔体过载,需要相关人员对熔体进行测量和更换。

【任务目标】

　　1. 通过学习,了解熔断器的结构和原理。
　　2. 能正确识读和绘制熔断器的电气符号。
　　3. 能正确选择和使用熔断器。
　　4. 通过操作,能正确检测量和更换熔断器熔体。

【任务课时】

　　6 小时

【任务实施】

1. 认识元件

1) 种类

熔断器是一种应用广泛的最简单有效的保护电器之一。常用的低压熔断器有瓷插式、螺旋式、有填料封闭管式、无填料封闭管式及自复式等,如图1-2-1所示。

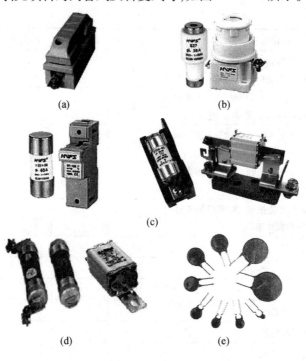

(a)

(b)

(c)

(d)   (e)

图1-2-1 熔断器的常见类型

(a)瓷插式;(b)螺旋式;(c)有填料封闭管式;(d)无填料封闭管式;(e)自复式。

2)型号

常用熔断器的型号含义如下:

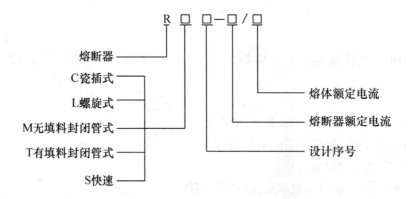

3)技术数据

熔断器的技术参数应区分为熔断器(底座)的技术参数和熔体的技术参数。同一规格的熔断器底座可以装设不同规格的熔体,熔体的额定电流可以和熔断器的额定电流不同,但熔体的额定电流不得大于熔断器的额定电流。

(1)额定电压:熔断器长期能够承受的正常工作电压,即安装处电网的额定电压。

(2)额定电流:熔断器壳体部分和载流部分允许通过的长期最大工作电流。

(3)熔体的额定电流:熔体允许长期通过而不会熔断的最大电流。

(4)极限断路电流:熔断器所能断开的最大短路电流。

熔断器的技术参数还包括额定开断能力、电流种类、额定频率、分断范围、使用类别和外壳防护等级等。

4）知识巩固

（1）型号为"RC1A－15/3"的低压电器，"RC"表示_____，"1A"表示_____，"15"表示_____，"3"表示_____。

（2）请写出你使用的练习盘上熔断器的型号：_____。

2. 了解结构

1）特点

熔断器具有结构简单、价格低廉、使用和维护方便等优点。

2）结构

无论何种熔断器，其结构都可以分为熔体（熔丝、熔片和熔芯）和装盛熔体的熔断器本体两部分，各种类型的熔断器在结构上也有一定的区别，现以有填料封闭管式为例介绍熔断器的结构（图1－2－2）。

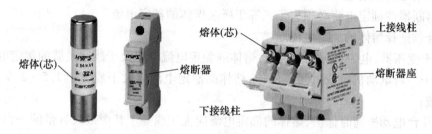

图1－2－2 熔断器的结构

3）知识巩固

写出熔断器的各部分名称。

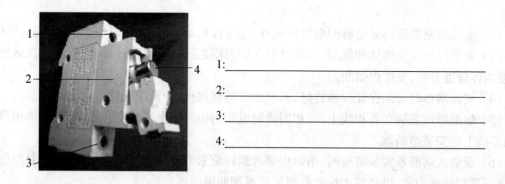

1:_____

2:_____

3:_____

4:_____

3. 理解原理

1）用途

低压熔断器在线路中主要起短路保护作用。

2）工作原理

熔断器是一种利用电流热效应原理和热效应导体热熔断来保护电路的电器，广泛应用于各种控制系统中起保护电路的作用。当电路发生短路或严重过载时，它的热效应导体能自动迅速熔断，切断电路，从而保护线路和电气设备。

3）知识巩固

请写出熔断器的用途。

答：_____

4. 掌握应用

1）认识电气符号

符号如图 1-2-3 所示。

$$\boxed{}$$

FU

图 1-2-3 熔断器电气符号

2）选用

（1）熔断器的类型应根据使用场合及安装条件进行选择。电网配电一般用管式熔断器；电动机保护一般用螺旋式熔断器；照明电路一般用瓷式熔断器；保护可控硅则应选择快速熔断器。

（2）熔断器的额定电压必须大于或等于线路的电压。

（3）熔断器的额定电流必须大于或等于所装熔体的额定电流。

（4）合理选择熔体的额定电流。

① 对于变压器、电炉和照明等负载，熔体的额定电流应略大于线路负载的额定电流；

② 对于一台电动机负载的短路保护，熔体的额定电流应大于或等于 1.5～2.5 倍电动机的额定电流；

③ 对几台电动机同时保护，熔体的额定电流应大于或等于其中最大容量的一台电动机的额定电流的 1.5～2.5 倍加上其余电动机额定电流的总和；

④ 对于降压启动的电动机，熔体的额定电流应等于或略大于电动机的额定电流。

3）安装使用注意事项

（1）安装前检查熔断器的型号、额定电流、额定电压、额定分断能力等参数是否符合规定要求。

（2）安装熔断器除保证足够的电气距离外，还应保证足够的间距，以便于拆卸、更换熔体。

（3）安装时应保证熔体和触刀，以及触刀和触刀座之间接触紧密可靠，以免由于接触处发热，使熔体温度升高，发生误熔断。

（4）安装熔体时必须保证接触良好，不允许有机械损伤，否则准确性将大大降低。

（5）熔断器应安装在各相线上，三相四线制电源的中性线上不得安装熔断器，而单相两线制的零线上应安装熔断器。

（6）瓷插式熔断器安装熔丝时，熔丝应顺着螺钉旋紧方向绕过去，同时应注意不要划伤熔丝，也不要把熔丝绷紧，以免减小熔丝截面尺寸或绷断熔丝。

（7）安装螺旋式熔断器时，必须注意将电源线接到瓷底座的下接线端（即低进高出的原则），以保证安全。

（8）更换熔丝，必须先断开电源，一般不应带负载更换熔断器，以免发生危险。

（9）在运行中应经常注意熔断器的指示器，以便及时发现熔体熔断，防止缺相运行。

（10）更换熔体时，必须注意新熔体的规格尺寸、形状应与原熔体相同，不能随意更换。

4）知识巩固

（1）画出熔断器的电气符号。

熔断器:图形符号_____;文字符号_____。

（2）请写出熔断器的选用方法。

_____

_____

_____

（3）请简要写出使用熔断器的注意事项。

_____

_____

_____

5. 检修故障

1）常用熔断器的规格

RT18 有填料封闭管式熔断器的常用规格见表 1-2-1。

表 1-2-1　熔断器的常用规格

型号	额定电压/V	额定电流/A	熔体额定电流等级/A	极限分断能力/kA
RT18	380	32	2、4、6、8、10、12、16、20、25、32	100
		63	2、4、6、8、10、16、20、25、32、40、50、63	

2）测试练习

低压熔断器的测试步骤:

（1）切断熔断器上口电源,在用试电笔或万用表电压挡测量确认无电后,检查熔断器上、下口导线的连接情况,检查是否有松动现象。

（2）用万用表电阻挡检查熔断器和熔体的通断情况是否正常,如图 1-2-3 和图 1-2-4所示。

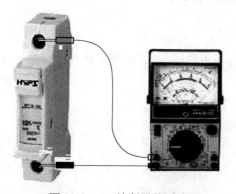

图 1-2-3　熔断器的测试

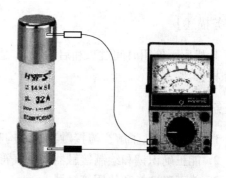

图 1-2-4　熔体的测试

（3）若熔体发生熔断,则通过观察更换相应规格的熔体。

（4）重新正确更换熔体后,接通上口电源,用试电笔或万用表电压挡测量断路器上、下口的电源情况。

【任务评价】

项目	评 价 内 容	配分	自我评价	小组评价	教师评价	综合评定
器件拆装	1. 根据要求,正确选择熔断器的规格和型号	10				
	2. 将选择好的熔断器固定到面板上,并按原理图进行导线连接,要求接线工艺合格	10				
	3. 拆除熔断器上的连接导线,并将熔断器从固定面板上拆下	10				
	4. 采用正确步骤分解熔断器,要求拆卸方法正确,不丢失和损坏零件	10				
	5. 采用正确步骤组装熔断器,要求组装方法正确,不丢失和损坏零件	10				
器件测试	1. 仪表使用方法正确	10				
	2. 测量方法正确	10				
	3. 测量结果正确	10				
职业素质	1. 认真仔细的工作态度	5				
	2. 团结协作的工作精神	5				
	3. 听从指挥的工作作风	5				
	4. 安全及整理意识	5				
教师评语					成绩汇总	

任务三　交流接触器的检修

【任务描述】

某机床因使用时间过长和启动频繁,造成接触器触点熔焊,需要相关人员对接触器进行测量和检修。

【任务目标】

1. 通过学习,了解交流接触器的结构和原理。
2. 能正确识读和绘制接触器的电气符号。
3. 能正确选择和使用接触器。
4. 通过操作,能正确检测量和检修接触器。

【任务课时】

12 小时

【任务实施】

1. 认识元件

1）种类

接触器是电力拖动控制系统中最重要也是最常用的控制元件之一。接触器按被控电流的种类可分为交流接触器和直流接触器。这里主要介绍常用的交流接触器。交流接触器又可分为电磁式和真空式两种，其中低压一般负载多采用电磁式。它的品种、系列很多，如国产的CJ10（CJT1）、CJ20 和 CJ40 等系列，特别是引入国外技术的 CJX1（3TB、3TF）、CJX8（B）和CJX2 等系列（图 1 - 3 - 1），由于在使用上的灵活性，因此在现在的设备上应用越来越广泛。

图 1 - 3 - 1　接触器

（a）CJ10；（b）CJT1；（c）CJX1；（d）CJX8；（e）CJX2。

2）型号

常用接触器的型号含义以 CJX2 系列为例说明如下：

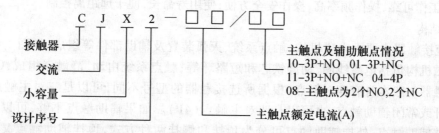

3）技术数据

（1）额定电压：指主触点额定工作电压，应等于负载的额定电压。一只接触器常规定几个额定电压，同时列出相应的额定电流或控制功率。通常，最大工作电压即为额定电压。常用的额定电压值为 220V、380V、660V 等。

（2）额定电流：接触器主触点在额定工作条件下的电流值。380V 三相电动机控制电路中，额定工作电流可近似等于控制功率的 2 倍。常用额定电流等级为 5A、10A、20A、40A、60A、100A、150A、250A、400A、600A。

（3）通断能力：可分为最大接通电流和最大分断电流。最大接通电流是指触点闭合时不会造成触点熔焊时的最大电流值；最大分断电流是指触点断开时能可靠灭弧的最大电流。一般通断能力是额定电流的 5～10 倍。当然，这一数值与开断电路的电压等级有关，电压越高，通断能力越小。

（4）动作值：可分为吸合电压和释放电压。吸合电压是指接触器吸合前，缓慢增加吸合线圈两端的电压，接触器可以吸合时的最小电压。释放电压是指接触器吸合后，缓慢降低吸合线圈的电压，接触器释放时的最大电压。一般规定，吸合电压不低于线圈额定电压的 85%，释放电压不高于线圈额定电压的 70%。

（5）吸引线圈额定电压：接触器正常工作时，吸引线圈上所加的电压值。一般该电压数值以及线圈的匝数、线径等数据均标于线包上，而不是标于接触器外壳铭牌上，使用时应加以注意。

（6）操作频率：接触器在吸合瞬间，吸引线圈需消耗比额定电流大 5～7 倍的电流，如果操作频率过高，则会使线圈严重发热，直接影响接触器的正常使用。为此，规定了接触器的允许操作频率，一般为每小时允许操作次数的最大值。

（7）寿命：包括电寿命和机械寿命。目前接触器的机械寿命已达 1000 万次以上，电气寿命是机械寿命的 5%～20%。

4）知识巩固

（1）型号为"CJX2－0910"的低压电器，"CJX"表示_____，"2"表示_____，"09"表示_____，"10"表示_____。

（2）请写出你使用的练习盘上接触器的型号：_____。

（3）接触器识别练习

请根据教师给出的接触器实物，写出型号和规格。

答：

2. 了解结构

1）特点

接触器的实质是一种自动的电磁式开关，因此接触器属于自动切换电器，它的优点是控制容量大，工作可靠，操作频率高，操作安全方便，使用寿命长，便于远距离控制。

2）结构

交流接触器主要由电磁机构、触点系统、灭弧装置及辅助部件等组成，如图 1－3－2 所示。电磁机构包括电磁线圈、动静铁芯和短路环等；触点系统由动、静触点组成，CJX2 等新系列接触器一般本身有四对触点，根据所选接触器的型号不同，可以是三对主触点（3P）加一对常开或常闭辅助触点，也可以是四对主触点（4P）。如果辅助触点不够，可以根据需要选择外挂辅助触点，外挂辅助触点可分为顶挂和侧挂两种方式，顶挂辅助触点又分为 2 极和 4 极两种，如图 1－3－3 所示。辅助触点的含义如图 1－3－4 所示，可以根据控制电路需求，灵活选用；接触器根据触点的容量不同采用不同的灭弧方式，如封闭式自然灭弧、窄缝灭弧和铁磁栅片灭弧等；辅助部件包括触点压力弹簧片、反作用弹簧、动触点支架、橡胶垫毡和外壳等。

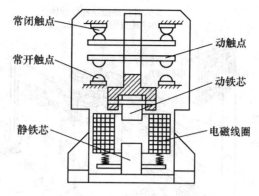

图 1 - 3 - 2　接触器的结构

图 1 - 3 - 3　接触器外挂辅助触点

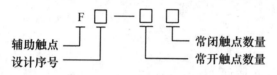

图 1 - 3 - 4　接触器外挂辅助触点型号意义

3）知识巩固

写出接触器的各部分名称。

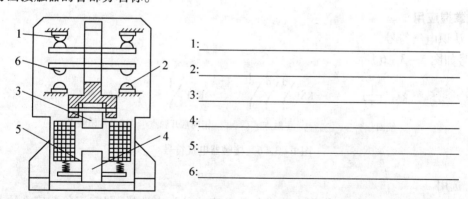

1:＿＿＿＿＿＿＿＿＿＿＿＿＿＿＿＿＿＿

2:＿＿＿＿＿＿＿＿＿＿＿＿＿＿＿＿＿＿

3:＿＿＿＿＿＿＿＿＿＿＿＿＿＿＿＿＿＿

4:＿＿＿＿＿＿＿＿＿＿＿＿＿＿＿＿＿＿

5:＿＿＿＿＿＿＿＿＿＿＿＿＿＿＿＿＿＿

6:＿＿＿＿＿＿＿＿＿＿＿＿＿＿＿＿＿＿

3. 理解原理

1）用途

交流接触器适用于远距离频繁地接通和分断主电路及大容量控制电路,并具有欠压、失压保护作用,广泛用于控制电动机、电焊机、小型发电机、电热设备和机床电路上。由于它只能接通和分断负荷电流,不具备短路保护作用,因此常与熔断器、热继电器等配合使用。

2）工作原理

交流接触器的原理如图 1 - 3 -5 所示。

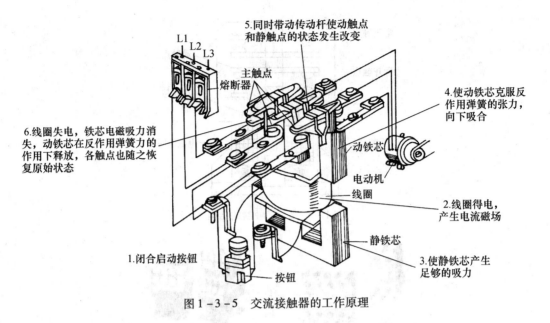

5.同时带动传动杆使动触点和静触点的状态发生改变

主触点

熔断器

4.使动铁芯克服反作用弹簧的张力,向下吸合

动铁芯

电动机

6.线圈失电,铁芯电磁吸力消失,动铁芯在反作用弹簧力的作用下释放,各触点也随之恢复原始状态

线圈

2.线圈得电,产生电流磁场

1.闭合启动按钮

按钮

静铁芯

3.使静铁芯产生足够的吸力

图 1-3-5 交流接触器的工作原理

3)知识巩固

(1)请写出接触器的用途。

答:

(2)简述接触器的工作原理。

答:

4. 掌握应用

1)认识电气符号

符号如图 1-3-6 所示。

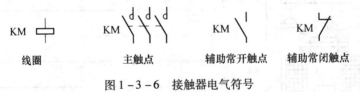

KM   线圈   KM   主触点   KM   辅助常开触点   KM   辅助常闭触点

图 1-3-6 接触器电气符号

2)选用

(1)接触器类型的选择。根据电路中负载电流的种类来选择,即交流负载应选用交流接触器,直流负载应选用直流接触器。

(2)接触器主触点额定电压的选择。使用时要求接触器主触点额定电压应大于或等于负载的额定电压。

(3)接触器主触点额定电流的选择。主触点的额定电流应大于负载电路的额定电流。主触点额定电流应满足下面条件,即

$$I_{\text{N主触点}} \geqslant P_{\text{N电动机}} / (1 \sim 1.4) U_{\text{N电动机}}$$

若接触器控制的电动机启动或正反转频繁,一般将接触器主触点的额定电流降一级使用。

(4) 接触器线圈额定电压的选择。交流线圈电压 36V、110V、127V、220V、380V;直流线圈电压 24V、48V、110V、220V、440V;接触器线圈额定电压不一定等于主触点的额定电压,从人身和设备安全角度考虑,线圈电压可选择低一些;但当控制线路简单、使用电器少、线圈功率较小时,为了节省变压器,可直接选用 220V 或 380V 电压的线圈。如线路较复杂、使用电器超过 5 个时,可选用 24V、48V 或 110V 电压的线圈。

(5) 接触器触点数量及触点类型的选择。通常接触器的触点数量应满足控制回路数的要求,触点类型应满足控制线路的功能要求。

(6) 接触器操作频率的选择。操作频率是指接触器每小时的通断次数。当通断电流较大或通断频率过高时,会引起触点过热,甚至熔焊。操作频率若超过规定值,应选用额定电流大一级的接触器。

3) 安装使用注意事项

(1) 接触器安装前应核对线圈额定电压和控制容量等是否与选用的要求相符合。

(2) 接触器应垂直安装于直立的平面上,与垂直面的倾斜不超过 5°。

(3) 金属底座的接触器上备有接地螺钉,绝缘底座的接触器安装在金属底板或金属外壳中时,也必须备有可靠的接地装置和明显的接地符号。

(4) 主回路接线时,应使接触器的下部触点接到负荷侧,控制回路接线时,用导线的直线头插入瓦形垫圈,旋紧螺钉即可,未接线的螺钉也必须旋紧,以防失落。

(5) 接触器在主回路不通电的情况下通电操作数次确认无不正常现象后,方可投入运行。接触器的灭弧罩未装好之前,不得操作接触器。

(6) 接触器使用时,应进行经常和定期的检查与维修。经常清除表面污垢,尤其是进出线端相间的污垢。

(7) 接触器工作时,如发出较大的噪声,可用压缩空气或小毛刷清除衔铁极面上的尘垢。

(8) 使用中如发现接触器在切除控制电源后,衔铁有显著的释放延迟现象时,可将衔铁极面上的油垢擦净,即可恢复正常。

(9) 接触器的触点如被电弧烧黑或烧毛时,并不影响其性能,可以不必进行修理,否则,反而可能使其提前损坏。但触点和灭弧罩如有松散的金属小颗粒则应清除。

(10) 接触器的触点如因电弧烧损,以致厚薄不均时,可将桥形触点调换方向或相别,以延长其使用寿命。此时,应注意调整触点使之接触良好,每相下断点不同期接触的最大偏差不应超过 0.3mm,并使每相触点的下断点较上断点滞后接触约 0.5mm。

(11) 接触器主触点的银接点厚度磨损至不足 0.5mm 时,应更换新触点;主触点弹簧的压缩超程小于 0.5mm 时,应进行调整或更换新触点。

(12) 对灭弧电阻和软联结,应特别注意检查,如有损坏等情况时,应立即进行修理或更换新件。

(13) 接触器如出现异常现象,应立即切断电源,查明原因,排除故障后可再次投入使用。

4) 知识巩固

(1) 画出接触器的电气符号。

线圈: 图形符号_____;文字符号_____;

主触点: 图形符号_____; 文字符号_____;

辅助常开触点:图形符号_____;文字符号_____;

辅助常闭触点:图形符号_____;文字符号_____。

（2）简述接触器的选用方法。

答:

5. 检修故障

1）接触器的常见故障及检修

接触器的常见故障及检修方法见表 1-3-1。

表 1-3-1　接触器的常见故障及检修方法

故障现象	产 生 原 因	检 修 方 法
接触器线圈过热或烧毁	1. 电源电压过高或过低 2. 操作接触器过于频繁 3. 环境温度过高使接触器难以散热或线圈在有腐蚀性气体或潮湿环境下工作 4. 接触器铁芯端面不平,消剩磁气隙过大或有污垢 5. 接触器动铁芯机械故障使其通电后不能吸上 6. 线圈有机械损伤或中间短路	1. 调整电压到正常值 2. 改变操作接触器的频度或更换合适的接触器 3. 改善工作环境 4. 清理擦拭接触器铁芯端面。严重时更换铁芯 5. 检查接触器机械部分动作不灵或卡死的原因,修复后如线圈烧毁应更换同型号线圈 6. 更换接触器线圈,排除造成接触器线圈机械损伤的故障
接触器触点熔焊	1. 接触器负载侧短路 2. 接触器触点超负载使用 3. 接触器触点质量太差发生熔焊 4. 触点表面有异物或有金属颗粒突起 5. 触点弹簧压力过小 6. 接触器线圈与通入线圈的电压线路接触不良,造成高频率的通断,使接触器瞬时多次吸合释放	1. 首先断电,用螺丝刀把熔焊的触点分开,修整触点接触面,并排除短路故障 2. 更换容量大一级的接触器 3. 更换合格的高质量接触器 4. 清理触点表面 5. 重新调整好弹簧压力 6. 检查接触器线圈控制回路接触不良处,并修复
接触器铁芯吸合不上或不能完全吸合	1. 电源电压过低 2. 接触器控制线路有误或接不通电源 3. 接触器线圈断路或烧坏 4. 接触器衔铁机械部分不灵活或动触点卡住 5. 触点弹簧压力过大或超程过大	1. 调整电压达正常值 2. 更正接触器机械控制线路;更换损坏的电气元件 3. 更换线圈 4. 修理接触器机械故障,去除生锈,并在机械动作机构处加些润滑油;更换损坏零件 5. 按技术要求重新调整触点弹簧压力
接触器铁芯释放缓慢或不能释放	1. 接触器铁芯端面有油污成释放缓慢 2. 反作用弹簧损坏,造成释放慢 3. 接触器铁芯机械动作机构被卡住或生锈动作不灵活 4 接触器触点熔焊造成不能释放	1. 取出动铁芯,用棉布把两铁芯端面油污擦净,重新装配好 2. 更换新的反作用弹簧 3. 修理或更换损坏零件;清除杂物与除锈 4. 用螺丝刀把动触点分开,并用钢锉修整触点表面

（续）

故障现象	产生原因	检修方法
接触器相间短路	1. 接触器工作环境极差 2. 接触器灭弧罩损坏或脱落 3. 负载短路 4. 正反转接触器操作不当加上联锁互锁不可靠，造成换向时两只接触器同时吸合	1. 改善工作环境 2. 重新选配接触器灭弧罩 3. 处理负载短路故障 4. 重新联锁换向接触器互锁电路，并改变操作方式，不能同时按下两只换向接触器启动按钮
接触器触点过热或灼伤	1. 接触器在环境温度过高的地方长期工作 2. 操作过于频繁或触点容量不够 3. 触点超程太小 4. 触点表面有杂质或不平 5. 触点弹簧压力过小 6. 三相触点不能同步接触 7. 负载侧短路	1. 改善工作环境 2. 尽可能减少操作频率或更换大一级容量的接触器 3. 重新调整触点超程或更换触点 4. 清理触点表面 5. 重新调整弹簧压力或更换新弹簧 6. 调整接触器三相动触点使其同步接触静触点 7. 排除负载短路
接触器工作时噪声过大	1. 通入接触器线圈的电源电压过低 2. 铁芯端面生锈或有杂物 3. 铁芯吸合时歪斜或有机械卡住故障 4. 接触器铁芯短路环断裂或脱掉 5. 铁芯端面不平，磨损严重 6. 接触器触点压力过大	1. 调整电压 2. 清理铁芯端面 3. 重新装配、修理接触器机械动作机构 4. 焊接短路环并重新装上 5. 更换接触器铁芯 6. 重新调整接触器弹簧压力，使其适当为止

2）拆装练习

接触器拆装步骤：

（1）从接触器的下部依次取出反作用弹簧、电磁线圈和静铁芯，最后用螺丝刀撬出固定静铁芯的橡胶块。

（2）动铁芯和触点组件在接触器的上半部分。拆卸这部分时，首先把静触点上接线端子的螺丝拆掉，把静触点抽出，动触点组和动铁芯就跟外壳分离开了（图1-3-7）。

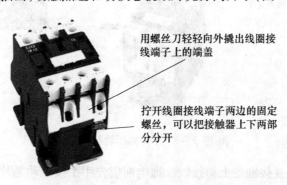

图1-3-7　分离接触器

（3）取出触点压力弹簧，把动触点旋转90°就可取下触点，用拇指推铁芯，可以把触点架和铁芯分离开来。

19

（4）检查触点有无氧化或烧毛现象,如有则应用锉刀或 0 号砂布进行修整,或更换损坏严重的触点。检查动、静铁芯接合处是否紧密、是否存在油污,检查短路环是否完好。

（5）维修完毕,清扫器件上的灰尘和油污。

（6）装配接触器按拆卸的逆顺序进行。

3）测试练习

交流接触器的测试步骤:

（1）切断继电控制线路电源,在用试电笔或万用表电压挡测量确认无电后,松开接触器上口接线紧固螺钉,拆除上口连接导线。

（2）用万用表的欧姆挡检查线圈的直流电阻值是否正常(图 1 – 3 – 8)。

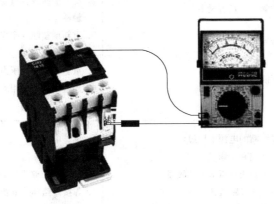

图 1 – 3 – 8 用万用表检查线圈直流电阻值

（3）用万用表电阻挡检查接触器在初始状态下主触点和辅助触点的通断情况是否正常。

（4）用万用表电阻挡检查接触器在手动按压动触点支架状态下主触点和辅助触点的通断情况是否正常(图 1 – 3 – 9)。

手动按压动
触点支架

图 1 – 3 – 9 手动按压动触点支架

（5）测量结束,恢复接触器上口接线。通电前应先用手按压动触片支架,检查运动部分是否灵活,固定部分是否松动,器件外部是否完整无缺,检查接线端子固定螺钉是否完好、是否滑丝,防止通电产生接触不良和有振动及噪声。

（6）通电试验时,注意电源电压应与线圈吸引电压相符,用交流电压挡测量线圈吸合电压,通电试验必须在不大于 1 min 内,并连续进行 10 次分、合试验,没有振动及交流噪声为合格。最后应用万用表电阻挡检查接触器的常开触点和常闭触点的通断情况以及是否接触良好。

【任务评价】

项目	评价内容	配分	自我评价	小组评价	教师评价	综合评定
器件拆装	1. 根据要求,正确选择中间继电器的规格和型号	10				
	2. 将选择好的中间继电器固定到配电盘上,并按原理图进行导线连接,要求接线工艺合格	10				
	3. 拆除中间继电器上的连接导线,并将继电器从配电盘上拆下	10				
	4. 采用正确步骤分解中间继电器,要求拆卸方法正确,不丢失和损坏零件	10				
	5 采用正确步骤组装中间继电器,要求组装方法正确,不丢失和损坏零件	10				
器件测试	1. 仪表使用方法正确	10				
	2. 测量方法正确	10				
	3. 测量结果正确	10				
职业素质	1. 认真仔细的工作态度	5				
	2. 团结协作的工作精神	5				
	3. 听从指挥的工作作风	5				
	4. 安全及整理意识	5				
教师评语					成绩汇总	

任务四 接触器式(中间)继电器的检修

【任务描述】

某机床因使用时间过长,造成中间继电器触点熔焊,需要相关人员对其进行测量和检修。

【任务目标】

1. 通过学习,了解中间继电器的结构和原理。
2. 能正确识读和绘制中间继电器的电气符号。
3. 能正确选择和使用中间继电器。
4. 通过操作,能正确检测量和检修中间继电器。

【任务课时】

6 小时

【任务实施】

1. 认识元件

1）种类

中间继电器是一种用来转换控制信号的中间元件。传统的中间继电器如 JZ7、JZ14 系列，新型中间继电器的结构和工作原理与新型接触器基本相同，因此又称为中间继电器，如 JZC1、JZC3 等系列，如图 1-4-1 所示。

(a)   (b)   (c)

图 1-4-1 中间继电器

(a) JZ7；(b) JZC1；(c) JZC3。

2）型号

中间继电器的型号含义说明如下：

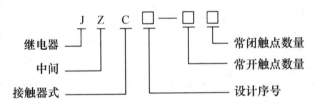

3）技术数据

(1) 额定电流：中间继电器触点在额定工作条件下的电流值。由于中间继电器一般不用于直接控制大电流的主电路，因此其触点无主辅之分，其额定电流均为 5A。

(2) 动作值：中间继电器动作电压不低于线圈额定电压的 70%，释放电压不高于线圈额定电压的 5%。

(3) 寿命：包括电寿命和机械寿命。在正常负荷下，继电器电寿命不低于 1 万次。

4）知识巩固

(1) 型号为"JZC3-31"的低压电器，"JZC"表示_____，"3"表示_____，"3"表示_____，"1"表示_____。

(2) 请写出你使用的练习盘上接中间继电器的型号：_____。

(3) 中间继电器识别练习

请根据教师给出的中间继电器实物，写出型号和规格。

答：

2．了解结构

1）特点

中间继电器较传统的中间继电器具有工作可靠、触点电流容量大、动作灵敏、使用寿命长、触点扩展方便灵活等特点。

2）结构

中间继电器的基本结构与小型交流接触器基本相同，同样是由电磁线圈、动静铁芯、触点系统、反作用弹簧和复位弹簧等组成。中间继电器的触点系统也可以根据需要选择外挂触点，外挂方式及触点类型与接触器相同。

3）知识巩固

观察中间继电器实物构成，认识其内部结构。

3．理解原理

1）用途

接触器式（中间）继电器实质上是电压继电器的一种，它的触点数多。其主要用途是当其他接触器、继电器的触点数或触点容量不够时，可借助中间继电器来扩大它们的触点数或触点容量，从而起到中间转换的作用。

2）工作原理

接触器式（中间）继电器的工作原理也与小型交流接触器基本相同，这里不再重复叙述。

3）知识巩固

请写出接触器式（中间）继电器的用途。

答：

4．掌握应用

1）认识电气符号

符号如图1-4-2所示。

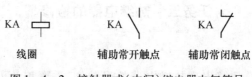

图1-4-2　接触器式（中间）继电器电气符号

2）选用

接触器式（中间）继电器一般根据负载电流的类型、电压等级和触点数量来选择。

3）知识巩固

（1）画出中间继电器的电气符号。

线圈：图形符号＿＿＿＿＿＿＿＿＿；文字符号＿＿＿＿＿＿；

触点：图形符号＿＿＿＿＿＿＿＿＿；文字符号＿＿＿＿＿＿。

5．检修故障

1）拆装练习

中间继电器拆装步骤：与接触器类似，见任务三。

2）测试练习

中间继电器的测试步骤：与接触器类似，见任务三。

【任务评价】

项目	评 价 内 容	配分	自我评价	小组评价	教师评价	综合评定
器件 拆装	1. 根据要求，正确选择中间继电器的规格和型号	10				
	2. 将选择好的中间继电器固定到配电盘上，并按原理图进行导线连接，要求接线工艺合格	10				
	3. 拆除中间继电器上的连接导线，并将中间继电器从配电盘上拆下	10				
	4. 采用正确步骤分解中间继电器，要求拆卸方法正确，不丢失和损坏零件	10				
	5 采用正确步骤组装中间继电器，要求组装方法正确，不丢失和损坏零件	10				
器件 测试	1. 仪表使用方法正确	10				
	2. 测量方法正确	10				
	3. 测量结果正确	10				
职业 素质	1. 认真仔细的工作态度	5				
	2. 团结协作的工作精神	5				
	3. 听从指挥的工作作风	5				
	4. 安全及整理意识	5				
教师评语					成绩汇总	

任务五　热继电器的检修

【任务描述】

某机床在启动过程中，频繁出现热继电器的误动作，需要相关人员对其设定值进行重新调整。

【任务目标】

1. 通过学习，了解热继电器的结构和原理。
2. 能正确识读和绘制热继电器的电气符号。
3. 能正确选择和使用热继电器。
4. 通过操作，能正确检测量和更换热继电器。

【任务课时】

12 小时

【任务实施】

1. 认识元件

1）种类

热继电器是电力拖动控制系统中的自动保护电器。热继电器有双金属片式、热敏电阻式和电子式等多种形式,其中以双金属片式应用最多。按极数分为单极、两极和三极三种,其中三极的又包括不带断相保护装置和带断相保护装置两种;按复位方式分为手动复位和自动复位两种。国内生产的热继电器产品主要有 JR9、JR15、JR16、JR20 和 JR36 等,还有引进生产的T 系列、LR1 - D(JRS1)和 3UA(JRS2)等系列热继电器产品等,这些热继电器可以独立安装(固定式),也可以与相应系列的接触器组合安装(组合式),使其应用非常方便灵活。但是一个系列的热继电器一般只能与一个系列的接触器配套使用,如 JR36 系列热继电器与 CJT1 系列接触器配套使用,JR20 系列热继电器与 CJ20 系列接触器配套使用,T 系列热继电器与 B 系列接触器配套使用,3UA 系列热继电器与 3TB、3TF 系列接触器配套使用等。

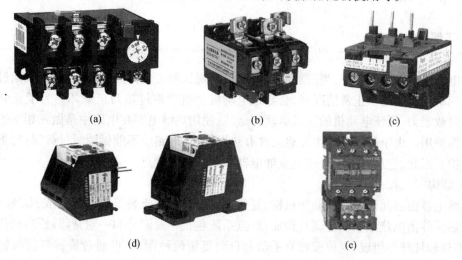

(a)　　　　　　　　(b)　　　　　　　　(c)

(d)　　　　　　　　(e)

图 1 - 5 - 1　热继电器

(a) JR36;(b) T 系列;(c) JRS1;(d) JRS2;(e) 与接触器插入式连接。

2）型号

热继电器的型号含义以 JRS 系列为例说明如下:

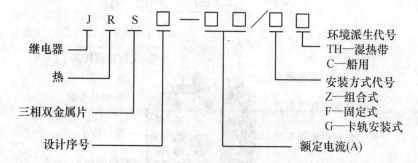

3）技术数据

(1)额定电压:热继电器能够正常工作的最高的电压值,一般为交流 220V、380V、600V。

（2）额定电流:热继电器的额定电流主要是指通过热继电器热元件的电流。

（3）整定电流范围:整定电流的范围由本身的特性来决定。它描述的是在一定的电流条件下热继电器的动作时间和电流的平方成正比。

（4）返回时间:是指继电器动作后,电流消失,继电器恢复至初始状态(冷却)的时间长度。

（5）可返回时间:是当实际电流超过整定值,继电器准备动作但尚未动作时,电流又恢复至整定值而导致继电器未动作的时间。

4）知识巩固

（1）型号为"JRS2 – 32/Z"的低压电器,"JRS"表示_____,"2"表示_____,"32"表示_____,"Z"表示_____。

（2）请写出你使用的练习盘上热继电器的型号:_____。

（3）热继电器识别练习

请根据教师给出的热继电器实物,写出型号和规格。

答:

2. 了解结构

1）特点

在电力拖动控制系统中,当三相交流电动机出现长期带负荷欠电压下运行、长期过载运行以及长期单相运行等不正常情况时,会导致电动机绕组严重过热乃至烧坏。为了充分发挥电动机的过载能力,保证电动机的正常启动和运转,使用热继电器在电路中是做三相交流电动机的过载保护用。由于热继电器中发热元件有热惯性,在电路中不能做瞬时过载保护,更不能做短路保护。因此,它具有不同于过电流继电器和熔断器的特点。

2）结构

热继电器由热元件、触点、动作机构、复位按钮和整定电流装置等部分组成,如图1 – 5 – 2所示。热元件由电热丝和双金属片构成;触点系统包括一对常开和一对常闭触点;动作机构由导板、推杆和杠杆等组成;复位按钮有手动和自动复位两种形式,可通过旋转复位按钮进行选择;可根据电动机的额定电流调节热继电器电流整定装置的范围,确定过载动作值。

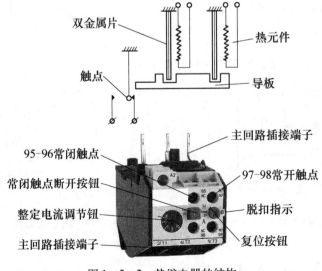

图1 – 5 – 2　热继电器的结构

3）知识巩固

写出热继电器的各部分名称。

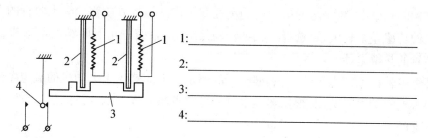

1: _____

2: _____

3: _____

4: _____

3. 理解原理

1）用途

热继电器是一种电气保护元件。它是利用电流的热效应来推动动作机构使触点闭合或断开的保护电器,热继电器主要与接触器配合,用于电动机的过载保护、断相保护、电流不平衡保护以及其他电气设备的过载保护。

2）工作原理

热继电器主要用来对异步电动机进行过载保护,其工作原理如图1-5-3所示。鉴于双金属片受热弯曲过程中,热量的传递需要较长的时间,因此热继电器不能用作短路保护,而只能用作过载保护。

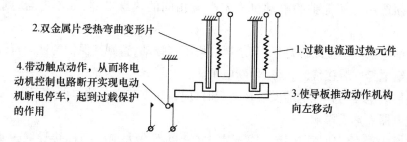

2. 双金属片受热弯曲变形片

4. 带动触点动作,从而将电动机控制电路断开实现电动机断电停车,起到过载保护的作用

1. 过载电流通过热元件

3. 使导板推动动作机构向左移动

图1-5-3　热继电器的工作原理

3）知识巩固

请写出热继电器的用途。

答:

4. 掌握应用

1）认识电气符号

符号如图1-5-4所示。

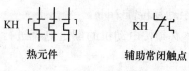

KH　热元件　　　　　KH　辅助常闭触点

图1-5-4　热继电器电气符号

2）选用

（1）热继电器的类型选用：一般轻载启动、长期工作的电动机或间断长期工作的电动机，选择二相结构的热继电器；当电源电压的均衡性和工作环境较差或较少有人照管的电动机，或多台电动机的功率差别较大，可选择三相结构的热继电器；而三角形联结的电动机，应选用带断相保护装置的热继电器。

（2）热继电器的额定电流选用：热继电器的额定电流应略大于电动机的额定电流。

（3）热继电器的型号选用：根据热继电器的额定电流应大于电动机的额定电流原则，查表确定热继电器的型号。

（4）热继电器的整定电流选用：一般将热继电器的整定电流调到等于电动机的额定电流；对过载能较差的电动机，可将热元件整定值调到电动机额定电流的 0.6 ~ 0.8 倍；对启动时间较长、拖动冲击负载或不允许停车的电动机，热继电器的整定电流应调节到电动机额定电流的 1.1 ~ 1.15 倍。

3）安装使用注意事项

（1）热继电器安装接线时，应清除触点表面污垢，以避免电路不通或因接触电阻太大而影响热继电器的动作特性。

（2）热继电器进线端子标志为 1/L1、3/L2、5/L3，与之对应的出线端子标志为 2/T1、4/T2、6/T3，常闭触点接线端子标志为 95、96，常开触点接线端子标志为 97、98。

（3）必须选用与所保护的电动机额定电流相同的热继电器，如不符合，则将失去保护作用。

（4）热继电器除了接线螺钉外，其余螺钉均不得拧动，否则其保护特性即行改变。

（5）热继电器安装接线时，必须切断电源。

（6）当热继电器与其他电器安装在一起时，应将它安装在其他电器的下方，以免其动作特性受到其他电器发热的影响。

（7）热继电器的主回路连接导线不宜太粗，也不宜太细。如连接导线过细，轴向导热性差，热继电器可能提前动作；反之，连接导线太粗，轴向导热快，热继电器可能滞后动作。

（8）当电动机启动时间过长或操作次数过于频繁时会使热继电器误动作或烧坏电器，故这种情况一般不用热继电器作过载保护。

（9）若热继电器双金属片出现锈斑，可用棉布蘸上汽油轻轻揩拭，切忌用砂纸打磨。

（10）当主电路发生短路事故后，应检查发热元件和双金属片是否已经发生永久变形，若已变形，应更换。

（11）热继电器在出厂时均调整为自动复位形式。

（12）热继电器脱扣动作后，若要再次启动电动机，必须待热元件冷却后，才能使热继电器复位。一般自动复位需 5min，手动复位需 2min。

（13）热继电器的整定电流必须按电动机的额定电流进行调整，在调整时，绝对不允许弯折双金属片。

（14）为使热继电器的整定电流与负荷的额定电流相符，可以旋动调节旋钮使所需的电流值对准白色箭头，旋钮上的电流值与整定电流值之间可能有误差，可在实际使用时按情况略微偏转。如需用两刻度之间整定电流值,可按比例转动调节旋钮,并在实际使用时适当调整。

4)知识巩固

(1)画出热继电器的电气符号。

热元件: 图形符号＿＿＿＿＿＿＿；文字符号＿＿＿＿；

辅助常闭触点:图形符号＿＿＿＿＿＿＿；文字符号＿＿＿＿。

(2)简述热继电器的选用方法。

答:

5. 检修故障

1)热继电器的常见故障及检修

热继电器的常见故障及检修方法见表1-5-1。

表1-5-1 热继电器的常见故障及检修方法

故障现象	产生原因	检修方法
热继电器误动作	1. 选用热继电器规格不当或大负载选用热继电器电流值太小 2. 整定热继电器电流值偏低 3. 电动机启动电流过大,电动机启动时间过长 4. 反复在短时间内启动电动机,操作过于频繁 5. 连接热继电器主回路的导线过细、接触不良或主导线在热继电器接线端子上未压紧 6. 热继电器受到强烈的冲击振动	1. 更换热继电器,使它的额定值与电动机额定值相符 2. 调整热继电器整定值,使其正好与电动机的额定电流值相符合并对应 3. 减轻启动负载;电动机启动时间过长时,应将时间继电器调整的时间稍短些 4. 减少电动机启动次数 5. 更换连接热继电器主回路的导线,使其横截面积符合电流要求;重新压紧热继电器主回路的导线端子 6. 改善热继电器使用环境
热继电器在超负载电流值时不动	1. 热继电器动作电流整定得过高 2. 动作二次接点有污垢,造成短路 3. 热继电器烧坏 4. 热继电器动作机构卡死或导板脱出 5. 连接热继电器的主回路导线过粗	1. 重新调整热继电器电流值 2. 用乙醇清洗热继电器的动作触点,更换损坏部件 3. 更换同型号的热继电器 4. 调整热继电器动作机构,并加以修理。如导板脱出要重新放入并调整好 5. 更换成符合标准的导线
热继电器烧坏	1. 热继电器在选择的规格上与实际负载电流不相配 2. 流过热继电器的电流严重超载或负载短路 3. 可能是操作电动机过于频繁 4. 热继电器动作机构不灵,使热元件长期超载而不能保护热继电器 5. 热继电器的主接线端子与电源线连接时有松动现象或氧化线头接触不良引起发热烧坏	1. 热电器的规格要选择适当 2. 检查电路故障,在排除短路故障后,更换合适的热继电器 3. 改变操作电动机方式,减少启动电动机次数 4. 更换动作灵敏的合格热继电器 5. 设法去掉接线头与热继电器接线端子的氧化层,并重新压紧热继电器的主接线

2）测试练习

热继电器的测试步骤：

（1）切断继电控制线路电源,在用试电笔或万用表电压挡测量确认无电后,拆除热继电器主回路上口连接导线和常闭触点的任一端连接导线(图1–5–5(a))。

（2）用万用表的欧姆挡检查热元件上下口通断情况是否正常(图1–5–5(b))。

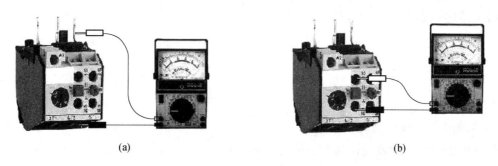

(a)   (b)

图1–5–5　用万用表测量热继电器

（3）用万用表电阻挡检查热继电器常闭触点在初始状态下的通断情况是否正常。用手按下常闭触点断开按钮,用万用表电阻挡检查常闭触点是否断开。

（4）测量结束,恢复热继电器上口及常闭触点的接线。通电前应根据所保护电动机的容量确定热继电器的整定电流,用螺丝刀调节整定电流调节旋钮至整定值。

（5）用螺丝刀调节复位按钮至手动复位位置(图1–5–6)。

图1–5–6　用螺丝刀调节

（6）接通电源试验时,用交流电压挡测量热继电器热元件下口输出的三相电压情况。

（7）可以通过以下方法测试热继电器的整定电流:测试热继电器的整定电流时,可将各相热元件串联,对于具有断相保护的热元件,可将热元件分相串联。测试中应采用稳流电源或稳压电源,以保证试验电流稳定。测试工作应在环境温度为(20±5)℃的条件下进行。测试时,首先向热继电器输入1.05倍的额定电流,发热稳定后再将电流提升到1.2倍的额定电流,经2～3min,旋转热继电器的电流调节凸轮,使热继电器动作,此时的动作电流就是所要测试调定的热继电器的额定电流。也可以通过热继电器测试仪测试热继电器的整定电流。

【任务评价】

项目	评价内容	配分	自我评价	小组评价	教师评价	综合评定
器件拆装	1. 根据要求,正确选择热继电器的规格和型号	10				
	2. 将选择好的热继电器固定到配电盘上,并按原理图进行导线连接,要求接线工艺合格	20				
	3. 拆除热继电器上的连接导线,并将热继电器从配电盘上拆下,进行测试	10				
器件测试	1. 仪表使用方法正确	10				
	2. 测量方法正确	20				
	3. 测量结果正确	10				
职业素质	1. 认真仔细的工作态度	5				
	2. 团结协作的工作精神	5				
	3. 听从指挥的工作作风	5				
	4. 安全及整理意识	5				
教师评语					成绩汇总	

任务六　低压断路器的检测

【任务描述】

某机床因使用时间过长,造成低压断路器频繁跳闸,需要相关人员对低压断路器进行检测和更换。

【任务目标】

1. 通过学习,了解低压断路器的结构和原理。
2. 能正确识读和绘制低压断路器的电气符号。
3. 能正确选择和使用低压断路器。
4. 通过操作,能正确检测量和更换低压断路器。

【任务课时】

6 小时

【任务实施】

1. 认识元件

1）种类

低压断路器又称自动空气开关或自动空气断路器。其种类很多,按结构形式可分为塑壳式（又称装置式,MCCB）和框架式（又称万能式,ACB）两大类;按用途分有配电用断路器、电动机保护用断路器、照明用断路器及漏电保护断路器；按极数分有单极、双极、三极、四极自动空气开关。常用型号有 DZ5、DZ20、DZ47、C45、3VE 等系列等，见图 1 - 6 - 1。

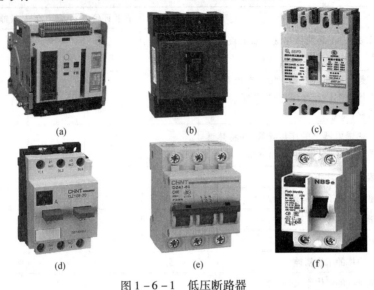

图 1 - 6 - 1 低压断路器

（a）框架式；（b）塑壳式；（c）小型塑壳式；（d）漏电保护式。

2）型号

不同企业生产的低压断路器在型号命名上会有一些区别，现在常用的小型低压断路器 DZ47 系列，其型号含义如下：

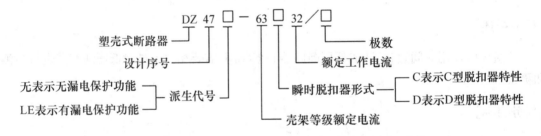

3）技术数据

低压断路器的主要参数有额定电压、额定电流、通断能力和分断时间。

（1）额定电压是指断路器在长期工作时的允许线电压，在实际使用中它应大于电路的额定电压；

（2）额定电流是指断路器在长期工作时的允许通过电流，在实际使用中它应大于电路的额定电流，并考虑安装环境和负载性质的影响；

（3）通断能力是指断路器在规定的电压、频率以及规定的电路参数（交流电路为功率因数，直流电路为时间常数）下，所能接通和分断的短路电流值；

（4）分断时间是指断路器切断故障电流所需的时间。

小型断路器的脱扣特性分为 A、B、C、D 等几种，部分含义如下：

C 型脱扣特性：瞬时脱扣电流为 $(5 \sim 10)I_n$，适用于保护配电线路和常规负载，如照明线路等。

D 型脱扣特性：瞬时脱扣电流为 $(10 \sim 15)I_n$，适用于保护启动电流较大的冲击性负载，如电动机、变压器等。

4）知识巩固

（1）型号为"DZ47LE – 63C16/3"的低压电器，"DZ"表示_____，"47"表示_____，"LE"表示_____，"63"表示_____，"C"表示_____，"16"表示_____，"3"表示_____。

（2）请写出你使用的练习盘上低压断路器的型号：_____。

2. 了解结构

1）特点

低压断路器是集短路、过载、欠压及漏电等保护功能于一体的开关电器，相当于把手动开关、热继电器、电流继电器、电压继电器等组合在一起构成的一种电器元件。主要用于供电控制、电机的不频繁启停控制和保护，因此在低压电路中应用非常广泛。

2）结构

低压断路器的形式、种类虽然很多，但结构和工作原理基本相同，主要由触点系统、灭弧系统，各种脱扣器（如电磁式过电流脱扣器、失压（欠压）脱扣器、热脱扣器），操作机构几部分组成（图1 – 6 – 2）。

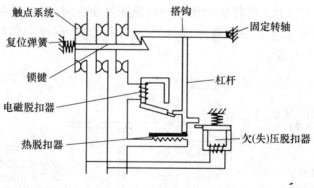

图1 – 6 – 2　低压断路器的结构图

3）知识巩固

写出低压断路器的各部分名称。

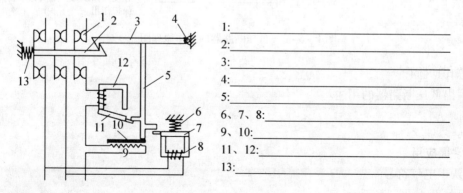

1:_____
2:_____
3:_____
4:_____
5:_____
6、7、8:_____
9、10:_____
11、12:_____
13:_____

3. 理解原理

1）用途

低压断路器主要用于低压动力线路中不频繁地接通和断开电路或控制电动机的启停，同时起过载、短路、失压保护等作用,当电路发生上述故障时,它的脱扣器自动脱扣进行保护,直接将三相电源同时切断,保护电路和用电设备的安全。

框架式断路器为敞开式结构,适用于大容量配电装置;塑料外壳式断路器的特点是外壳用绝缘材料制作,具有良好的安全性,广泛用于电气控制设备及建筑物内作电源线路保护及对电动机进行过载和短路保护。主要适用于不频繁操作的交流 50Hz、电压至 380V,直流电压至 220V 及以下的电路中作接通和分断电路之用。

低压断路器具有多种保护功能,动作后不需要更换元件,其动作电流可按需要方便地调整,工作可靠、安装方便、分断能力较强,因而在电路中得到广泛的应用。

2) 工作原理

低压断路器的工作原理(图 1-6-3)如下:将操作手柄扳到合闸位置时,搭扣 3 勾住锁键 2,主触点 1 闭合,电路接通。由于触点的连杆被锁钩 3 锁住,使触点保持闭合状态,同时分断弹簧被拉长,为分断作准备。瞬时过电流脱扣器(磁脱扣)12 的线圈串联于主电路,当电流为正常值时,衔铁吸力不够,处于打开位置。当电路电流超过规定值时,电磁吸力增加,衔铁 11 吸合,通过杠杆 5 使搭扣 3 脱开,主触点在弹簧 13 作用下切断电路,这就是瞬时过电流或短路保护作用。当电路失压或电压过低时,欠压脱扣器 8 的衔铁 7 释放,同样由杠杆 5 使搭扣 3 脱开,起到欠压和失压保护作用。当电源恢复正常时,必须重新合闸后才能工作。长时间过载使得过流脱扣器的双金属片式(热脱扣)10 弯曲,同样由杠杆 5 使搭扣 3 脱开,起到过载(过流)保护作用。

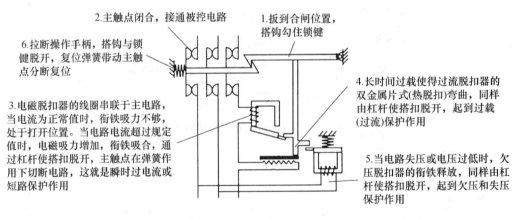

图 1-6-3 低压断路器的工作原理图

3) 知识巩固

请写出低压断路器的用途。

答:

4. 掌握应用

1) 认识电气符号

符号如图 1-6-4 所示。

2) 选用

(1) 低压断路器的额定电压和额定电流应不小于线路、设备的正常工作电压和工作电流。

(2) 热脱扣器的整定电流应等于所控制负载的额定电流。

34

（3）电磁脱扣器的瞬时脱扣整定电流应大于负载电路正常工作时的峰值电流。用于控制电动机的断路器,其瞬时脱扣整定电流可按下式选取:

$$I_Z \geqslant KI_{ST}$$

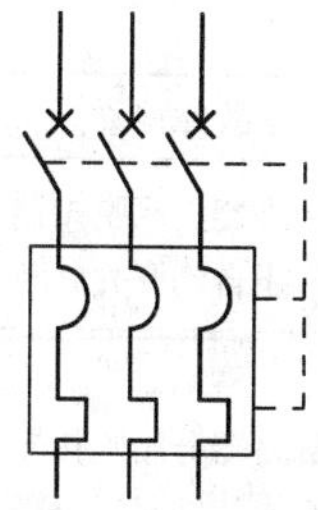

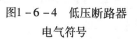

图 1-6-4　低压断路器电气符号

式中:K 为安全系数,可取 1.5~1.7;I_{ST} 为电动机的启动电流。

（4）欠压脱扣器的额定电压应等于线路的额定电压。

（5）断路器的极限通断能力应不小于电路的最大短路电流。

3）安装使用注意事项

（1）低压断路器应垂直安装,电源线接在上端,负载线接在下端。

（2）低压断路器用作电源总开关或电动机的控制开关时,在电源进线侧必须加装刀开关或熔断器等,以形成明显的断开点。

（3）低压断路器使用前应将脱扣器工作面上的防锈油脂擦净,以免影响其正常工作。同时应定期检修,清除断路器上的积尘,给操作机构添加润滑剂。

（4）各脱扣器的动作值调整后,不允许随意变动,并应定期检查各脱扣器的动作值是否满足要求。

（5）断路器的触点使用一定次数或分断短路电流后,应及时检查触点系统,如果触点表面有毛刺、颗粒等,应及时维修或更换。

4）知识巩固

请写出低压断路器的选用方法。

答:

5. 检修故障

1）常见故障及检修方法

低压断路器的常见故障及检修方法见表 1-6-1。

表 1-6-1　低压断路器的常见故障及检修方法

故障现象	产生原因	检修方法
电动机操作的断路器触点不能闭合	1. 电源电压与断路器所需电压不一致 2. 电动机操作定位开关不灵,操作机构损坏 3. 电磁铁拉杆行程不到位 4. 控制设备线路断路或元件损坏	1. 应重新通入一致的电压 2. 重新校正定位机构,更换损坏机构 3. 更换拉杆 4. 重新接线,更换损坏的元器件
手动操作的断路器触点不能闭合	1. 断路器机械机构复位不好 2. 失压脱扣器无电压或线圈烧毁 3. 储能弹簧变形,导致闭合力减弱 4. 弹簧的反作用力过大	1. 调整机械机构 2. 无电压时应通入电压,线圈烧毁应更换同型号线圈 3. 更换储能弹簧 4. 调整弹簧,减少反作用力
断路器有一相触点接触不上	1. 断路器一相连杆断裂 2. 操作机构一相卡死或损坏 3. 断路器连杆之间角度变大	1. 更换其中一相连杆 2. 检查机构卡死原因,更换损坏器件 3. 把连杆之间的角度调整至 170° 为宜

故障现象	产生原因	检修方法
断路器失压脱扣器不能自动开关分断	1. 断路器机械机构卡死不灵活 2. 反力弹簧作用力变小	1. 重新装配断路器,使其机构灵活 2. 调整反力弹簧,使反作用力及储能力增大
断路器分励脱扣器不能使断路器分断	1. 电源电压与线圈电压不一致 2. 线圈绕毁 3. 脱扣器整定值不对 4. 电动开关机构螺丝未拧紧	1. 重新通入合适电压 2. 更换线圈 3. 重新整定脱扣器的整定值,使其动作准确 4. 紧固螺丝
在启动电动机时断路器立刻分断	1. 负荷电流瞬时过大 2. 过流脱扣器瞬时整定值过小 3. 橡皮膜损坏	1. 处理负荷超载的问题,然后恢复供电 2. 重新调整过电流脱扣器瞬时整定弹簧及螺丝,使其整定到适合位置 3. 更换橡皮膜
断路器在运行一段时间后自动分断	1. 较大容量的断路器电源进出线接头连接处松动,接触电阻大,在运行中发热,引起电流脱扣器动作 2. 过电流脱扣器延时整定值过小 3. 热元件损坏	1. 对于较大负荷的断路器,要松开电源进行出线的固定螺丝,去掉接触杂质,把接线鼻重新压紧 2. 重新整定过流值 3. 更换热元件,严重时要更换断路器
断路器噪声较大	1. 失压脱扣器反力弹簧作用力过大 2. 线圈铁芯接触面不洁或生锈 3. 短路环断裂或脱落	1. 重新调整失压脱扣器弹簧压力 2. 用细砂纸打磨铁芯接触面,涂上少许机油 3. 重新加装短路环
断路器辅助触点不通	1. 辅助触点卡死或脱落 2. 辅助触点不洁或接触不良 3. 辅助触点传动杆断裂或滚轮脱落	1. 重新拨正装好辅助触点机构 2. 把辅助触点清擦一次或用细砂低打磨触点 3. 更换同型号的传动杆或滚轮
断路器在运行中温度过高	1. 通入断路器的主导线接触处未接紧,接触电阻过大 2. 断路器触点表面磨损严重或有杂质,接触面积减小 3. 触点压力降低	1. 重新检查主导线的接线鼻,并使导线在断路器上压紧 2. 用锉刀把触点打磨平整 3. 调整触点压力或更换弹簧
带半导体过流脱扣的断路器,在正常运行时误动作	1. 周围有大型设备的磁场影响半导体脱扣开关,使其误动作 2. 半导体元件损坏	1. 仔细检查周围的大型电磁铁分断时磁场产生的影响,并尽可能使两者距离远些 2. 更换损坏的元件

2）测试练习

低压断路器的测试步骤:

（1）切断断路器上口电源,在用试电笔或万用表电压挡测量确认无电后,检查断路器上、下口导线的连接情况,检查是否有松动现象。

（2）用万用表电阻挡检查断路器在手柄拉断和推合两种状态下的通断情况是否正常。合上电阻为 0 或接近于 0,断开后是无穷大（图 1-6-5）。

（3）将断路器上口电源线拆下,用 500V 兆欧表检测断路器极间、每极与地间以及断路器断开时上、下口之间的绝缘电阻值,应不小于 10MΩ（图 1-6-6）。

（4）重新连接好断路器上口的电源接线,接通上口电源,闭合断路器手柄,用万用表电压挡测量断路器上、下口的电压情况。

（5）若断路器具有漏电保护功能,则按下实验按钮,观察断路器能否正常跳闸。

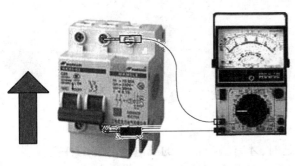

图 1-6-5　测通断

图 1-6-6　测绝缘电阻值

【任务评价】

项目	评价内容	配分	自我评价	小组评价	教师评价	综合评定
器件拆装	1. 根据要求,正确选择低压断路器的规格和型号	10				
	2. 将选择好的低压断路器固定到配电盘上,并按原理图进行导线连接,要求接线工艺合格	20				
	3. 拆除低压断路器上的连接导线,并将断路器从配电盘上拆下,进行测试	10				
器件测试	1. 仪表使用方法正确	10				
	2. 测量方法正确	20				
	3. 测量结果正确	10				
职业素质	1. 认真仔细的工作态度	5				
	2. 团结协作的工作精神	5				
	3. 听从指挥的工作作风	5				
	4. 安全及整理意识	5				
教师评语					成绩汇总	

任务七　时间继电器的检测

【任务描述】

　　某机床因使用时间过长,造成时间继电器烧毁,需要相关人员对时间继电器进行检测和更换。

【任务目标】

　　1. 通过学习,了解时间继电器的结构和原理。
　　2. 能正确识读和绘制时间继电器的电气符号。
　　3. 能正确选择和使用时间继电器。

4. 通过操作,能正确检测量和更换时间继电器。

【任务课时】

12 小时

【任务实施】

1. 认识元件

1) 种类

时间继电器是输入信号输入后,经一定的延时,才有输出信号的继电器。它的种类很多,有电磁式、电动式、空气阻尼(气囊)式和电子式等。目前应用较为广泛的是空气阻尼式(特别是空气延时头式)和电子式时间继电器。空气延时头式一般是与 JZC3 系列中间继电器或 CJX2 系列接触器组合,构成空气延时中间继电器,在电路中起延时作用,如图 1-7-1 所示。电子式时间继电器在时间继电器中已成为主流产品,包括晶体管式时间继电器(采用晶体管或集成电路和电子元件等构成)和单片机控制时间继电器。其中晶体管时间继电器的输出形式有两种:有触点式和无触点式,前者是用晶体管驱动小型电磁式继电器,后者是采用晶体管或晶闸管输出。这里对这两种时间继电器分别进行介绍。

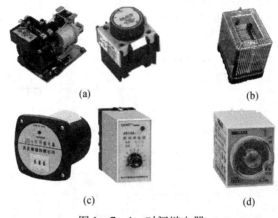

图 1-7-1 时间继电器

(a) 空气阻尼式;(b) 电磁式;(c) 电动式;(d) 电子式。

2) 型号

不同的生产厂家会采用不同的字母表示时间继电器的类组代号,如有的厂家用 SK 表示空气延时头,而有的厂家则用 LA 表示;国内厂家一般用 JSZ 表示电子式时间继电器,而国外厂家如富士则用 ST 表示。其他含义大体相同,具体介绍如下。

(1) 空气延时头式时间继电器的型号说明:

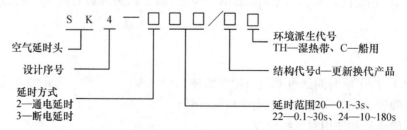

（2）电子式时间继电器的型号说明：

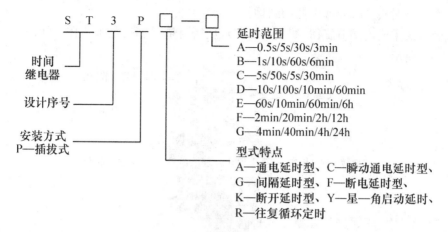

延时范围
A—0.5s/5s/30s/3min
B—1s/10s/60s/6min
C—5s/50s/5s/30min
D—10s/100s/10min/60min
E—60s/10min/60min/6h
F—2min/20min/2h/12h
G—4min/40min/4h/24h

型式特点
A—通电延时型、C—瞬动通电延时型、
G—间隔延时型、F—断电延时型、
K—断开延时型、Y—星—角启动延时、
R—往复循环定时

时间继电器

设计序号

安装方式
P—插拔式

3）技术数据

（1）额定工作电压：是指时间继电器能可靠正常工作时线圈所需的电压。根据继电器的型号不同，既可以是直流电压，也可以是交流电压。通常时间继电器的常见额定工作电压为24V、48V、110V、220V 和380V 几种。时间继电器的控制电压应在额定电源电压的85% ~ 110% 范围内使用。

（2）延时范围：每一种规格的电子式时间继电器的延时范围一般为四挡，可以根据需要进行选择。

（3）寿命：包括电寿命和机械寿命。目前时间继电器的机械寿命已达 1000 万次以上，电气寿命大于 100 万次。

（4）延时控制精度：不大于设定值的 0.5% 。

4）知识巩固

（1）型号为"ST3PA – B"的低压电器，"ST"表示_____，"3"表示_____，"P"表示_____，"A"表示_____，"B"表示_____。

（2）请写出你使用的练习盘上时间继电器的型号：_____。

（3）时间继电器识别练习。

请根据教师给出的中间继电器实物，写出型号和规格。

答：

2. 了解结构

1）特点

时间继电器是一种重要的自动控制元件，可以按照预定的时间接通和断开电路。不同种类的时间继电器具有不同的特点，可以根据不同的应用需求，选择不同类型的时间继电器。

空气阻尼式时间继电器结构简单，价格便宜，延时范围大（0.4 ~ 180s），但延时精确度低。

电磁式时间继电器延时时间短（0.3 ~ 1.6s），但结构比较简单，通常应用在断电延时场合和直流电路中。

电动式时间继电器延时精度高，延时范围宽（0.4 ~ 72h），但结构比较复杂，价格很高。

电子式时间继电器延时范围宽，精度高，体积小，工作可靠，目前应用日益广泛。

2) 结构

（1）空气延时头式时间继电器的结构：

空气延时头主要由调节旋钮、滤气片、调节盘、密封垫、气室、壳体、动作机构等组成。结构如图1-7-2所示。

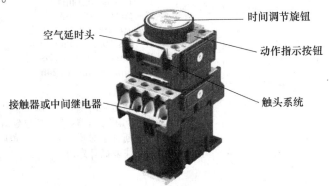

图1-7-2 空气延时中间继电器结构

（2）电子式时间继电器的结构：

电子式时间继电器一般由时间调节旋钮、刻度板、指示灯及延时范围转换开关等组成，采用固定底座插拔式安装方式。应用较为广泛的ST3P系列时间继电器一般具有两个刻度板和四种延时挡位，可以通过前面板上的延时范围转换开关来调节。调节方法是先取下时间调节旋钮，再卸下刻度板，参照名牌上的延时范围示意图拨动延时范围转换开关，再按原样装上刻度板和时间调节旋钮，注意转换开关位置应与刻度板上开关位置标记相一致。

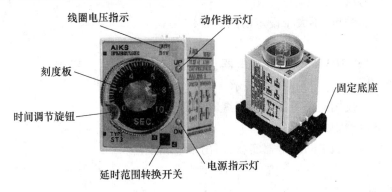

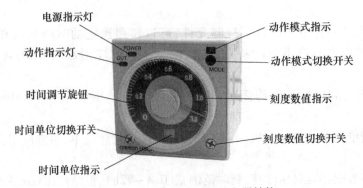

图1-7-3 电子式时间继电器结构

3）知识巩固

写出时间继电器的各部分名称。

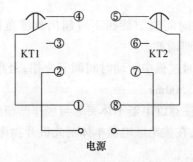

1:＿＿＿＿＿＿＿＿＿＿＿＿
2:＿＿＿＿＿＿＿＿＿＿＿＿
3:＿＿＿＿＿＿＿＿＿＿＿＿
4:＿＿＿＿＿＿＿＿＿＿＿＿
5:＿＿＿＿＿＿＿＿＿＿＿＿
6:＿＿＿＿＿＿＿＿＿＿＿＿
7:＿＿＿＿＿＿＿＿＿＿＿＿

3. 理解原理

1）用途

时间继电器是一种利用电磁原理、机械动作原理或电子线路来实现触点延迟动作的自动控制电器。

2）工作原理

（1）空气延时头式时间继电器的工作原理：

空气延时头式与中间继电器或接触器组合，构成空气延时中间继电器，当中间继电器或接触器线圈得电时，中间继电器或接触器的动作机构带动延时头内的塔式弹性气囊动作，产生延时效果。调节时间整定旋钮，改变锥型气道的长短，从而改变延时时间的长短。

（2）电子式时间继电器的工作原理：

电子式时间继电器是利用延时电路来进行延时的。其中晶体管式时间继电器以 RC 电路充电时电容器上的电压逐步上升的原理为基础。电路有单结晶体管电路和场效应管电路两种。数字式时间继电器是通过晶振产生高频高精度的脉冲信号，利用数字集成电路进行分频、计数从而进行计时进行延时控制的;单片机控制时间继电器是靠软件编程进行计数、计时进行延时控制的。电子式时间继电器的引脚接线根据型号和功能的不同会有一定的差别，以 ST3PA 为例，引脚接线图如图 1 -7 -4 所示。

图 1 -7 -4　电子式时间继电器引脚接线图

3）知识巩固

请写出时间继电器的用途。

答:

4. 掌握应用

1）认识电气符号

符号如图 1 – 7 – 5 所示。

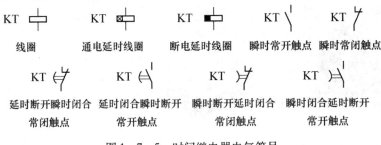

图 1 – 7 – 5　时间继电器电气符号

2）选用

（1）类型的选择。在要求延时范围大、延时准确度较高的场合,应选用电动式或电子式时间继电器。当延时精度要求不高、电源电压波动大的场合,可选用价格较低的电磁式或气囊式时间继电器。

（2）线圈电压的选择。根据控制线路电压来选择时间继电器吸引线圈的电压。

（3）延时方式的选择。时间继电器有通电延时和断电延时两种,应根据控制线路的要求选择哪一种延时方式的时间继电器。

3）安装使用注意事项

（1）必须按接线端子图正确接线,核对继电器额定电压与将接的电源电压是否相符,电子式时间继电器可以在额定控制电源电压的 85% ～110% 范围内使用。直流型注意电源极性。

（2）对于晶体管时间继电器,延时刻度不表示实际延时值,仅供调整参考。若需精确的延时值,需在使用时先核对延时数值。

（3）JS7 – A 系列空气阻尼式时间继电器由于无刻度,故不能准确地调整延时时间,同时气室的进排气孔也有可能被尘埃堵住而影响延时的准确性,应经常清除灰尘及油污。另外对于 JS7 – A 系列空气阻尼式时间继电器只要将线圈转动 180° 即可将通电延时改为断电延时方式。

（4）电子式时间继电器的时间调节旋钮不应超出刻度范围,"0" 刻度不是表示时间为 "0",而是表示可设定的最小延时时间。

（5）不应在时间继电器延时过程中转动时间调节旋钮,否则延时时间将不正确。重复延时时,两次间的休止时间应大于 500ms。

（6）插拔时间继电器时应注意继电器本体突起与底座凹槽的方向,切忌用力损坏继电器。与底座间有扣襻锁紧的继电器,在拔出继电器本体前先扳开扣襻,然后缓缓拔出继电器。

4）知识巩固

请写出时间继电器的选用方法。

答:

5. 检测器件

1）时间继电器的常见故障及检修

时间继电器常见故障及检修方法见表 1 – 7 – 1。

表 1 – 7 – 1   时间继电器的常见故障及检修方法

故障现象	产生原因	检修方法
延时触点不动作	1. 空气阻尼式时间继电器电磁铁线圈断线 2. 电动式时间继电器的同步电动机线圈断线 3. 电动式时间继电器的棘爪无弹性,不能刹住棘齿 4. 电动式时间继电器游丝断裂 5. 电子式时间继电器插脚接触不良 6. 电子式时间继电器电子元件部分故障或脱焊	1. 更换线圈 2. 重绕电动机线圈,或调换同步电动机 3. 更换新的合格的棘爪 4. 更换游丝 5. 更换底座 6. 更换或维修时间继电器
延时时间缩短	1. 空气阻尼式时间继电器的气室装配不严,漏气 2. 空气阻尼式时间继电器的气室内橡皮薄膜损坏	1. 修理或调换气室 2. 更换橡皮薄膜
延时间变长	1. 空气阻尼式时间继电器的气室内有灰尘,使气道阻塞 2. 电动式时间继电器的传动机构缺润滑油 3. 电子式时间继电器电子元件部分故障	1. 清除气室内灰尘,使气道畅通 2. 加入适量的润滑油 3. 更换或维修时间继电器

2）测试练习

时间继电器的测试步骤:

（1）切断继电控制线路电源,在用试电笔或万用表电压挡测量确认无电后,拆除时间继电器的连接导线。

（2）用万用表的欧姆挡检测时间继电器线圈的直流电阻值,观察线圈电阻值是否正常（图 1 – 7 – 6）。

图 1 – 7 – 6   万用表检测

（3）用万用表电阻挡检测时间继电器的常开、常闭触点在初始状态下的通断情况是否正常。如果是空气阻尼式的,可以用手按下电磁结构或动作指示按钮使触点动作,再用万用表电阻挡检查触点状态是否转换。

（4）如果以上测试正常,则恢复时间继电器线圈两端的接线。通电前应根据线路要求确定时间继电器的时间整定电流,整定时间调节旋钮至整定值。

（5）根据线圈电压等级接通控制电压,用万用表电阻挡检测时间继电器的常开、常闭触点在通电状态下的触点通断情况是否正常。

【任务评价】

项目	评 价 内 容	配分	自我评价	小组评价	教师评价	综合评定
器件拆装	1. 根据要求,正确选择时间继电器的规格和型号	10				
	2. 将选择好的时间继电器固定到配电盘上,并按原理图进行导线连接,要求接线工艺合格	20				
	3. 拆除时间继电器上的连接导线,并将时间继电器从配电盘上拆下,进行测试	10				
器件测试	1. 仪表使用方法正确	10				
	2. 测量方法正确	20				
	3. 测量结果正确	10				
职业素质	1. 认真仔细的工作态度	5				
	2. 团结协作的工作精神	5				
	3. 听从指挥的工作作风	5				
	4. 安全及整理意识	5				
教师评语					成绩汇总	

项目二　三相异步电动机基本控制线路的安装与检修

【项目描述】

无论是在日常生活中使用的电梯、电风扇以及洗衣机等家用电器,还是在生产中大量使用的各式各样的生产机械,如车床、钻床、铣床、造纸机、轧钢机等,都采用的是电动机进行拖动。因此具备电动机基本控制线路的安装与检修的能力尤为重要。

在生产实践中,由于各种生产机械的工作性质和加工工艺的不同,使得它们对电动机的控制要求不同,需要的电器类型和数量不同,构成的控制线路也不同,有的比较简单,有的则相当复杂,但任何复杂的控制线路都是由一些基本控制线路有机组合起来的。

由于电力在生产、传输、分配、使用和控制等方面的优越性,使得电力拖动具有方便、经济、效率高、调节性能好、易于实现生产过程自动化等优点,所以电力拖动获得了广泛的应用。掌握电力拖动基本控制线路的安装与维修是电气维修工作人员必须具备的基本能力。

【项目目标】

1. 能正确绘制、识读电路图、接线图和布置图。

2. 能正确掌握三相异步电动机启动、正反转、制动和调速控制线路的构成、工作原理及其安装、调试与维修方法。

3. 能正确掌握位置控制线路、自动往返控制,顺序控制、多地控制线路的构成、工作原理及其安装、调试与维修方法。

4. 能正确掌握绕线转子异步电动机和直流电动机控制线路的构成、工作原理及其安装、调试与维修方法。

【项目引导】

电力拖动是指用电动机拖动生产机械的工作机构,使之运转的一种方法。

常见的电力拖动基本控制线路有点动控制线路、正转控制线路、正反转控制线路、位置控制线路、顺序控制线路、多地控制线路、降压启动控制线路、制动控制线路和调速控制线路等。

模块一　三相异步电动机正转控制线路的安装与检修

任务一　识读、绘制电气控制原理图

【任务描述】

作为一名合格的维修电工,要想正确对电气设备进行维修,首先要学会识读、绘制电气原理图。

【任务目标】

1. 通过学习,熟悉识读电路图、布置图和接线图的原则。
2. 通过学习,熟悉电气原理图的绘制原则。

【任务课时】

10 小时

【任务实施】

1. 识读电工用图

1)电工用图种类

电工用图的种类繁多,常见的有电气原理图、电器元件平面布置图、电气安装接线图、展开接线图和剖面图等。在电气安装与维修中用得最多的是电气原理图、电器元件平面布置图和电气安装接线图。

(1)电气原理图。

电气原理图是根据电气控制系统的工作原理,本着简单、清晰的原则,采用电器元件展开的形式绘制的。它包括所有的电器元件的导电部分和接线端子,但并不按照电器元件实际布置位置来绘制,而是根据它在电路中所起的作用画在不同的部位上。电气原理图的作用是便于详细了解工作原理,指导系统或设备的安装、调试与维修。图 2 - 1 - 1 所示是三相异步电动机正转控制的电气原理图。

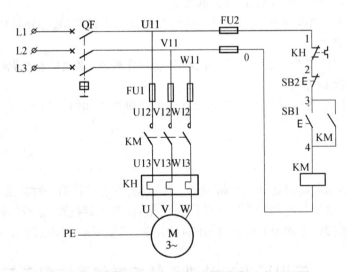

图 2 - 1 - 1　三相异步电动机正转控制的电气原理图

(2)电器平面布置图。

电器元件平面布图是根据电器元件在控制板上的实际安装位置,采用简化的外形符号(如正方形、矩形、圆形等)而绘制的一种简图。它不表达各电器的具体结构、作用、接线情况以及工作原理,主要用于电器元件的布置和安装。图中各电器的文字符号必须与有关电路图和清单上的标注相一致。图 2 - 1 - 2 所示是三相异步电动机正转控制的电器元件平面布置图。

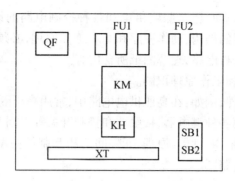

图 2 - 1 - 2　三相异步电动机正转控制的电器元件平面布置图

（3）电气安装接线图。

电气安装接线图是根据电气设备和电器元件的实际位置和安装情况绘制的，只用来表示电气设备和电器元件的位置、配线方式和接线方式，而不明显表示电气动作原理。电气安装接线图主要用于安装接线、线路的检查维修和故障处理，在实际使用中可与电路图和电器元件平面布置图配合使用。电气安装接图通常应表示出设备与元件的相对位置、项目代号、端子号、导线号、导线类型、导线截面积、屏蔽和导线绞合等内容。图 2 - 1 - 3 所示是三相异步电动机正转控制的电气安装接线图。

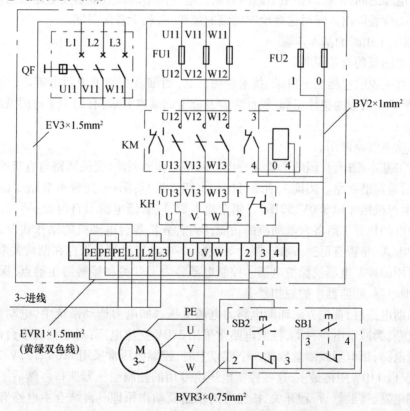

图 2 - 1 - 3　三相异步电动机正转控制的电气安装接线图

2）识读电工用图的基本要求

（1）结合电工基础理论识图。

无论变/配电所、电力拖动,还是照明供电和各种控制电路的设计,都离不开电工基础理论。因此,要想看懂电路图的结构、动作程序和基本工作原理,必须首先懂得电工原理的有关知识,才能运用这些知识分析电路,理解图纸所含内容。

(2) 结合电器的结构和工作原理识图。

电路中有各种电器元件,例如:在高压供电电路中,常用高压隔离开关、断路器、熔断器、互感器等;在低压电路中常用各种继电器、接触器和控制开关等。因此,在看电路图时,首先应该搞清这些电器元件的基本结构、性能、原理、元件间的相互制约关系以及在整个电路中的地位和作用,才能识读并理解电路图。

(3) 结合典型电路识图。

所谓典型电路,就是常见的基本电路。例如电动机的启动和正反转控制电路、继电保护电路、联锁电路、时间和行程控制电路、整流和放大电路等。一张复杂的电路图,细分起来不外乎是由若干典型电路所组成。熟悉各种典型电路,对于看懂复杂的电路图有很大帮助。

(4) 结合电路图的绘制特点识图。

电路图的绘制是有规律的。如:电源电路一般画在图面的上方或左方,三相交流电源按相序由上而下依次排列,中性线和保护线画在相线下面。直流电源则以"上正、下负"画出;电源开关水平方向设置;主电路垂直电源电路画在电气图的左侧;控制电路、信号电路及照明电路跨接在两相电源之间,依次画在主电路的右侧。电气图中的触点都是按电路未通电、未受外力作用时的常态位置画出。懂得这些绘制图纸的规律,有利于看懂图纸。

3) 识读电工用图的基本步骤

(1) 阅读图纸的有关说明。

图纸的有关说明包括图纸目录、技术说明、元件明细表及施工说明书等。识图时,先看图纸说明,以便了解工程的整体轮廓、设计内容及施工的基本要求,有助于了解图纸的大体情况,抓住识图重点。

(2) 识读电气原理图。

根据电工基本原理,在图纸上首先分出主回路与辅助回路,交流回路与直流回路。然后先看主回路,后看辅助回路。阅读主回路可按如下四步进行:第一,先看本电路及设备的供电电源,实际上生产机械多用380V、50Hz 三相交流电源,应看懂电源引自何处;第二,分析主回路使用了几台电动机并了解各台电动机的功能;第三,分析各台电动机的动作状况,特别要注意它们的启动方式,是否有可逆、调速、制动等控制,各电动机之间是否存在制约关系;第四,了解主电路中所用的控制电器及保护电器。控制电器多为刀开关和接触器主触点,保护电器多用熔断器、热继电器、断路器中的脱扣器等。

分析辅助电路时,首先弄清辅助电路的电源电压。如电力拖动系统中,电动机台数少,控制电路不复杂,为减少电源种类,控制电路常采用380V 交流电压;对于拖动多台电动机,且较复杂的控制电路,继电器线圈总数达 5 个或以上时,控制电压常采用 110V、127V、220V 等电压等级,其中又以 110V 用得最多,这些控制电压由专用的控制变压器获得。然后了解控制电路中常用的继电器、接触器、行程开关、按钮等的用途及动作原理。再结合主电路有关元器件对控制电路的要求,即可分析出控制电路的动作过程。

控制电路均按其动作程序画在两条水平(或垂直)线之间,阅读时可以从上到下(或从左到右)巡行。对于复杂电路,还可将它分成几个功能(如启动、制动、循环等)。在分析控制电路时,要紧扣主电路动作与控制电路的联动关系进行,不能孤立地分析控制电路。

（3）识读安装接线图。

识读安装接线图仍然应先看主回路，后看辅助回路。

分析主回路时，可从电源引入处开始，根据电流流向，依次经控制元件和线路到用电设备。看辅助回路时，仍从一相电源出发，根据假定电流方向经控制元件巡行到另一相电源。在读图时还应注意施工中所用器材（元件）的型号、规格、数量和布线方式、安装高度等重要资料。

安装接线图是根据电气原理绘制的，看安装接线图时若能对照电气原理图，则效果更好。但在读图中应注意分清回路标号。安装时，凡是标有相同符号的导线系等电位导线，可以连接在一起。因此，识读安装接线图时，应注意配电盘及其他整机的内外线路往往经过端子板连接。盘（机）内线头编号与端子板接线桩编号对应，外电路上的线头只需按编号对应就位即可。在识读这种电路图时，弄清了盘内外电路走向，就可以搞清端子板上的接线情况。

4）知识巩固

（1）电工用图的种类有_____、_____、_____和_____等。

（2）简述识读电气原理图的方法。

2. 掌握电气符号

1）图形符号

图形符号分为基本符号、一般符号和明细符号三种。电工用图中常用图形符号见附录A。

（1）基本符号。基本符号不代表具体的设备和器件，而是表明某些特征或绕组接线方式。例如，"～"表示交流电，"＋"表示正极，"△"表示绕组三角形接法。基本符号可以标注于设备或器件明细符号旁边或内部。

（2）一般符号。一般符号是用以表示一类产品和此类产品特征的一种较简单的符号。例如"⊏⊐"表示接触器、继电器的线圈。

（3）明细符号。明细符号是表示某一种具体的电气元件，它由一般符号、限定符号、物理量符号等组合而成。例如，过电压继电器线圈的符号为"⊏≯⊐"，它由线圈的一般符号"⊏⊐"、符号"U"限定符号"＞"组成。

2）文字符号

文字符号分为基本文字符号和辅助文字符号。

（1）基本文字符号。基本文字符号是表示电气设备、装置和元器件种类的文字符号。基本符号分为单字母符号和双字母符号两种。单字母符号表示各种电气设备和元器件的类别。如"F"表示保护电器类。当用单字母符号表示不能满足要求，需较详细和具体地表示电气设备、元器件时，可采用双字母符号表示。如"FU"表示熔断器，是短路保护电器；"KH"表示热继电器，是过载保护电器。

（2）辅助文字符号。辅助文字符号是用以表示电气设备、装置和元器件以及线路的功能、状态和特征。如"SYN"表示同步，"RD"表示红色等。辅助文字符号也可放在表示种类的单字母符号后边组成双字母符号。如，"KT"表示时间继电器，"YB"表示电磁制动器。为简化文字符号起见，若辅助文字符号由两个以上字母组成时，允许只采用其第一位字母进行组合，如"MS"表示同步电动机。辅助文字符号还可以单独使用，如"ON"表示接通，"PE"表示保护接地，"DC"表示直流，"AC"表示交流等。

3. 绘制电气控制原理图

电路图一般分为电源电路、主电路和辅助电路三部分组成。见图2-1-4及分析说明。

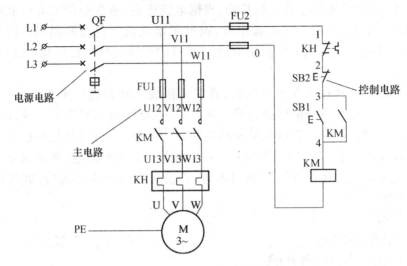

图 2-1-4　电路构成

分析说明：

电源电路：电源电路一般画成水平线，三相交流电源相序 L1、L2、L3 自上而下依次画出，若其中有线 N 和保护地线 PE，则应依次画在相线之下。直流电源的"+"端在上，"-"端在下画出。电源开关要求水平画出。

主电路：主电路是指受电的动力装置及控制，保护电器的支路等，是电源向负载提供电能的电路，它由熔断器、接触器的主触点、热继电器的热元件以及电动机等组成。主电路通过的是电动机的工作电流，电流比较大，因此一般在图纸上用粗实线垂直于电源电路绘于电路图的左侧。

辅助电路：辅助电路要跨接在两相电源之间，一般按照控制电路、指示电路和照明电路的顺序，用细实线依次垂直画在主电路右侧，并且耗能元件（如接触器和继电器的线圈、指示灯、照明灯等）要画在电路图的下方，与下边电源线相连，而电器的触点要画在耗能元件与上边电源线之间。为读图方便，一般应按照自左至右、自上而下的排列来表示操作顺序。

1）电气图形符号

分析说明：

电气图形符号：在电路图中，电器元件不画实际的外形图，而应采用国家统一规定的电气图形符号表示。同一电器的各元件不按它们的实际位置画在一起，而是按其在线路中所起的作用分别画在不同的电路中，但它们的动作是相关联的，必须用同一文字符号标注。

相同电气符号：若同一电路图中，相同的电器较多时，需要在电器元件文字符号后面加注不同的数字以示区别。各电器的触点位置都按电路未通电或电器未受外力作用时的常态位置画出，分析原理时应从触点的常态位置出发。

2）电路图编号

分析说明：

主电路编号：主电路在电源开关的出线端按相序依次编号为 U11、V11、W11。然后按从上之下、从左至右的顺序，每经过一个电器元件后，编号要递增，如 U12、V12、W12，U13…

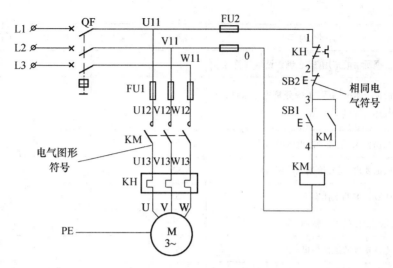

图 2-1-5 电气图形符号

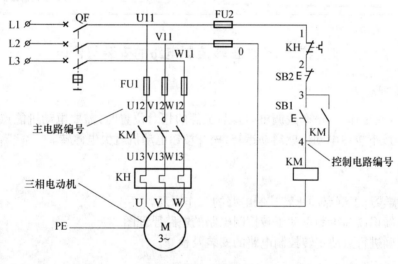

图 2-1-6 电路图编号

三相电动机:单台三相交流电动机(或设备)的三根引出线,按相序依次编号为 U、V、W。对于多台电动机引出线的编号,为了不致引起误解和混淆,可在字母前用不同的数字加以区别,如 1U、1V、1W;2U⋯

控制电路编号:辅助电路编号按"等电位"原则,按从上至下、从左至右的顺序,用数字依次编号,每经过一个电器元件后,编号要依次递增。控制电路编号的起始数字必须是 1,其他辅助电路编号的起始数字依次递增 100,如照明电路编号从 101 开始,指示电路编号从 201 开始等。

3)知识巩固

(1)电路图一般由_____、_____和_____三部分组成。

(2)简述电路图编号的方法。

51

【任务评价】

项目	评价内容	配分	自我评价	小组评价	教师评价	综合评定
识图分析	1. 根据所给电工用图,正确识读电气符号	10				
	2. 根据所给电路图,正确分析电路工作,并叙述	20				
绘制电路图	1. 根据要求,正确绘制电气符号	20				
	2. 根据要求,正确绘制电路图	30				
职业素质	1. 认真仔细的工作态度	5				
	2. 团结协作的工作精神	5				
	3. 听从指挥的工作作风	5				
	4. 安全及整理意识	5				
教师评语					成绩汇总	

任务二　点动正转控制电路的安装与检修

【任务描述】

机床设备在工作时,试车或调整刀具与工件的相对位置时,需要电动机能点动控制,所谓点动控制,是按下按钮电动机就启动运转,松开按钮电动机就失电停转。

【任务目标】

1. 通过学习,了解点动正转控制电路的工作原理。
2. 能正确识读和绘制点动正转控制电路的电路原理图。
3. 能正确进行点动正转控制电路的安装及检修。

【任务课时】

10 小时

【任务实施】

1. 认识功能

1) 电路原理图

点动控制线路是用按钮,接触器来控制电动机运转的最简单的电机方向不确定,按接线不同会出现方向不一致控制线路,如图 2 - 1 - 7 所示。

2) 知识巩固

在点动控制线路中低压电器 QF、熔断器 FU1 和 FU2、启动按钮 SB、接触器 KM 的主触点各起什么作用?

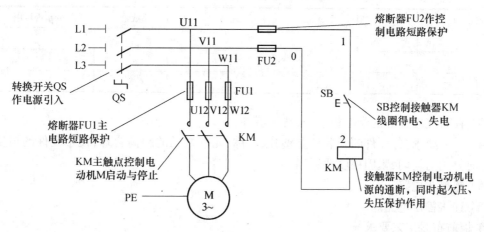

图 2 − 1 − 7　点动控制电路

2．分析原理

1）分析原理

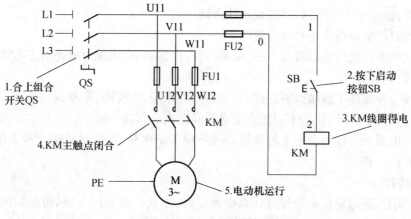

图 2 − 1 − 8　点动控制电路

2）知识巩固

（1）用箭头方式简述电动机点动运行控制电路的工作原理。

（2）识读图中各元件的符号,将文字和图形符号抄录在下方,写出对应的元件名称。

3．安装线路

（1）安装线路步骤

（1）识读电动机点动运行控制电路（图 2 − 1 − 7）,明确电路中所用电器元件及作用,熟悉电路的工作原理。

（2）按照如图 2 − 1 − 7 所示的电路原理图配齐所需元件,将元件型号规格质量检查情况记录在表 2 − 1 − 1 中。

表 2－1－1　电动机点动正转运转控制电路实训所需器件清单

元件名称	型号	规格	数量	是否可用

（3）在事先准备好的配电板上，布置元器件。

（4）工艺要求：各元件的安装位置整齐、匀称，元件之间的距离合理，便于元件的更换；紧固元件时要用力均匀，紧固程度要适当。

（5）连接主电路。

（6）连接控制电路。

2）板前布线工艺要求

（1）布线通道尽可能少，同路并行导线按主电路、控制电路分类集中，单层密排，紧贴安装面布线。

（2）布线要横平竖直，分布均匀。变换走向时应垂直。

（3）同一平面的导线应高低一致或前后一致，不能交叉。非交叉不可时，此根导线应在接线端子引出时，就水平架空跨越，但必须走线合理。

（4）布线时严禁损伤线芯和导线绝缘。

（5）布线顺序一般以接触器为中心，由里向外，由低到高，先控制电路后主电路进行，以不妨碍后续布线为原则。

（6）导线与接线端子或接线桩连接时，不得压绝缘层、不反圈、不露铜过长。

（7）同一元件、同一回路的不同接点的导线间距离应保持一致。

（8）一个电器元件接线端子上的连接导线不得多于两根，每节接线端子板上的连接导线一般只允许连接一根。

4. 检测线路

安装完毕的控制电路板必须经过认真检查以后，才允许通电试车，以防止错接、漏接造成不能正常运转或短路事故。

1）主电路检测

万用表检测主电路。将万用表两表笔接在 FU1 输入端至电动机星形联结中性点之间，分别测量 U 相、V 相、W 相在接触器不动作时的直流电阻，读数应为"∞"；用螺丝刀将接触器的触点系统按下，再次测量三相的直流电阻，读数应为每相定子绕组的直流电阻。根据所测数据判断主电路是否正常。

2）控制检测线路

万用表检测控制电路。将万用表两表笔分别搭在 FU2 两输入端，读数应为"∞"。按下启动按钮 SB1 时，读数应为接触器线圈的支流电阻。根据所测数据判断控制电路是否正常。

5. 通电试车

通电试车必须征得教师同意，并由教师接通三相电源，同时在现场监护。

（1）合上电源开关 QS，用试电笔检查熔断器出线端，氖管亮说明电源接通。

（2）按下 SB1，电动机得电点动正转运转，观察电动机运行是否正常，若有异常现象应马上停车。

（3）出现故障后，学生应独立进行检修；若需带电进行检查，教师必须在现场监护。检修完毕后，如需再次试车，也应有教师监护，并做好时间记录。

（4）松开 SB1，电动机停止，观察电动机是否停止，若有异常现象应马上停车。

（5）切断电源，先拆除三相电源线，再拆除电动机线。

6. 设置故障

教师人为设置故障通电运行，同学们观察故障现象，并记录在表 2-1-2 中。

表 2-1-2　电动机单向连续运转控制电路故障设置情况统计表

故障设置元件	故障点	故障现象

【任务评价】

项目	评价内容	配分	自我评价	小组评价	教师评价	综合评定
器件拆装	1. 根据要求，正确选择熔断器的规格和型号	10				
	2. 将选择好的熔断器固定到面板上，并按原理图进行导线连接要求接线工艺合格	10				
	3. 拆除熔断器上的连接导线，并将熔断器从固定面板上拆下	10				
	4. 采用正确步骤分解熔断器，要求拆卸方法正确，不丢失和损坏零件	10				
	5. 采用正确步骤组装熔断器，要求组装方法正确，不丢失和损坏零件	10				
器件测试	1. 仪表使用方法正确	10				
	2. 测量方法正确	10				
	3. 测量结果正确	10				
职业素质	1. 认真仔细的工作态度	5				
	2. 团结协作的工作精神	5				
	3. 听从指挥的工作作风	5				
	4. 安全及整理意识	5				
教师评语					成绩汇总	

任务三　接触器自锁正转控制电路的安装与检修

【任务描述】

机床设备在正常工作时，一般需要电动机处在连续运转状态，采用点动正转控制线路显然是不行的，所以要采用连续正转控制方式。

【任务目标】

1. 通过学习，了解接触器自锁正转控制电路的工作原理。
2. 能正确识读和绘制接触器自锁正转控制电路原理图。
3. 能正确对电动机接触器自锁正转控制电路安装及检修。

【任务课时】

10 小时

【任务实施】

1. 认识功能

1) 电路原理图

在自锁正转控制线路的基础上，在控制电路中串接了一个停止按钮 SB2 和热继电器 KH 的常闭触点；在启动按钮 SB1 的两端并接了接触器 KM 的一对常开辅助触点（图 2 - 1 - 9）。

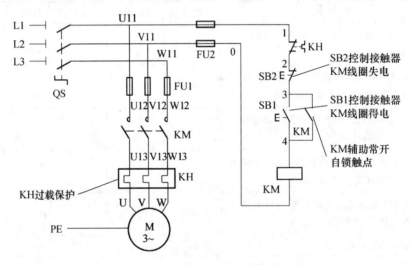

图 2 - 1 - 9　接触器自锁正转控制线路

2) 知识巩固

（1）图 2 - 1 - 9 所示接触器自锁正转控制线路中都有哪些保护？各由什么电器来实现图 2 - 1 - 8 所示线路呢？

（2）熔断器和热继电器都是保护电器，两者能否互相代替使用？为什么？

（3）停止按钮 SB2 和接触器 KM 的自锁触点是怎样接入控制电路的？

2. 分析原理

1）启动过程

如图 2 - 1 - 10 所示。

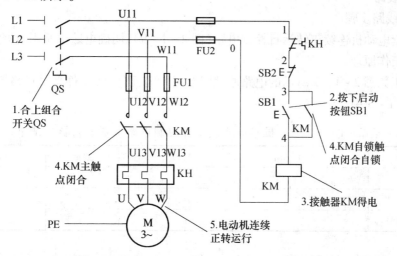

图 2 - 1 - 10　接触器自锁正转控制线路

2）停止过程

如图 2 - 1 - 11 所示。

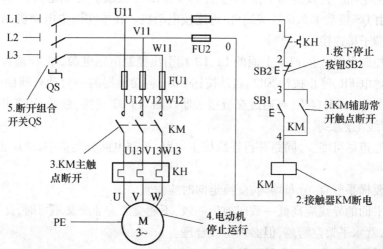

图 2 - 1 - 11　接触器自锁正转控制线路

3）知识巩固

（1）用箭头方式简述电动机连续正转运行控制电路的工作原理。

（2）当按下图 2 - 1 - 9 中的停止按钮 SB2，电动机失电停转后，松开 SB2 其触点恢复闭合，电动机会不会自动重新启动？为什么？

（3）热继电器 KH 的热元件串接在主电路中还是控制电路中？它的常闭触点呢？

(4) 识读图中各元件的符号,将文字和图形符号抄录在下方,写出对应的元件名称。

3. 安装线路

1) 安装线路步骤

(1) 识读电动机连续正转运行控制电路(图2-1-9),明确电路中所用电器元件及作用,熟悉电路的工作原理。

(2) 按照如图2-1-9所示的电路原理图配齐所需元件,将元件型号规格质量检查情况记录在表2-1-3中。

表2-1-3　电动机单向连续运转控制电路实训所需器件清单

元件名称	型号	规格	数量	是否可用

(3) 在事先准备好的配电板上,布置元器件。

(4) 工艺要求:各元件的安装位置整齐、匀称,元件之间的距离合理,便于元件的更换;紧固元件时要用力均匀,紧固程度要适当。

(5) 连接主电路。将接线端子排 JX 上左起 1、2、3 号接线桩分别定为 L1、L2、L3,用导线连接至 QS,再由 QS 接至 4、5、6 号接线桩,再连接电动机。在本实训中电动机 M 在电路板外,只有通过接线端子排连接。

(6) 连接控制电路。在 FU1 上面的 L1、L2 相引出控制电路电源,L1 相通过 FU2 后,连接热继电器动断触电 FR、停止按钮 SB2、启动按钮 SB1,将接触器的一对动合辅助触电用导线与启动按钮 SB1 并联,实现自锁,再通过交流接触器线圈与 FU2 连接,最后至 L2 相电源线。

2) 板前布线工艺要求

(1) 布线通道尽可能少,同路并行导线按主电路、控制电路分类集中,单层密排,紧贴安装面布线。

(2) 布线要横平竖直,分布均匀;变换走向时应垂直。

(3) 同一平面的导线应高低一致或前后一致,不能交叉。非交叉不可时,此根导线应在接线端子引出时,就水平架空跨越,但必须走线合理。

(4) 布线时严禁损伤线芯和导线绝缘。

(5) 布线顺序一般以接触器为中心,由里向外,由低到高,先控制电路后主电路进行,以不妨碍后续布线为原则。

(6) 导线与接线端子或接线桩连接时,不得压绝缘层、不反圈、不露铜过长。

(7) 同一元件、同一回路的不同接点的导线间距离应保持一致。

(8) 一个电器元件接线端子上的连接导线不得多于两根,每节接线端子板上的连接导线一般只允许连接一根。

4. 检测线路

安装完毕的控制电路板必须经过认真检查以后,才允许通电试车,以防止错接、漏接造成不能正常运转或短路事故。

1）主电路检测

万用表检测主电路。将万用表两表笔接在 FU1 输入端至电动机星形联结中性点之间,分别测量 U 相、V 相、W 相在接触器不动作时的直流电阻,读数应为"∞";用螺丝刀将接触器的触电系统按下,再次测量三相的直流电阻,读数应为每相定子绕组的直流电阻。根据所测数据判断主电路是否正常。

2）控制电路检测

万用表检测控制电路。将万用表两表笔分别搭在 FU2 两输入端,读数应为"∞"

（1）按下启动按钮 SB1 时,读数应为接触器线圈的支流电阻。根据所测数据判断控制电路是否正常。

（2）用螺丝刀将接触器的触点系统按下,读数应为接触器线圈的支流电阻。根据所测数据判断控制电路是否正常。

5. 通电试车

通电试车必须征得教师同意,并由教师接通三相电源,同时在现场监护。

（1）合上电源开关 QS,用试电笔检查熔断器出线端,氖管亮说明电源接通。

（2）按下 SB1,电动机得电连续运转,观察电动机运行是否正常,若有异常现象应马上停车。

（3）出现故障后,学生应独立进行检修;若需带电进行检查,教师必须在现场监护。检修完毕后,如需再次试车,也应有教师监护,并做好时间记录。

（4）按下 SB2,切断电源,先拆除三相电源线,再拆除电动机线。

6. 设置故障

教师人为设置故障通电运行,同学们观察故障现象,并记录在表 2–1–4 中。

表 2–1–4　电动机单向连续运转控制电路故障设置情况统计表

故障设置元件	故障点	故障现象

【任务评价】

项目	评价内容	配分	自我评价	小组评价	教师评价	综合评定
器件拆装	1. 根据要求,正确选择熔断器的规格和型号	10				
	2. 将选择好的熔断器固定到面板上,并按原理图进行导线连接要求接线工艺合格	10				
	3. 拆除熔断器上的连接导线,并将熔断器从固定面板上拆下	10				
	4. 采用正确步骤分解熔断器,要求拆卸方法正确,不丢失和损坏零件	10				
	5. 采用正确步骤组装熔断器,要求组装方法正确,不丢失和损坏零件	10				

（续）

项目	评价内容	配分	自我评价	小组评价	教师评价	综合评定
器件测试	1. 仪表使用方法正确	10				
	2. 测量方法正确	10				
	3. 测量结果正确	10				
职业素质	1. 认真仔细的工作态度	5				
	2. 团结协作的工作精神	5				
	3. 听从指挥的工作作风	5				
	4. 安全及整理意识	5				
教师评语					成绩汇总	

任务四　连续与点动混合正转控制电路的安装与检修

【任务描述】

机床设备在正常工作时,一般需要电动机处在连续运转状态。但在试车或调整刀具与工件的相对位置时,又需要电动机能点动控制,实现这种工艺要求的线路是连续与点动混合正转控制线路。

【任务目标】

1. 通过学习,了解连续与点动混合正转控制电路的工作原理。
2. 能正确识读和绘制连续与点动混合正转控制电路原理图。
3. 能正确进行连续与点动混合正转控制电路的安装及检修。

【任务课时】

10 小时

【任务实施】

1. 认识功能

1）电路原理图

在自锁正转控制线路的基础上,增加了一个复合按钮 SB3,来实现连续与点动混合正转控制。SB3 的常闭触点应与 KM 自锁触点串接,如图 2－1－12 所示。

2）知识巩固

图 2－1－12 中,点动控制、连续控制和停止控制时应分别按下哪个按钮?

2. 分析原理

1）连续运行过程

如图 2－1－13 所示。

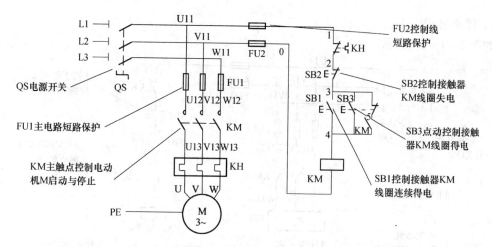

图 2-1-12   连续与点动混合正转控制电路(1)

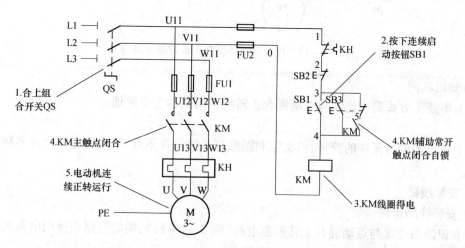

图 2-1-13   连续与点动混合正转控制电路(2)

2) 点动运行过程

如图 2-1-14 所示。

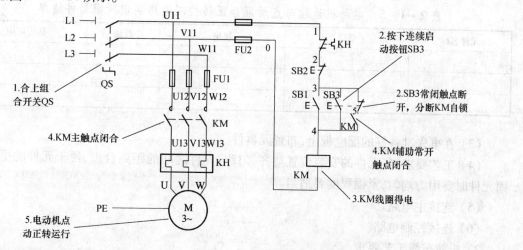

图 2-1-14   连续与点动混合正转控制电路(3)

3) 停止过程

如图 2-1-15 所示。

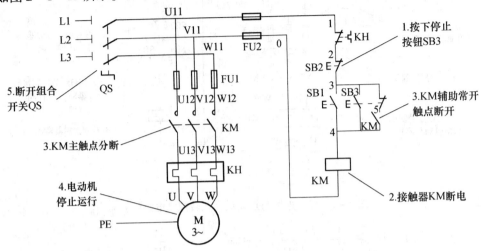

图 2-1-15 连续与点动混合正转控制电路(4)

4) 知识巩固

(1) 用箭头方式简述连续与点动混合正转控制电路的工作原理。

(2) 识读图中各元件的符号,将文字和图形符号抄录在下方,写出对应的元件名称。

3. 安装线路

1) 安装线路步骤

(1) 识读图连续与点动混合正转控制电路(图 2-1-12),明确电路中所用电器元件及作用,熟悉电路的工作原理。

(2) 按照如图 2-1-12 所示的电路原理图配齐所需元件,将元件型号规格质量检查情况记录在表 2-1-5 中。

表 2-1-5 电动机连续与点动混合正转控制电路实训所需器件清单

元件名称	型号	规格	数量	是否可用

(3) 在事先准备好的配电板上,布置元器件。

(4) 工艺要求:各元件的安装位置整齐、匀称,元件之间的距离合理,便于元件的更换;紧固元件时要用力均匀,紧固程度要适当。

(5) 连接主电路。

(6) 连接控制电路。

2) 板前布线工艺要求

(1) 布线通道尽可能少,同路并行导线按主电路、控制电路分类集中,单层密排,紧贴安装面布线。

（2）布线要横平竖直,分布均匀。变换走向时应垂直。

（3）同一平面的导线应高低一致或前后一致,不能交叉。非交叉不可时,此根导线应在接线端子引出时就水平架空跨越,但必须走线合理。

（4）布线时严禁损伤线芯和导线绝缘。

（5）布线顺序一般以接触器为中心,由里向外,由低到高,先控制电路后主电路进行,以不妨碍后续布线为原则。

（6）导线与接线端子或接线桩连接时,不得压绝缘层、不反圈、不露铜过长。

（7）同一元件、同一回路的不同接点的导线间距离应保持一致。

（8）一个电器元件接线端子上的连接导线不得多于两根,每节接线端子板上的连接导线一般只允许连接一根。

4. 检测线路

安装完毕的控制电路板必须经过认真检查以后,才允许通电试车,以防止错接、漏接造成不能正常运转或短路事故。

1）主电路检测

万用表检测主电路。将万用表两表笔接在 FU1 输入端至电动机星形联结中性点之间,分别测量 U 相、V 相、W 相在接触器不动作时的直流电阻,读数应为"∞";用螺丝刀将接触器的触点系统按下,再次测量三相的直流电阻,读数应为每相定子绕组的直流电阻。根据所测数据判断主电路是否正常。

2）控制电路检测

万用表检测控制电路。将万用表两表笔分别搭在 FU2 两输入端,读数应为"∞"。

（1）按下启动按钮 SB1 时,读数应为接触器线圈的支流电阻。根据所测数据判断控制电路是否正常。

（2）按下启动按钮 SB3 时,读数应为接触器线圈的支流电阻。根据所测数据判断控制电路是否正常。

起（3）用螺丝刀将接触器的触点系统按下,读数应为接触器线圈的支流电阻。根据所测数据判断控制电路是否正常。

5. 通电试车

通电试车必须征得教师同意,并由教师接通三相电源,同时在现场监护。

（1）合上电源开关 QS,用试电笔检查熔断器出线端,氖管亮说明电源接通。

（2）按下 SB1,电动机得电连续正转运转,观察电动机运行是否正常,若有异常现象应马上停车。

（3）按下 SB3,电动机点动正转运转,观察电动机运行是否正常,若有异常现象应马上停车。

（4）出现故障后,学生应独立进行检修;若需带电进行检查,教师必须在现场监护。检修完毕后,如需再次试车,也应有教师监护,并做好时间记录。

（5）按下 SB2,电动机停止,观察电动机是否停止,若有异常现象应马上停车。

（6）切断电源,先拆除三相电源线,再拆除电动机线。

6. 设置故障

教师人为设置故障通电运行,同学们观察故障现象,并记录在表 2-1-6 中。

表 2-1-6　电动机连续与点动混合正转控制电路故障设置情况统计表

故障设置元件	故障点	故障现象

【任务评价】

项目	评价内容	配分	自我评价	小组评价	教师评价	综合评定
器件拆装	1. 根据要求,正确选择熔断器的规格和型号	10				
	2. 将选择好的熔断器固定到面板上,并按原理图进行导线连接,要求接线工艺合格	10				
	3. 拆除熔断器上的连接导线,并将熔断器从固定面板上拆下	10				
	4. 采用正确步骤分解熔断器,要求拆卸方法正确,不丢失和损坏零件	10				
	5. 采用正确步骤组装熔断器,要求组装方法正确,不丢失和损坏零件	10				
器件测试	1. 仪表使用方法正确	10				
	2. 测量方法正确	10				
	3. 测量结果正确	10				
职业素质	1. 认真仔细的工作态度	5				
	2. 团结协作的工作精神	5				
	3. 听从指挥的工作作风	5				
	4. 安全及整理意识	5				
教师评语					成绩汇总	

模块二　三相异步电动机正反转控制线路的安装与检修

任务一　倒顺开关控制电动机正反转控制电路的安装与检修

【任务描述】

　　机床设备在正常工作时,一部分机床需要利用开关直接控制电动机正反转运行。为了实现功能,利用倒顺开关控制电动机正反转控制电路。

【任务目标】

1. 通过学习,了解倒顺开关控制电动机正反转控制电路的工作原理。
2. 能正确识读和绘制倒顺开关控制电动机正反转控制电路原理图。
3. 能正确进行倒顺开关控制电动机正反转控制电路的安装及检修。

【任务课时】

10 小时

【任务实施】

1. 认识功能

1)电路原理图

在倒顺开关控制电动机正反转控制线路中,为直接操作倒顺开关实现电动机正反转的电路由于倒顺开关无灭弧装置,所以仅适用于小容量电动机的控制,如图 2 - 2 - 1 所示。

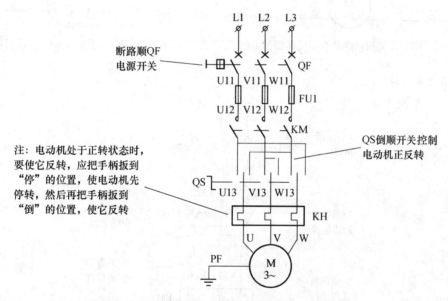

图 2 - 2 - 1 倒顺开关控制电动机正反转控制电路

2)知识巩固

倒顺开关正反转控制线路的优缺点是什么？能否用按钮、接触器代替倒顺开关来实现电动机正反转的自动控制？

2. 分析原理

1)正反转的原理

改变通入电动机定子绕组三相电源相序中的任意两相,即可改变电动机的转动方向。

正转:L1—U   反转:L1—W
·   L2—V   L2— -V
     L3—W   L3—U

65

2）正向启动

3）反向启动

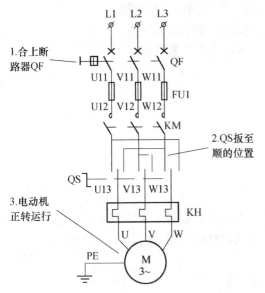

图 2 - 2 - 2　倒顺开关控制电动机正反转控制电路　　　图 2 - 2 - 3　倒顺开关控制电动机正反转控制电路

4）正反向切换

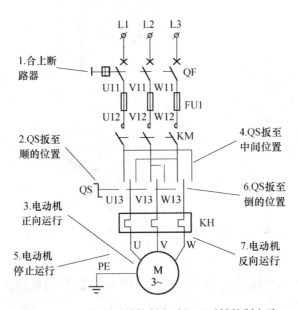

图 2 - 2 - 4　倒顺开关控制电动机正反转控制电路

5）知识巩固

（1）倒顺开关为什么只能控制小功率电动机?

（2）识读图中各元件的符号,将文字和图形符号抄录在下方,写出对应的元件名称。

3. 安装线路

1）安装线路步骤

（1）识读倒顺开关控制电动机正反转控制电路（图2-2-1），明确电路中所用电器元件及作用，熟悉电路的工作原理。

（2）按照如图2-2-1所示的电路原理图配齐所需元件，将元件型号规格质量检查情况记录在表2-2-1中。

表2-2-1　倒顺开关控制电动机正反转控制电路实训所需器件清单

元件名称	型号	规格	数量	是否可用

（3）在事先准备好的配电板上，布置元器件。

（4）工艺要求：各元件的安装位置整齐、匀称，元件之间的距离合理，便于元件的更换；紧固元件时要用力均匀，紧固程度要适当。

（5）连接主电路。

（6）连接控制电路。

2）板前布线工艺要求

（1）布线通道尽可能少，同路并行导线按主电路、控制电路分类集中，单层密排，紧贴安装面布线。

（2）布线要横平竖直，分布均匀。变换走向时应垂直。

（3）同一平面的导线应高低一致或前后一致，不能交叉。非交叉不可时，此根导线应在接线端子引出时就水平架空跨越，但必须走线合理。

（4）布线时严禁损伤线芯和导线绝缘。

（5）布线顺序一般以接触器为中心，由里向外，由低到高，先控制电路，后主电路进行，以不妨碍后续布线为原则。

（6）导线与接线端子或接线桩连接时，不得压绝缘层、不反圈、不露铜过长。

（7）同一元件、同一回路的不同接点的导线间距离应保持一致。

（8）一个电器元件接线端子上的连接导线不得多于两根，每节接线端子板上的连接导线一般只允许连接一根。

4. 检测线路

安装完毕的控制电路板必须经过认真检查以后，才允许通电试车，以防止错接、漏接造成不能正常运转或短路事故。

万用表检测主电路。将万用表两表笔接在FU1输入端至电动机星形联结中性点之间，分别测量U相、V相、W相在接触器不动作时的直流电阻，读数应为"∞"；

将倒顺开关分别打到倒与顺的位置，再次测量三相的直流电阻，读数应为每相定子绕组的直流电阻。根据所测数据判断主电路是否正常。

5. 通电试车

通电试车必须征得教师同意，并由教师接通三相电源，同时在现场监护。

（1）合上电源开关QS，用试电笔检查熔断器出线端，氖管亮说明电源接通。

（2）将开关打到顺的位置,电动机得电连续正转运转,观察电动机运行是否正常,若有异常现象应马上停车。

（3）将开关打到倒的位置,电动机得电连续反转运行,观察电动机运行是否正常,若有异常现象应马上停车。

（4）出现故障后,学生应独立进行检修;若需带电进行检查,教师必须在现场监护。检修完毕后,如需再次试车,也应有教师监护,并做好时间记录。

（5）切断电源,先拆除三相电源线,再拆除电动机线。

6. 设置故障

教师人为设置故障通电运行,同学们观察故障现象,并记录在表2-2-2中。

表2-2-2　倒顺开关控制电动机正反转控制电路故障设置情况统计表

故障设置元件	故障点	故障现象

【任务评价】

项目	评价内容	配分	自我评价	小组评价	教师评价	综合评定
器件拆装	1. 根据要求,正确选择熔断器的规格和型号	10				
	2. 将选择好的熔断器固定到面板上,并按原理图进行导线连接,要求接线工艺合格	10				
	3. 拆除熔断器上的连接导线,并将熔断器从固定面板上拆下	10				
	4. 采用正确步骤分解熔断器,要求拆卸方法正确,不丢失和损坏零件	10				
	5. 采用正确步骤组装熔断器,要求组装方法正确,不丢失和损坏零件	10				
器件测试	1. 仪表使用方法正确	10				
	2. 测量方法正确	10				
	3. 测量结果正确	10				
职业素质	1. 认真仔细的工作态度	5				
	2. 团结协作的工作精神	5				
	3. 听从指挥的工作作风	5				
	4. 安全及整理意识	5				
教师评语					成绩汇总	

任务二　接触器联锁正反转控制电路的安装与检修

【任务描述】

倒顺开关虽然线路简单,但是,直接控制电动机时,只能控制功率在3kW及以下的小容量电动机。在生产实际中更常用的是接触器联锁的正反转控制线路。

【任务目标】

1. 通过学习,了解接触器联锁正反转控制电路的工作原理。
2. 能正确识读和绘制接触器联锁正反转控制电路原理图。
3. 能正确进行接触器联锁正反转控制电路的安装及检修。

【任务课时】

10小时

【任务实施】

1. 认识功能

1)电路原理图

线路中采用了两个接触器,即正转用的接触器KM1和反转用的接触器KM2,它们分别由正转按钮SB1和反转按钮SB2控制(图2-2-5)。

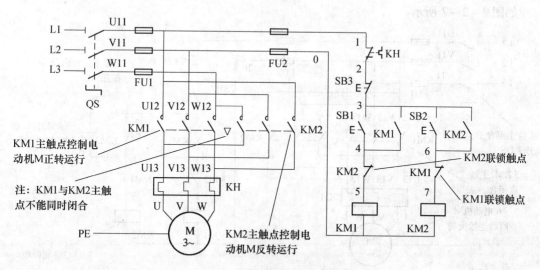

图2-2-5　接触器联锁正反转控制电路

2)知识巩固

(1)什么是接触器联锁?

(2)什么是接触器联锁触点?联锁符号在电路中用什么表示?

(3) 试分析接触器联锁正反转控制线路的优缺点?

2. 分析原理

1) 正转运行过程

如图2-2-6所示。

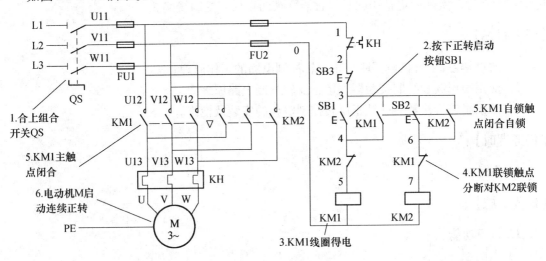

图2-2-6 接触器联锁正反转控制电路

2) 反转运行过程

如图2-2-7所示。

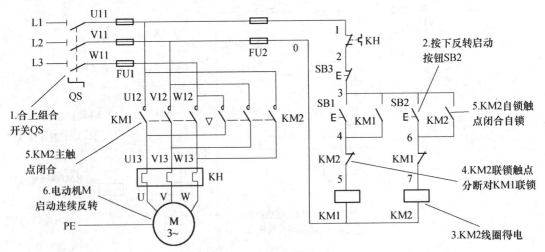

图2-2-7 接触器联锁正反转控制电路

3) 正反切换过程

正反转切换过程必须要先按下停止按钮SB3才能进行切换。

4) 知识巩固

(1) 用箭头方式简述接触器联锁正反转控制电路的工作原理。

（2）识读图中各元件的符号,将文字和图形符号抄录在下方,写出对应的元件名称。

（3）怎样克服接触器联锁正反转控制线路操作不便的缺点？用两个复合按钮代替图2-2-7中的两个启动按钮能否实现。

3. 安装线路

1）安装线路步骤

（1）识读接触器联锁正反转控制电路(图2-2-5),明确电路中所用电器元件及作用,熟悉电路的工作原理。

（2）按照如图2-2-5所示的电路原理图配齐所需元件,将元件型号规格质量检查情况记录在表2-2-3中。

表2-2-3　接触器联锁正反转控制电路实训所需器件清单

元件名称	型号	规格	数量	是否可用

（3）在事先准备好的配电板上,布置元器件。

（4）工艺要求:各元件的安装位置整齐、匀称,元件之间的距离合理,便于元件的更换;紧固元件时要用力均匀,紧固程度要适当。

（5）连接主电路。

（6）连接控制电路。

2）板前布线工艺要求

（1）布线通道尽可能少,同路并行导线按主电路、控制电路分类集中,单层密排,紧贴安装面布线。

（2）布线要横平竖直,分布均匀。变换走向时应垂直。

（3）同一平面的导线应高低一致或前后一致,不能交叉。非交叉不可时,此根导线应在接线端子引出时就水平架空跨越,但必须走线合理。

（4）布线时严禁损伤线芯和导线绝缘。

（5）布线顺序一般以接触器为中心,由里向外,由低到高,先控制电路后主电路进行,以不妨碍后续布线为原则。

（6）导线与接线端子或接线桩连接时,不得压绝缘层、不反圈、不露铜过长。

（7）同一元件、同一回路的不同接点的导线间距离应保持一致。

（8）一个电器元件接线端子上的连接导线不得多于两根,每节接线端子板上的连接导线一般只允许连接一根。

4. 检测线路

安装完毕的控制电路板必须经过认真检查以后,才允许通电试车,以防止错接、漏接造成不能正常运转或短路事故。

1）主电路检测

万用表检测主电路。将万用表两表笔接在 FU1 输入端至电动机星形联结中性点之间，分别测量 U 相、V 相、W 相在接触器不动作时的直流电阻，读数应为"∞"；用螺丝刀将接触器的触点系统按下，再次测量三相的直流电阻，读数应为每相定子绕组的直流电阻。根据所测数据判断主电路是否正常。

2）控制电路检测

万用表检测控制电路。将万用表两表笔分别搭在 FU2 两输入端，读数应为"∞"。

（1）按下启动按钮 SB1 时，读数应为接触器线圈的支流电阻。根据所测数据判断控制电路是否正常。

（2）按下启动按钮 SB2 时，读数应为接触器线圈的支流电阻。根据所测数据判断控制电路是否正常。

（3）用螺丝刀将接触器 KM1 的触点系统按下，读数应为接触器线圈的支流电阻。根据所测数据判断控制电路是否正常。

（4）用螺丝刀将接触器 KM2 的触点系统按下，读数应为接触器线圈的支流电阻。根据所测数据判断控制电路是否正常。

5．通电试车

通电试车必须征得教师同意，并由教师接通三相电源，同时在现场监护。

（1）合上电源开关 QS，用试电笔检查熔断器出线端，氖管亮说明电源接通。

（2）按下 SB1，电动机启动连续正转，观察电动机运行是否正常，若有异常现象应马上停车。

（3）按下 SB2，电动机启动连续反转，观察电动机运行是否正常，若有异常现象应马上停车。

（4）出现故障后，学生应独立进行检修；若需带电进行检查，教师必须在现场监护。检修完毕后，如需再次试车，也应有教师监护，并做好记录。

（5）按下 SB3，电动机停止，观察电动机是否停止，若有异常现象应马上停车。

（6）切断电源，先拆除三相电源线，再拆除电动机线。

6．设置故障

教师人为设置故障通电运行，同学们观察故障现象，并记录在表 2-2-4 中。

表 2-2-4　电动机单向连续运转控制电路故障设置情况统计表

故障设置元件	故障点	故障现象

项目	评价内容	配分	自我评价	小组评价	教师评价	综合评定
器件拆装	1. 根据要求,正确选择熔断器的规格和型号	10				
	2. 将选择好的熔断器固定到面板上,并按原理图进行导线连接,要求接线工艺合格	10				
	3. 拆除熔断器上的连接导线,并将熔断器从固定面板上拆下	10				
	4. 采用正确步骤分解熔断器,要求拆卸方法正确,不丢失和损坏零件	10				
	5. 采用正确步骤组装熔断器,要求组装方法正确,不丢失和损坏零件	10				
器件测试	1. 仪表使用方法正确	10				
	2. 测量方法正确	10				
	3. 测量结果正确	10				
职业素质	1. 认真仔细的工作态度	5				
	2. 团结协作的工作精神	5				
	3. 听从指挥的工作作风	5				
	4. 安全及整理意识	5				
教师评语					成绩汇总	

任务三　按钮、接触器双重联锁正反转控制电路的安装与检修

【任务描述】

接触器联锁正反转控制线路的优点是工作安全可靠,缺点是操作不便。因电动机从正转变成反转时,必须先按下停止按钮后,才能按反转启动按钮,否则由于接触器的联锁作用,不能实现反转。为克服此线路的不足,可采用按钮联锁或按钮和接触器双重联锁的正反转控制线路。

【任务目标】

1. 通过学习,了解按钮、接触器双重联锁正反转控制电路的工作原理。
2. 能正确识读和绘制按钮、接触器双重联锁正反转控制电路原理图。
3. 能正确进行按钮、接触器双重联锁正反转控制电路的安装及检修。

【任务课时】

10 小时

【任务实施】

1. 认识功能

1) 电路原理图

为克服接触器联锁正反转控制线路操作不便的缺点,把正转按钮 SB1 和反转按钮 SB2 换成两个复合按钮,并使两个复合按钮的常闭触点代替接触器的联锁触点,就构成了按钮联锁的正反转控制线路,如图 2 - 2 - 8 所示。

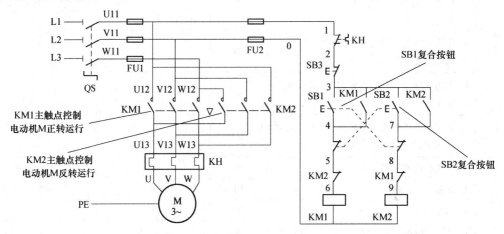

图 2 - 2 - 8　按钮、接触器双重联锁正反转控制电路

2) 知识巩固

(1) 简述按钮、接触器双重联锁正反转控制电路的优缺点。

(2) 图 2 - 1 中,当按下按钮 SB1 时,SB1 触点动作顺序是什么?

2. 分析原理

1) 正转运行过程

如图 2 - 2 - 9 所示。

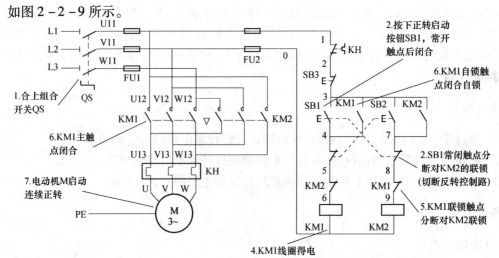

图 2 - 2 - 9　按钮、接触器双重联锁正转控制电路

74

2）反转运行过程

如图 2－2－10 所示。

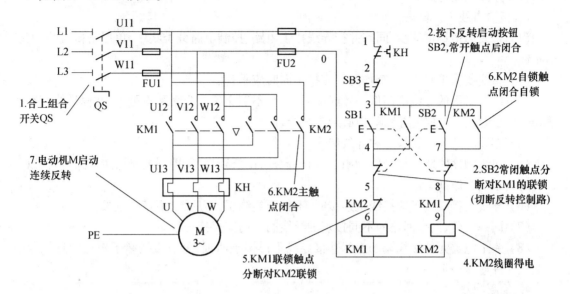

图 2－2－10　按钮、接触器双重联锁反转控制电路

3）正反切换过程

注：正反转切换可以直接进行切换，不需要按下停止按钮 SB3。

4）知识巩固

（1）用箭头方式简述按钮、接触器双重联锁正反转控制电路的工作原理。

（2）识读图中各元件的符号，将文字和图形符号抄录在下方，写出对应的元件名称。

3. 安装线路

1）安装线路步骤

（1）识读按钮、接触器双重联锁正反转控制电路（图 2－2－8），明确电路中所用电器元件及作用，熟悉电路的工作原理。

（2）按照如图 2－2－8 所示的电路原理图配齐所需元件，将元件型号规格质量检查情况记录在表 2－2－5 中。

表 2－2－5　连续与点动混合正转控制电路实训所需器件清单

元件名称	型号	规格	数量	是否可用

（3）在事先准备好的配电板上，布置元器件。

（4）工艺要求：各元件的安装位置整齐、匀称，元件之间的距离合理，便于元件的更换；紧固元件时要用力均匀，紧固程度要适当。

（5）连接主电路。

（6）连接控制电路。

2）板前布线工艺要求

（1）布线通道尽可能少，同路并行导线按主电路、控制电路分类集中，单层密排，紧贴安装面布线。

（2）布线要横平竖直，分布均匀。变换走向时应垂直。

（3）同一平面的导线应高低一致或前后一致，不能交叉。非交叉不可时，此根导线应在接线端子引出时，就水平架空跨越，但必须走线合理。

（4）布线时严禁损伤线芯和导线绝缘。

（5）布线顺序一般以接触器为中心，由里向外，由低到高，先控制电路后主电路进行，以不妨碍后续布线为原则。

（6）导线与接线端子或接线桩连接时，不得压绝缘层、不反圈、不露铜过长。

（7）同一元件、同一回路的不同接点的导线间距离应保持一致。

（8）一个电器元件接线端子上的连接导线不得多于两根，每节接线端子板上的连接导线一般只允许连接一根。

4. 检测线路

安装完毕的控制电路板必须经过认真检查以后，才允许通电试车，以防止错接、漏接造成不能正常运转或短路事故。

1）主电路检测

万用表检测主电路。将万用表两表笔接在 FU1 输入端至电动机星形联结中性点之间，分别测量 U 相、V 相、W 相在接触器不动作时的直流电阻，读数应为"∞"；用螺丝刀将接触器的触电系统按下，再次测量三相的直流电阻，读数应为每相定子绕组的直流电阻。根据所测数据判断主电路是否正常。

2）控制电路检测

万用表检测控制电路。将万用表两表笔分别搭在 FU2 两输入端，读数应为"∞"。

（1）按下启动按钮 SB1 时，读数应为接触器线圈的支流电阻。根据所测数据判断控制电路是否正常。

（2）按下启动按钮 SB2 时，读数应为接触器线圈的支流电阻。根据所测数据判断控制电路是否正常。

（3）用螺丝刀将接触器 KM1 的触点系统按下，读数应为接触器线圈的支流电阻。根据所测数据判断控制电路是否正常。

（4）用螺丝刀将接触器 KM2 的触点系统按下，读数应为接触器线圈的支流电阻。根据所测数据判断控制电路是否正常。

5. 通电试车

通电试车必须征得教师同意，并由教师接通三相电源，同时在现场监护。

（1）合上电源开关 QS，用试电笔检查熔断器出线端，氖管亮说明电源接通。

（2）按下 SB1，电动机启动连续正转，观察电动机运行是否正常，若有异常现象应马上停车。

（3）按下 SB2，电动机启动连续反转，观察电动机运行是否正常，若有异常现象应马上停车。

（4）出现故障后，学生应独立进行检修；若需带电进行检查，教师必须在现场监护。检修完毕后,如需再次试车,也应有教师监护,并做好记录。

（5）按下 SB3,电动机停止,观察电动机是否停止,若有异常现象应马上停车。

（6）切断电源,先拆除三相电源线,再拆除电动机线。

6. 设置故障

教师人为设置故障通电运行,同学们观察故障现象,并记录在表2-2-6中。

表2-2-6　按钮、接触器双重联锁正反转控制电路故障设置情况统计表

故障设置元件	故障点	故障现象

【任务评价】

项目	评价内容	配分	自我评价	小组评价	教师评价	综合评定
器件拆装	1. 根据要求,正确选择熔断器的规格和型号	10				
	2. 将选择好的熔断器固定到面板上,并按原理图进行导线连接,要求接线工艺合格	10				
	3. 拆除熔断器上的连接导线,并将熔断器从固定面板上拆下	10				
	4. 采用正确步骤分解熔断器,要求拆卸方法正确,不丢失和损坏零件	10				
	5. 采用正确步骤组装熔断器,要求组装方法正确,不丢失和损坏零件	10				
器件测试	1. 仪表使用方法正确	10				
	2. 测量方法正确	10				
	3. 测量结果正确	10				
职业素质	1. 认真仔细的工作态度	5				
	2. 团结协作的工作精神	5				
	3. 听从指挥的工作作风	5				
	4. 安全及整理意识	5				
教师评语					成绩汇总	

任务四　位置控制电路的安装与检修

【任务描述】

在生产过程中,一些生产机械运动部件的行程或位置要受到限制,或者需要其运动部件在一定范围内自动往返循环等。而实现这种控制要求所依靠的主要电器是位置开关。

【任务目标】

1. 通过学习,了解位置控制电路的工作原理。
2. 能正确识读和绘制位置控制电路原理图。
3. 能正确进行位置控制电路的安装及检修。

【任务课时】

10 小时

【任务实施】

1. 认识功能

1) 电路原理图

位置控制线路又称行程控制或限位控制线路。位置开关是一种将机械信号转换为电气信号,以控制运动部件位置或行程的自动控制电器。而位置控制就是利用生产机械运动部件上的挡铁与位置开关碰撞,使其触点动作,来接通或断开电路,以实现对生产机械运动部件的位置或行程的自动控制,如图 2 - 2 - 11 所示。

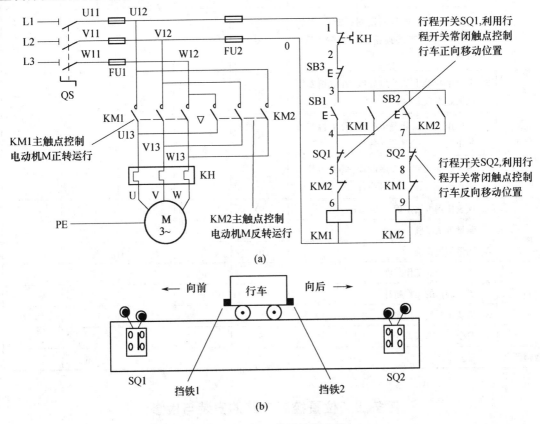

图 2 - 2 - 11 位置控制电路

2) 知识巩固

图 2 - 2 - 11 所示的位置控制电路图,与接触器联锁正反转控制电路图认真比较一下,两

者有什么不同?

2. 分析原理

1) 正转运行过程

如图2-2-12所示。

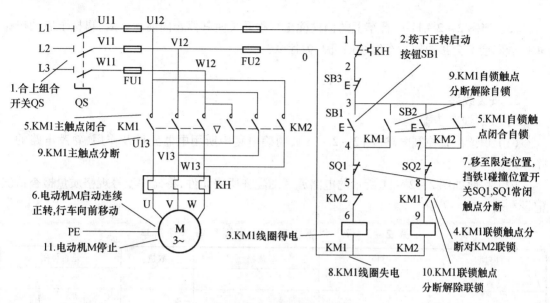

图2-2-12 位置控制电路正转

2) 反转运行过程

如图2-2-13所示。

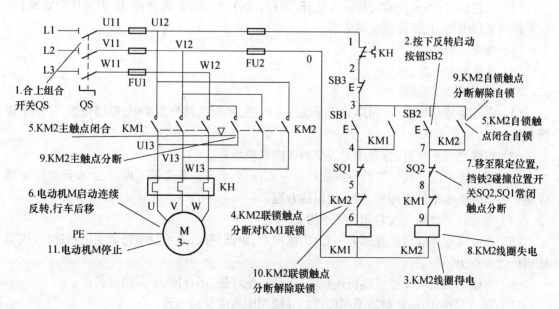

图2-2-13 位置控制电路反转

3）知识巩固

（1）用箭头方式简述位置控制电路的工作原理。

（2）识读图中各元件的符号，将文字和图形符号抄录在下方，写出对应的元件名称。

（3）当图2-2-11中行车上的挡铁撞击行程开关使其停止向前运行后，再按下启动按钮SB1，线路会不会接通使行车继续前进？为什么？

3. 安装线路

1）安装线路步骤

（1）识读位置控制电路（图2-2-11），明确电路中所用电器元件及作用，熟悉电路的工作原理。

（2）按照如图2-2-11所示的电路原理图配齐所需元件，将元件型号规格质量检查情况记录在表2-2-7中。

表2-2-7 位置控制电路实训所需器件清单

元件名称	型号	规格	数量	是否可用

（3）在事先准备好的配电板上，布置元器件。

（4）工艺要求：各元件的安装位置整齐、匀称，元件之间的距离合理，便于元件的更换；紧固元件时要用力均匀，紧固程度要适当。

（5）连接主电路。

（6）连接控制电路。

2）板前布线工艺要求

（1）布线通道尽可能少，同路并行导线按主电路、控制电路分类集中，单层密排，紧贴安装面布线。

（2）布线要横平竖直，分布均匀。变换走向时应垂直。

（3）同一平面的导线应高低一致或前后一致，不能交叉。非交叉不可时，此根导线应在接线端子引出时就水平架空跨越，但必须走线合理。

（4）布线时严禁损伤线芯和导线绝缘。

（5）布线顺序一般以接触器为中心，由里向外，由低到高，先控制电路后主电路进行，以不妨碍后续布线为原则。

（6）导线与接线端子或接线桩连接时，不得压绝缘层、不反圈、不露铜过长。

（7）同一元件、同一回路的不同接点的导线间距离应保持一致。

（8）一个电器元件接线端子上的连接导线不得多于两根，每节接线端子板上的连接导线一般只允许连接一根。

4. 检测线路

安装完毕的控制电路板必须经过认真检查以后,才允许通电试车,以防止错接、漏接造成不能正常运转或短路事故。

1) 主电路检测

万用表检测主电路。将万用表两表笔接在 FU1 输入端至电动机星形联结中性点之间,分别测量 U 相、V 相、W 相在接触器不动作时的直流电阻,读数应为"∞";用螺丝刀将接触器的触电系统按下,再次测量三相的直流电阻,读数应为每相定子绕组的直流电阻。根据所测数据判断主电路是否正常。

2) 控制电路检测

(1) 万用表检测控制电路。将万用表两表笔分别搭在 FU2 两输入端,读数应为"∞"。

(2) 按下启动按钮 SB1 时,读数应为接触器线圈的支流电阻。根据所测数据判断控制电路是否正常。

(3) 按下启动按钮 SB2 时,读数应为接触器线圈的支流电阻。根据所测数据判断控制电路是否正常。

(4) 用螺丝刀将接触器 KM1 的触点系统按下,读数应为接触器线圈的支流电阻。根据所测数据判断控制电路是否正常。

(5) 用螺丝刀将接触器 KM2 的触点系统按下,读数应为接触器线圈的支流电阻。根据所测数据判断控制电路是否正常。

(6) 按下启动按钮 SB1 时,碰撞行程开关 SQ1,读数应为"∞"。根据所测数据判断控制电路是否正常。

(7) 按下启动按钮 SB2 时,碰撞行程开关 SQ2,读数应为"∞"。根据所测数据判断控制电路是否正常。

5. 通电试车

通电试车必须征得教师同意,并由教师接通三相电源,同时在现场监护。

(1) 合上电源开关 QS,用试电笔检查熔断器出线端,氖管亮说明电源接通。

(2) 按下 SB1,电动机启动连续正转,观察电动机运行是否正常,若有异常现象应马上停车。

(3) 行车前进过程,移至限定位置,挡铁 1 碰撞位置开关 SQ1,SQ1 常闭触点分断,小车停止运行,若有异常现象应马上停车。

(4) 按下 SB2,电动机启动连续反转,观察电动机运行是否正常,若有异常现象应马上停车。

(5) 行车后移过程,移至限定位置,挡铁 2 碰撞位置开关 SQ2,SQ2 常闭触点分断,小车停止运行,若有异常现象应马上停车。

(6) 出现故障后,学生应独立进行检修;若需带电进行检查,教师必须在现场监护。检修完毕后,如需再次试车,也应有教师监护,并做好记录。

(7) 按下 SB3,电动机停止,观察电动机是否停止,若有异常现象应马上停车。

(8) 切断电源,先拆除三相电源线,再拆除电动机线。

6. 设置故障

教师人为设置故障通电运行,同学们观察故障现象,并记录在表 2 - 2 - 8 中。

表 2-2-8 位置控制电路故障设置情况统计表

故障设置元件	故 障 点	故 障 现 象

【任务评价】

项目	评价内容	配分	自我评价	小组评价	教师评价	综合评定
器件拆装	1. 根据要求,正确选择熔断器的规格和型号	10				
	2. 将选择好的熔断器固定到面板上,并按原理图进行导线连接,要求接线工艺合格	10				
	3. 拆除熔断器上的连接导线,并将熔断器从固定面板上拆下	10				
	4. 采用正确步骤分解熔断器,要求拆卸方法正确,不丢失和损坏零件	10				
	5. 采用正确步骤组装熔断器,要求组装方法正确,不丢失和损坏零件	10				
器件测试	1. 仪表使用方法正确	10				
	2. 测量方法正确	10				
	3. 测量结果正确	10				
职业素质	1. 认真仔细的工作态度	5				
	2. 团结协作的工作精神	5				
	3. 听从指挥的工作作风	5				
	4. 安全及整理意识	5				
教师评语					成绩汇总	

任务五 自动循环控制电路的安装与检修

【任务描述】

有些生产机械,要求工作台在一定的行程内能自动往返运动,以便实现对工件的连续加工,提高生产效率。这就需要电气控制线路能对电动机实现自动转换正反转控制。

【任务目标】

1. 通过学习,了解自动循环控制电路的工作原理。
2. 能正确识读和绘制自动循环控制电路原理图。
3. 能正确进行自动循环控制电路的安装及检修。

【任务课时】

10 小时

【任务实施】

1. 认识功能

1）电路原理图

由位置开关控制的工作台自动往返控制线路如图 2 - 2 - 14 所示。它的上边是工作台自动往返运动的示意图。

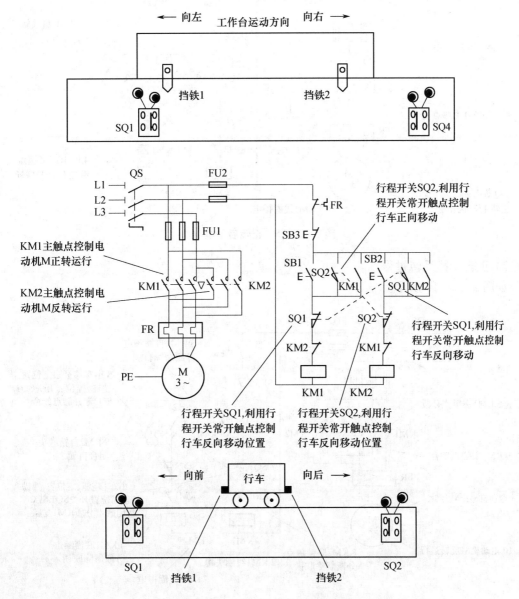

图 2 - 2 - 14 接触器自锁正转控制线路

2）知识巩固

通电校验时,在电动机正转(工作台向左运动)时,扳动行程开关SQ1,电动机不反转,且继续正转,原因是什么? 应当如何处理?

2. 分析原理

1）正转启动过程

如图2-2-15所示。

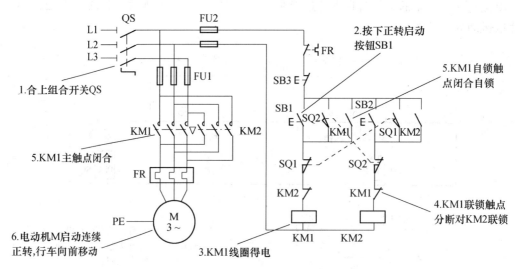

图2-2-15 正转启动过程

2）正转切换反转过程

如图2-2-16所示。

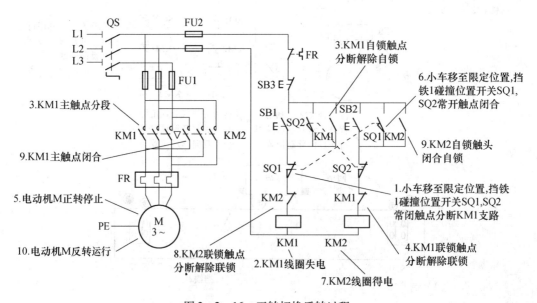

图2-2-16 正转切换反转过程

3）知识巩固

（1）用箭头方式简述自动循环控制电路的工作原理。

（2）识读图中各元件的符号,将文字和图形符号抄录在下方,写出对应的元件名称。

3. 安装线路

1）安装线路步骤

（1）识读自动循环控制电路(图2-2-14),明确电路中所用电器元件及作用,熟悉电路的工作原理。

（2）按照如图2-2-14所示的电路原理图配齐所需元件,将元件型号规格质量检查情况记录在表2-2-9中。

表2-2-9 自动循环控制电路实训所需器件清单

元件名称	型号	规格	数量	是否可用

（3）在事先准备好的配电板上,布置元器件。

（4）工艺要求:各元件的安装位置整齐、匀称,元件之间的距离合理,便于元件的更换;紧固元件时要用力均匀,紧固程度要适当。

（5）连接主电路。

（6）连接控制电路。

2）板前布线工艺要求

（1）布线通道尽可能少,同路并行导线按主电路、控制电路分类集中,单层密排,紧贴安装面布线。

（2）布线要横平竖直,分布均匀。变换走向时应垂直。

（3）同一平面的导线应高低一致或前后一致,不能交叉。非交叉不可时,此根导线应在接线端子引出时就水平架空跨越,但必须走线合理。

（4）布线时严禁损伤线芯和导线绝缘。

（5）布线顺序一般以接触器为中心,由里向外,由低到高,先控制电路后主电路进行,以不妨碍后续布线为原则。

（6）导线与接线端子或接线桩连接时,不得压绝缘层、不反圈、不露铜过长。

（7）同一元件、同一回路的不同接点的导线间距离应保持一致。

（8）一个电器元件接线端子上的连接导线不得多于两根,每节接线端子板上的连接导线一般只允许连接一根。

4. 检测线路

安装完毕的控制电路板必须经过认真检查以后,才允许通电试车,以防止错接、漏接造成不能正常运转或短路事故。

1）主电路检测

万用表检测主电路。将万用表两表笔接在FU1输入端至电动机星形联结中性点之间,分别测量 U 相、V 相、W 相在接触器不动作时的直流电阻,读数应为"∞";用螺丝刀将接触器的触电系统按下,再次测量三相的直流电阻,读数应为每相定子绕组的直流电阻。根据所测数据判断主电路是否正常。

2）控制检测电路

万用表检测控制电路。将万用表两表笔分别搭在 FU2 两输入端,读数应为"∞"。

（1）按下启动按钮 SB1 时,读数应为接触器线圈的支流电阻。根据所测数据判断控制电路是否正常。

（2）按下启动按钮 SB2 时,读数应为接触器线圈的支流电阻。根据所测数据判断控制电路是否正常。

（3）用螺丝刀将接触器 KM1 的触点系统按下,读数应为接触器线圈的支流电阻。根据所测数据判断控制电路是否正常。

（4）用螺丝刀将接触器 KM2 的触点系统按下,读数应为接触器线圈的支流电阻。根据所测数据判断控制电路是否正常。

（5）按下启动按钮 SB1 时,碰撞行程开关 SQ1,读数应为"∞"。根据所测数据判断控制电路是否正常。

（6）按下启动按钮 SB2 时,碰撞行程开关 SQ2,读数应为"∞"。根据所测数据判断控制电路是否正常。

5. 通电试车

通电试车必须征得教师同意,并由教师接通三相电源,同时在现场监护。

（1）合上电源开关 QS,用试电笔检查熔断器出线端,氖管亮说明电源接通。

（2）按下 SB1,电动机启动连续正转,观察电动机运行是否正常,若有异常现象应马上停车。

（3）行车前进过程,移至限定位置,挡铁 1 碰撞位置开关 SQ1,SQ1 常闭触点分断,小车停止运行,若有异常现象应马上停车。

（4）按下 SB2,电动机启动连续反转,观察电动机运行是否正常,若有异常现象应马上停车。

（5）行车后移过程,移至限定位置,挡铁 2 碰撞位置开关 SQ2,SQ2 常闭触点分断,小车停止运行,若有异常现象应马上停车。

（6）出现故障后,学生应独立进行检修;若需带电进行检查,教师必须在现场监护。检修完毕后,如需再次试车,也应有教师监护,并做好记录。

（7）按下 SB3,电动机停止,观察电动机是否停止,若有异常现象应马上停车。

（8）切断电源,先拆除三相电源线,再拆除电动机线。

6. 设置故障

教师人为设置故障通电运行,同学们观察故障现象,并记录在表 2-2-10 中。

表 2-2-10　自动循环控制电路故障设置情况统计表

故障设置元件	故障点	故障现象

【任务评价】

项目	评价内容	配分	自我评价	小组评价	教师评价	综合评定
器件拆装	1. 根据要求,正确选择熔断器的规格和型号	10				
	2. 将选择好的熔断器固定到面板上,并按原理图进行导线连接,要求接线工艺合格	10				
	3. 拆除熔断器上的连接导线,并将熔断器从固定面板上拆下	10				
	4. 采用正确步骤分解熔断器,要求拆卸方法正确,不丢失和损坏零件	10				
	5. 采用正确步骤组装熔断器,要求组装方法正确,不丢失和损坏零件	10				
器件测试	1. 仪表使用方法正确	10				
	2. 测量方法正确	10				
	3. 测量结果正确	10				
职业素质	1. 认真仔细的工作态度	5				
	2. 团结协作的工作精神	5				
	3. 听从指挥的工作作风	5				
	4. 安全及整理意识	5				
教师评语					成绩汇总	

模块三　三相异步电动机顺序控制与多地控制线路的安装与检修

任务一　三相笼型异步电动机顺序控制电路的安装与检修

【任务描述】

在装有多台电动机的生产机械上,各电动机所起的作用是不同的,有时需按一定的顺序启动或停止,才能保证操作过程的合理和工作的安全可靠。例如:X62W 型万能铣床上要求主轴电动机启动后,进给电动机才能启动;M7120 型平面磨床的冷却泵电动机,要求当砂轮电动机启动后才能启动。

【任务目标】

1. 通过学习,了解三相笼型异步电动机顺序控制电路的工作原理。
2. 能正确识读和绘制三相笼型异步电动机顺序控制电路原理图。
3. 能正确进行三相笼型异步电动机顺序控制电路电路的安装及检修。

【任务课时】

10 小时

【任务实施】

1. 认识功能

1）电路原理图

（1）主电路实现顺序控制。

主电路实现顺序控制的电路如图 2-3-1 所示。电动机 M1 和 M2 分别通过接触器 KM1 和 KM2 来控制，接触器 KM2 的主触点接在接触器 KM1 主触点的下面，这样就保证了当 KM1 主触点闭合、电动机 M1 启动运转后，M2 才可能接通电源运转。

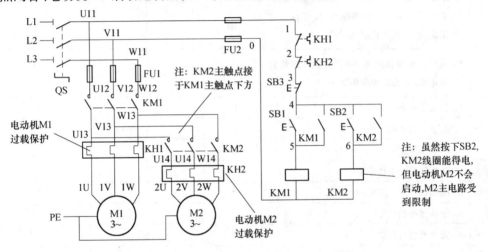

图 2-3-1　三相笼型异步电动机顺序控制电路

（2）控制电路实现顺序控制。

图 2-3-2 所示控制线路的特点是：电动机 M2 的控制电路先与接触器 KM1 的线圈并接后再与 KM1 的自锁触点串接，这样就保证了 M1 启动后，M2 才能启动的顺序控制要求。

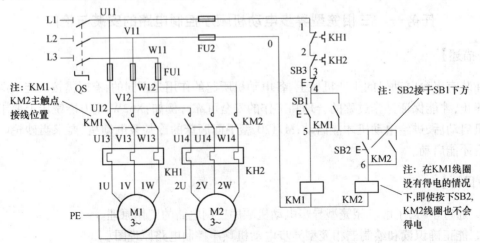

图 2-3-2　三相笼型异步电动机顺序控制电路

2）知识巩固

图 2-3-2 是利用控制电路实现顺序控制,试一下,你能设计出几种形式的控制线路?

2. 分析原理

1）主电路实现顺序控制原理

如图 2-3-3 所示。

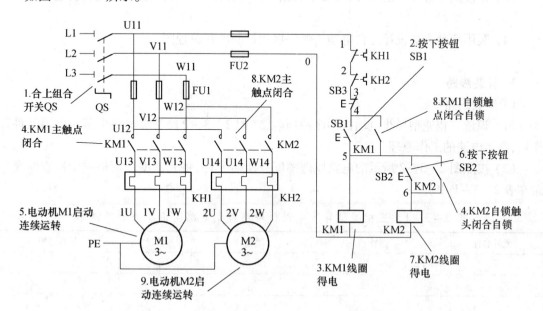

图 2-3-3 三相笼型异步电动机主电路顺序控制

2）控制电路实现顺序控制原理

如图 2-2-4 所示。

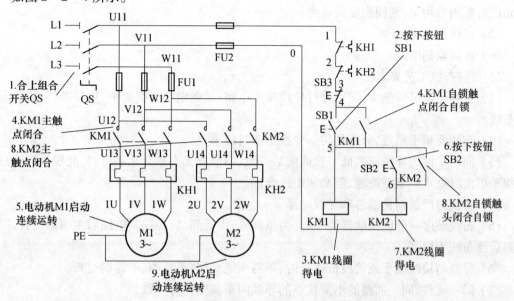

图 2-3-4 三相笼型异步电动机控制电路顺序控制

3）知识巩固

（1）用箭头方式简述主电路实现顺序控制电路的工作原理。

（2）用箭头方式简述控制电路实现顺序控制电路的工作原理。

（3）识读图中各元件的符号，将文字和图形符号抄录在下方，写出对应的元件名称。

（4）利用两种方法设计三台电动机顺序启动控制电路原理图。

3. 安装线路

1）安装线路步骤

（1）识读三相笼型异步电动机顺序控制电路（图 2 - 3 - 2），明确电路中所用电器元件及作用，熟悉电路的工作原理。

（2）按照图 2 - 3 - 2 所示的电路原理图配齐所需元件，将元件型号规格质量检查情况记录在表 2 - 3 - 1 中。

表 2 - 3 - 1   三相笼型异步电动机顺序控制电路实训所需器件清单

元件名称	型号	规格	数量	是否可用

（3）在事先准备好的配电板上，布置元器件。

（4）工艺要求：各元件的安装位置整齐、匀称，元件之间的距离合理，便于元件的更换；紧固元件时要用力均匀，紧固程度要适当。

（5）连接主电路。

（6）连接控制电路。

2）板前布线工艺要求

（1）布线通道尽可能少，同路并行导线按主电路、控制电路分类集中，单层密排，紧贴安装面布线。

（2）布线要横平竖直，分布均匀。变换走向时应垂直。

（3）同一平面的导线应高低一致或前后一致，不能交叉。非交叉不可时，此根导线应在接线端子引出时就水平架空跨越，但必须走线合理。

（4）布线时严禁损伤线芯和导线绝缘。

（5）布线顺序一般以接触器为中心，由里向外，由低到高，先控制电路后主电路进行，以不妨碍后续布线为原则。

（6）导线与接线端子或接线桩连接时，不得压绝缘层、不反圈、不露铜过长。

（7）同一元件、同一回路的不同接点的导线间距离应保持一致。

（8）一个电器元件接线端子上的连接导线不得多于两根，每节接线端子板上的连接导线一般只允许连接一根。

4. 检测线路

安装完毕的控制电路板必须经过认真检查以后,才允许通电试车,以防止错接、漏接造成不能正常运转或短路事故。

1)主电路检测

万用表检测主电路。将万用表两表笔接在 FU1 输入端至电动机星形联结中性点之间,分别测量 U 相、V 相、W 相在接触器不动作时的直流电阻,读数应为"∞";用螺丝刀将接触器的触点系统按下,再次测量三相的直流电阻,读数应为每相定子绕组的直流电阻。根据所测数据判断主电路是否正常。

2)主电路实现顺序控制电路检测

万用表检测控制电路。将万用表两表笔分别搭在 FU2 两输入端,读数应为"∞"。

(1)按下启动按钮 SB1 时,读数应为接触器线圈的支流电阻。根据所测数据判断控制电路是否正常。

(2)按下启动按钮 SB2 时,读数应为接触器线圈的支流电阻。根据所测数据判断控制电路是否正常。

(3)用螺丝刀将接触器 KM1 的触点系统按下,读数应为接触器线圈的支流电阻。根据所测数据判断控制电路是否正常。

(4)用螺丝刀将接触器 KM2 的触点系统按下,读数应为接触器线圈的支流电阻。根据所测数据判断控制电路是否正常。

3)控制电路实现顺序控制电路检测

(1)按下启动按钮 SB1 时,读数应为接触器线圈的支流电阻。根据所测数据判断控制电路是否正常。

(2)断开 KM1 支路,按下 SB2 时,读数应为接触器线圈的支流电阻。根据所测数据判断控制电路是否正常。

(3)用螺丝刀将接触器 KM1 的触点系统按下,读数应为接触器线圈的支流电阻。根据所测数据判断控制电路是否正常。

(4)断开 KM1 支路,按下启动按钮 SB1 时,用螺丝刀将接触器 KM2 的触点系统按下,读数应为接触器线圈的支流电阻。根据所测数据判断控制电路是否正常。

5. 通电试车

通电试车必须征得教师同意,并由教师接通三相电源,同时在现场监护。

1)主电路实现顺序控制通电试车

(1)合上电源开关 QS,用试电笔检查熔断器出线端,氖管亮说明电源接通。

(2)按下 SB1,电动机 M1 启动连续运转,观察电动机运行是否正常,若有异常现象应马上停车。

(3)按下 SB2,电动机 M2 启动连续运转,观察电动机运行是否正常,若有异常现象应马上停车。

(4)首先按下 SB2,观察电动机 M2 是否运行,若有异常现象应马上停车。

(5)出现故障后,学生应独立进行检修;若需带电进行检查,教师必须在现场监护。检修完毕后,如需再次试车,也应有教师监护,并做好时间记录。

(6)按下 SB3,电动机 M1/M2 停止,观察电动机是否停止,若有异常现象应马上停车。

(7)切断电源,先拆除三相电源线,再拆除电动机线。

2) 控制电路实现顺序控制通电试车

（1）合上电源开关 QS,用试电笔检查熔断器出线端,氖管亮说明电源接通。

（2）按下 SB1,电动机 M1 启动连续运转,观察电动机运行是否正常,若有异常现象应马上停车。

（3）按下 SB2,电动机 M2 启动连续运转,观察电动机运行是否正常,若有异常现象应马上停车。

（4）首先按下 SB2,观察电动机 M2 是否运行,若有异常现象应马上停车。

（5）出现故障后,学生应独立进行检修;若需带电进行检查,教师必须在现场监护。检修完毕后,如需再次试车,也应有教师监护,并做好记录。

（6）按下 SB3,电动机 M1/M2 停止,观察电动机是否停止,若有异常现象应马上停车。

（7）切断电源,先拆除三相电源线,再拆除电动机线。

6. 设置故障

教师人为设置故障通电运行,同学们观察故障现象,并记录在表 2-3-2 中。

表 2-3-2 三相笼型异步电动机顺序控制电路故障设置情况统计表

故障设置元件	故障点	故障现象

【任务评价】

项目	评价内容	配分	自我评价	小组评价	教师评价	综合评定
器件拆装	1. 根据要求,正确选择熔断器的规格和型号	10				
	2. 将选择好的熔断器固定到面板上,并按原理图进行导线连接,要求接线工艺合格	10				
	3. 拆除熔断器上的连接导线,并将熔断器从固定面板上拆下	10				
	4. 采用正确步骤分解熔断器,要求拆卸方法正确,不丢失和损坏零件	10				
	5. 采用正确步骤组装熔断器,要求组装方法正确,不丢失和损坏零件	10				
器件测试	1. 仪表使用方法正确	10				
	2. 测量方法正确	10				
	3. 测量结果正确	10				
职业素质	1. 认真仔细的工作态度	5				
	2. 团结协作的工作精神	5				
	3. 听从指挥的工作作风	5				
	4. 安全及整理意识	5				
教师评语					成绩汇总	

任务二　三相异步电动机多地控制电路的安装与检修

【任务描述】

某些机床设备在正常工作时,需要异地对其控制运行方式。为了达到控制要求,必须采用多地控制电路。

【任务目标】

1. 通过学习,了解三相异步电动机多地控制电路的工作原理。
2. 能正确识读和绘制三相异步电动机多地控制电路原理图。
3. 能正确对三相异步电动机多地控制电路进行安装及检修。

【任务课时】

10 小时

【任务实施】

1. 认识功能

1)电路原理图

能在两地或多地控制同一台电动机的控制方式叫电动机的多地控制。图 2 - 3 - 5 所示为两地控制的具有过载保护接触器自锁正转控制电路图。

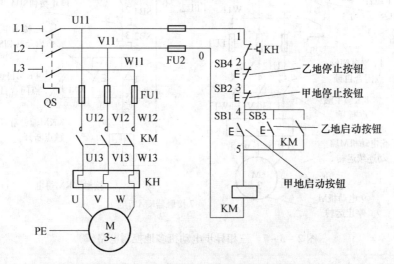

图 2 - 3 - 5　三相异步电动机两地控制电路

2)知识巩固

(1)图 2 - 3 - 5 所示停止按钮 SB2、SB4 串联接在一起,能否并联在一起?原因:_____。

(2)图 2 - 3 - 5 所示停止按钮 SB1、SB3 并联接在一起,能否串联在一起?原因:_____。

2. 分析原理

1)甲地启动乙地停止过程

如图 2 - 3 - 6 所示。

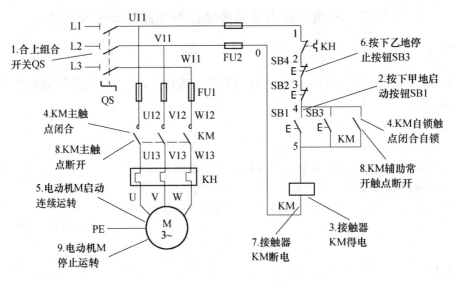

图 2 - 3 - 6　三相异步电动机多地控制电路(1)

2）乙地启动甲地停止过程

如图 2 - 3 - 7 所示。

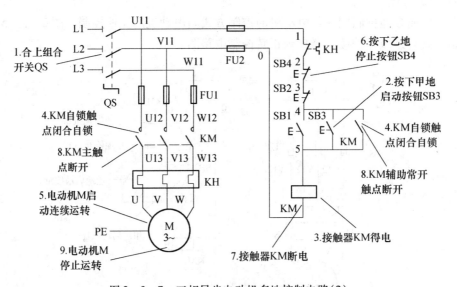

图 2 - 3 - 7　三相异步电动机多地控制电路(2)

3）知识巩固

（1）用箭头方式简述三相异步电动机多地控制电路的工作原理。

（2）试设计甲乙丙三地控制电路图。

（3）识读图中各元件的符号,将文字和图形符号抄录在下方,写出对应的元件名称。

3. 安装线路

1）安装线路步骤

（1）识读三相异步电动机多地控制电路（图2-3-5），明确电路中所用电器元件及作用，熟悉电路的工作原理。

（2）按照如图2-3-5所示的电路原理图配齐所需元件，将元件型号规格质量检查情况记录在表2-3-3中。

表2-3-3　三相异步电动机多地控制电路实训所需器件清单

元件名称	型号	规格	数量	是否可用

（3）在事先准备好的配电板上，布置元器件。

（4）工艺要求：各元件的安装位置整齐、匀称，元件之间的距离合理，便于元件的更换；紧固元件时要用力均匀，紧固程度要适当。

（5）连接主电路。

（6）连接控制电路。

2）板前布线工艺要求

（1）布线通道尽可能少，同路并行导线按主电路、控制电路分类集中，单层密排，紧贴安装面布线。

（2）布线要横平竖直，分布均匀。变换走向时应垂直。

（3）同一平面的导线应高低一致或前后一致，不能交叉。非交叉不可时，此根导线应在接线端子引出时就水平架空跨越，但必须走线合理。

（4）布线时严禁损伤线芯和导线绝缘。

（5）布线顺序一般以接触器为中心，由里向外，由低到高，先控制电路后主电路进行，以不妨碍后续布线为原则。

（6）导线与接线端子或接线桩连接时，不得压绝缘层、不反圈、不露铜过长。

（7）同一元件、同一回路的不同接点的导线间距离应保持一致。

（8）一个电器元件接线端子上的连接导线不得多于两根，每节接线端子板上的连接导线一般只允许连接一根。

4. 检测线路

安装完毕的控制电路板必须经过认真检查以后，才允许通电试车，以防止错接、漏接造成不能正常运转或短路事故。

1）主电路检测

万用表检测主电路。将万用表两表笔接在FU1输入端至电动机星形联结中性点之间，分别测量U相、V相、W相在接触器不动作时的直流电阻，读数应为"∞"；用螺丝刀将接触器的触点系统按下，再次测量三相的直流电阻，读数应为每相定子绕组的直流电阻。根据所测数据判断主电路是否正常。

2）控制电路检测

万用表检测控制电路。将万用表两表笔分别搭在FU2两输入端，读数应为"∞"。

（1）按下启动按钮 SB1 时，读数应为接触器线圈的支流电阻。根据所测数据判断控制电路是否正常。

（2）按下启动按钮 SB3 时，读数应为接触器线圈的支流电阻。根据所测数据判断控制电路是否正常。

（3）用螺丝刀将接触器的触点系统按下，读数应为接触器线圈的支流电阻。根据所测数据判断控制电路是否正常。

5．通电试车

通电试车必须征得教师同意，并由教师接通三相电源，同时在现场监护。

（1）合上电源开关 QS，用试电笔检查熔断器出线端，氖管亮说明电源接通。

（2）按下 SB1，电动机得电连续运转，观察电动机运行是否正常，若有异常现象应马上停车。

（3）按下 SB2，电动机失电停止运转，观察电动机停止是否正常，若有异常现象应马上停车。

（4）按下 SB3，电动机得电连续运转，观察电动机运行是否正常，若有异常现象应马上停车。

（5）按下 SB4，电动机失电停止运转，观察电动机停止是否正常，若有异常现象应马上停车。

（6）出现故障后，学生应独立进行检修；若需带电进行检查，教师必须在现场监护。检修完毕后，如需再次试车，也应有教师监护，并做好记录。

（7）按下 SB2 或 SB4，切断电源，先拆除三相电源线，再拆除电动机线。

6．设置故障

教师人为设置故障通电运行，同学们观察故障现象，并记录在表 2－3－4 中。

表 2－3－4　三相异步电动机多地控制电路故障设置情况统计表

故障设置元件	故障点	故障现象

【任务评价】

项目	评价内容	配分	自我评价	小组评价	教师评价	综合评定
器件拆装	1. 根据要求，正确选择熔断器的规格和型号	10				
	2. 将选择好的熔断器固定到面板上，并按原理图进行导线连接，要求接线工艺合格	10				
	3. 拆除熔断器上的连接导线，并将熔断器从固定面板上拆下	10				
	4. 采用正确步骤分解熔断器，要求拆卸方法正确，不丢失和损坏零件	10				
	5. 采用正确步骤组装熔断器，要求组装方法正确，不丢失和损坏零件	10				

项目	评价内容	配分	自我评价	小组评价	教师评价	综合评定
器件测试	1. 仪表使用方法正确	10				
	2. 测量方法正确	10				
	3. 测量结果正确	10				
职业素质	1. 认真仔细的工作态度	5				
	2. 团结协作的工作精神	5				
	3. 听从指挥的工作作风	5				
	4. 安全及整理意识	5				
教师评语					成绩汇总	

模块四 三相笼型异步电动机降压启动控制线路的安装与检修

任务一 定子绕组串接电阻降压启动控制电路的安装与检修

【任务描述】

某单位有四台定子绕组串电阻降压启动控制线路老化,无法正常工作,需要重新更换元器件和线路配线,单位委派电工甲组完成此项任务,重新安装四台定子绕组串接电阻降压启动控制线路取代原设备。

【任务目标】

1. 通过学习,了解时间继电器的工作原理及时间继电器的接线方式。
2. 通过学习,了解定子绕组串接电阻降压启动控制电路的工作原理。
3. 能正确识读定子绕组串接电阻降压启动控制电路的电路原理图。
4. 能正确绘制定子绕组串接电阻降压启动控制电路的布置图及接线图。
5. 能正确对定子绕组串接电阻降压启动控制电路进行安装及检修。

【任务课时】

10 小时

【任务实施】

1. 认识功能

1）电路原理图

时间继电器自动控制定子绕组串接电阻降压启动控制线路主要用按钮、接触器、时间继电器、启动电阻 R 来实现,如图 2-4-1 所示。

时间继电器自动控制定子绕组串接电阻降压启动控制线路,用接触器 KM2 的主触点来短接电阻 R,用时间继电器 KT 来实现电动机从降压启动到全压运行的自动控制。只要调整好时间继电器 KT 触点的动作时间,电动机由启动过程切换成运行过程就能准确可靠地完成。

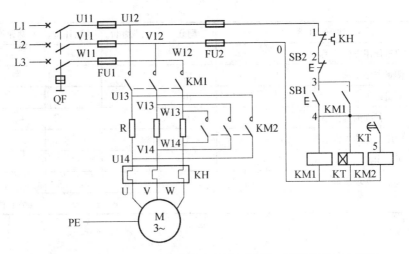

图 2 - 4 - 1 时间继电器自动控制定子绕组串接电阻降压启动电路图

2）知识巩固

（1）图 2 - 4 - 1 所示 KT 是_____时间继电器。

（2）简述 KT 的接线方式：_____。

2. 分析原理

1）特点

启动电阻 R 一般采用 ZX1、ZX2 系列铸铁电阻,铸铁电阻能够通过较大电流,功率大。串接电阻降压启动的缺点是减少了电动机的启动转矩,同时启动时在电阻上功率消耗也较大。如果启动频繁,则电阻的温度很高,对于精密的机床会产生一定的影响,因此,目前降压启动的方法在生产实际中的应用在逐步减少。

2）原理

（1）降压启动过程如图 2 -4 -2 所示。

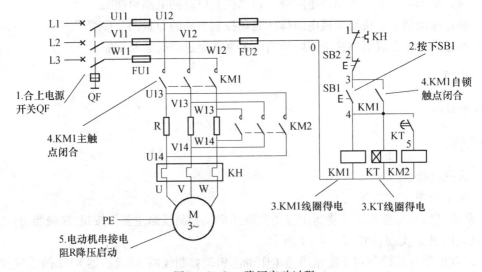

图 2 - 4 - 2 降压启动过程

（2）全压运行过程如图 2 - 4 - 3 所示。

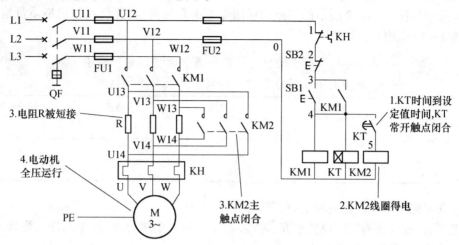

图 2 - 4 - 3 全压运行过程

停止时,按下 SB2 即可。

3）知识巩固

（1）用箭头方式简述时间继电器自动控制定子绕组串接电阻降压启动控制线路的工作原理。

（2）常用的时间继电器有哪几种?

（3）识读图中各元件的符号,将文字和图形符号抄录在下方,写出对应的元件名称。

（4）绘制布置图及接线图(图 2 - 4 - 4)。

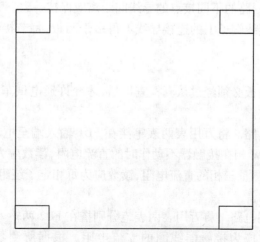

图 2 - 4 - 4 布置图和接线图

3. 安装线路

1）线路安装步骤

（1）识读时间继电器自动控制定子绕组串接电阻降压启动电路(图 2 - 4 - 2),明确电路中所用电器元件及作用,熟悉电路的工作原理。

(2) 按照如图 2 - 4 - 2 所示的电路原理图配齐所需元件,将元件型号规格质量检查情况记录在表 2 - 4 - 1 中。

表 2 - 4 - 1　电动机时间继电器自动控制定子绕组
串接电阻降压启动控制线路实训所需器件清单

元件名称	型号	规格	数量	是否可用

(3) 在事先准备好的配电板上,布置元器件。

工艺要求:各元件的安装位置整齐、匀称,元件之间的距离合理,便于元件的更换;紧固元件时要用力均匀,紧固程度要适当。

(4) 连接主电路及控制电路,按照接线图去安装。

2) 板前布线工艺要求

(1) 布线通道尽可能少,同路并行导线按主电路、控制电路分类集中,单层密排,紧贴安装面布线。

(2) 布线要横平竖直,分布均匀。变换走向时应垂直。

(3) 同一平面的导线应高低一致或前后一致,不能交叉。非交叉不可时,此根导线应在接线端子引出时就水平架空跨越,但必须走线合理。

(4) 布线时严禁损伤线芯和导线绝缘。

(5) 布线顺序一般以接触器为中心,由里向外,由低到高,先控制电路后主电路进行,以不妨碍后续布线为原则。

(6) 导线与接线端子或接线桩连接时,不得压绝缘层、不反圈、不露铜过长。

(7) 同一元件、同一回路的不同接点的导线间距离应保持一致。

(8) 一个电器元件接线端子上的连接导线不得多于两根,每节接线端子板上的连接导线一般只允许连接一根。

4. 检测线路

安装完毕的控制电路板必须经过认真检查以后,才允许通电试车,以防止错接、漏接造成不能正常运转或短路事故。

(1) 万用表检测主电路。将万用表两表笔接在 FU1 输入端至电动机星形联结中性点之间,分别测量 U 相、V 相、W 相在接触器不动作时的直流电阻,读数应为"∞";用螺丝刀将接触器的触点系统按下,再次测量三相的直流电阻,读数应为每相定子绕组的直流电阻。根据所测数据判断主电路是否正常。

(2) 万用表检测控制电路。将万用表两表笔分别搭在 FU2 两输入端,读数应为"∞"。按下启动按钮 SB1 时,读数应为接触器线圈的支流电阻。根据所测数据判断控制电路是否正常。

5. 通电试车

通电试车必须征得教师同意,并由教师接通三相电源,同时在现场监护。

(1) 合上电源开关 QF,用试电笔检查熔断器出线端,氖管亮说明电源接通。

（2）按下 SB1，电动机得电连续运转，观察电动机运行是否正常，若有异常现象应马上停车。

（3）出现故障后，学生应独立进行检修；若需带电进行检查，教师必须在现场监护。检修完毕后，如需再次试车，也应有教师监护，并做好记录。

（4）按下 SB2，切断电源，先拆除三相电源线，再拆除电动机线。

6. 设置故障

教师人为设置故障通电运行，同学们观察故障现象，并记录在表 2-4-2 中。

表 2-4-2　电动机时间继电器自动控制定子绕组
串接电阻降压启动控制电路故障设置情况统计表

故 障 设 置 元 件	故 障 点	故 障 现 象
接触器主触点	U 相接线松脱	
KM1 接触器自锁触点	接线松脱	
KT 接触器线圈	线头接触不良	
KT 常开触点	接线错误	
启动按钮	两接线柱之间短路	

【任务评价】

项目	评 价 内 容	配分	自我评价	小组评价	教师评价	综合评定
器件拆装	1. 根据要求，正确选择熔断器的规格和型号	10				
	2. 将选择好的熔断器固定到面板上，并按原理图进行导线连接，要求接线工艺合格	10				
	3. 拆除熔断器上的连接导线，并将熔断器从固定面板上拆下	10				
	4. 采用正确步骤分解熔断器，要求拆卸方法正确，不丢失和损坏零件	10				
	5. 采用正确步骤组装熔断器，要求组装方法正确，不丢失和损坏零件	10				
器件测试	1. 仪表使用方法正确	10				
	2. 测量方法正确	10				
	3. 测量结果正确	10				
职业素质	1. 认真仔细的工作态度	5				
	2. 团结协作的工作精神	5				
	3. 听从指挥的工作作风	5				
	4. 安全及整理意识	5				
教师评语					成绩汇总	

任务二 自耦变压器(补偿器)降压启动控制电路的安装与检修

【任务描述】

校企单位有六台自耦变压器(补偿器)降压启动控制电路线路老化,无法正常工作,需要重新更换元器件和线路配线,学院委派电气工程系电122班完成此项任务,重新安装六台自耦变压器(补偿器)降压启动控制电路取代原设备。

【任务目标】

1. 通过学习,了解自耦变压器(补偿器)降压启动控制电路的工作原理。
2. 能正确识读和绘制自耦变压器(补偿器)降压启动控制电路的电路原理图。
3. 能正确绘制自耦变压器(补偿器)降压启动控制电路的布置图及接线图。
4. 能正确对自耦变压器(补偿器)降压启动控制电路进行安装及检修。

【任务课时】

10 小时

【任务实施】

1. 认识功能

1) 电路原理图

自耦减压启动器又称补偿器,是利用自耦变压器来进行降压的启动装置。

自耦变压器(补偿器)降压启动控制线路主要用按钮、接触器、中间继电器来实现,如图 2 - 4 - 5 所示。

自耦变压器(补偿器)降压启动控制线路是指电动机启动时利用自耦变压器来降低加在电动机定子绕组上的启动电压。待电动机启动后,再使电动机与自耦变压器脱离,从而在全压下正常运行。

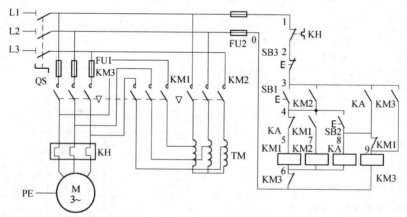

图 2 - 4 - 5　按钮、接触器、中间继电器控制的补偿器降压启动电路图

2) 知识巩固

(1) 图 2 - 4 - 5 所示 KA 的作用是＿＿＿＿＿＿＿＿＿＿。

（2）图 2 - 4 - 5 所示 TM 指的是_____。

2. 分析原理

1）特点

自耦变压器（补偿器）降压启动控制线路的优点：启动时若操作者直接误按 SB2，接触器 KM3 线圈也不会得电，避免电动机全压运行；由于接触器 KM1 的常开触点与 KM2 线圈串联，所以当降压启动完毕后，接触器 KM1、KM2 均失电，即使接触器 KM3 出现故障使触点无法闭合时，也不会使电动机在低压下运行。

自耦变压器（补偿器）降压启动控制线路的缺点：从降压启动到全压运转，需两次按动按钮，操作不便，且间隔时间也不能准确掌握。

2）原理

（1）降压启动过程如图 2 - 4 - 6 所示。

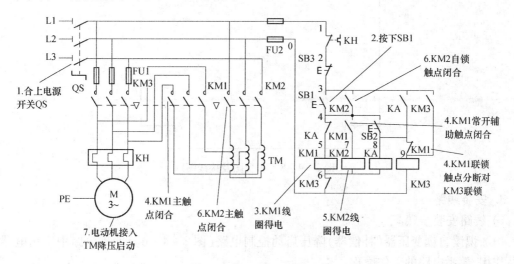

图 2 - 4 - 6　降压启动过程

（2）全压运行过程。当电动机转速上升到接近额定转速时，如图 2 - 4 - 7 所示。

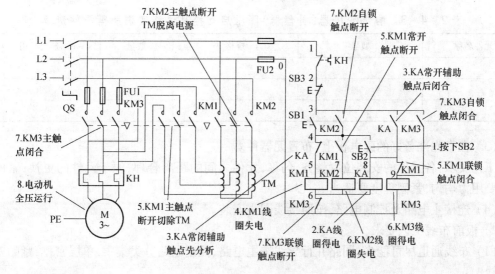

图 2 - 4 - 7　全压运行过程

3）知识巩固

（1）用箭头方式简述自耦变压器（补偿器）降压启动控制线路的工作原理。

（2）识读图中各元件的符号，将文字和图形符号抄录在下方，写出对应的元件名称。

（3）绘制布置图及接线图（图2-4-8）。

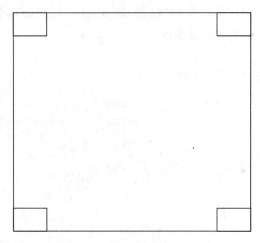

图2-4-8　布置图及接线图

3. 安装线路

1）线路安装步骤

（1）识读自耦变压器（补偿器）降压启动控制电路（图2-4-6），明确电路中所用电器元件及作用，熟悉电路的工作原理。

（2）按照图2-4-6所示的电路原理图配齐所需元件，将元件型号规格质量检查情况记录在表2-4-3中。

表2-4-3　自耦变压器（补偿器）降压启动控制线路实训所需器件清单

元件名称	型号	规格	数量	是否可用

（3）在事先准备好的配电板上，布置元器件。

工艺要求：各元件的安装位置整齐、匀称，元件之间的距离合理，便于元件的更换；紧固元件时要用力均匀，紧固程度要适当。

（4）连接主电路及控制电路，按照接线图去安装。

2）板前布线工艺要求

（1）布线通道尽可能少，同路并行导线按主电路、控制电路分类集中，单层密排，紧贴安装面布线。

（2）布线要横平竖直，分布均匀。变换走向时应垂直。

（3）同一平面的导线应高低一致或前后一致，不能交叉。非交叉不可时，此根导线应在接线端子引出时就水平架空跨越，但必须走线合理。

（4）布线时严禁损伤线芯和导线绝缘。

（5）布线顺序一般以接触器为中心，由里向外，由低到高，先控制电路后主电路进行，以不妨碍后续布线为原则。

（6）导线与接线端子或接线桩连接时，不得压绝缘层、不反圈、不露铜过长。

（7）同一元件、同一回路的不同接点的导线间距离应保持一致。

（8）一个电器元件接线端子上的连接导线不得多于两根，每节接线端子板上的连接导线一般只允许连接一根。

4. 检测线路

安装完毕的控制电路板必须经过认真检查以后，才允许通电试车，以防止错接、漏接造成不能正常运转或短路事故。

（1）万用表检测主电路。将万用表两表笔接在 FU1 输入端至电动机星形联结中性点之间，分别测量 U 相、V 相、W 相在接触器不动作时的直流电阻，读数应为"∞"；用螺丝刀将接触器的触电系统按下，再次测量三相的直流电阻，读数应为每相定子绕组的直流电阻。根据所测数据判断主电路是否正常。

（2）万用表检测控制电路。将万用表两表笔分别搭在 FU2 两输入端，读数应为"∞"。按下起动按钮 SB1 时，读数应为接触器线圈的支流电阻。根据所测数据判断控制电路是否正常。

5. 通电试车

通电试车必须征得教师同意，并由教师接通三相电源，同时在现场监护。

（1）合上电源开关 QS，用试电笔检查熔断器出线端，氖管亮说明电源接通。

（2）按下 SB1 或 SB2，电动机得电连续运转，观察电动机运行是否正常，若有异常现象应马上停车。

（3）出现故障后，学生应独立进行检修；若需带电进行检查，教师必须在现场监护。检修完毕后，如需再次试车，也应有教师监护，并做好记录。

（4）按下 SB3，切断电源，先拆除三相电源线，再拆除电动机线。

6. 设置故障

教师人为设置故障通电运行，同学们观察故障现象，并记录在表 2 - 4 - 4 中。

表 2 - 4 - 4   自耦变压器（补偿器）降压启动控制电路故障设置情况统计表

故障设置元件	故 障 点	故 障 现 象
接触器主触点	W 相接线松脱	
KM3 接触器自锁触点	接线松脱	
KA 接触器线圈	线头接触不良	
KM2 接触器常开动触点	动触点接触不良	
停止按钮	两接线柱之间断路	

【任务评价】

项目	评价内容	配分	自我评价	小组评价	教师评价	综合评定
器件拆装	1. 根据要求,正确选择熔断器的规格和型号	10				
	2. 将选择好的熔断器固定到面板上,并按原理图进行导线连接,要求接线工艺合格	10				
	3. 拆除熔断器上的连接导线,并将熔断器从固定面板上拆下	10				
	4. 采用正确步骤分解熔断器,要求拆卸方法正确,不丢失和损坏零件	10				
	5. 采用正确步骤组装熔断器,要求组装方法正确,不丢失和损坏零件	10				
器件测试	1. 仪表使用方法正确	10				
	2. 测量方法正确	10				
	3. 测量结果正确	10				
职业素质	1. 认真仔细的工作态度	5				
	2. 团结协作的工作精神	5				
	3. 听从指挥的工作作风	5				
	4. 安全及整理意识	5				
教师评语					成绩汇总	

任务三 Y－△形降压启动控制电路的安装与检修

【任务描述】

校企单位有 8 台 Y－△形降压启动控制电路线路老化,无法正常工作,需要重新更换元器件和线路配线。学院委派电气工程系电 1202 班完成此项任务,重新安装 Y－△形降压启动控制线路取代原设备。

【任务目标】

1. 通过学习,了解 Y－△形降压启动控制电路的工作原理。
2. 能正确识读 Y－△形降压启动控制电路的原理图。
3. 能正确绘制 Y－△形降压启动控制电路的布置图及接线图。
4. 能正确对 Y－△形降压启动控制电路进行安装及检修。

【任务课时】

10 小时

【任务实施】

1. 认识功能

1）电路原理图

Y－△形降压启动控制线路主要用按钮、接触器、时间继电器来控制 Y 形降压启动的时间和完成 Y－△自动切换控制线路,如图 2－4－9 所示。

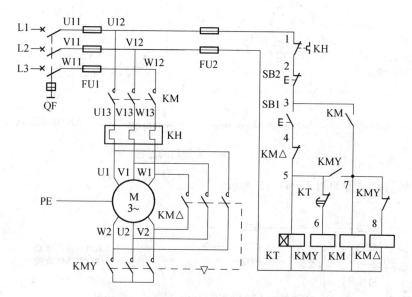

图 2－4－9　Y－△自动降压启动控制线路

所谓 Y－△形降压启动控制,即启动时,定子绕组首先接成星形,待转速上升到接近额定转速时,将定子绕组的接线由星形转换成三角形,电动机便进入了全压正常运行状态。这种控制方法常用于正常运行时定子绕组接成三角形的三相异步电动机,可以采用 Y－△形降压启动的方法来达到限制启动电流的目的。

2）知识巩固

（1）图 2－4－9 所示 KT 在电路图中的作用是＿＿＿＿＿＿＿＿＿＿。

（2）图 2－4－9 所示 KH 在电路图中的作用是＿＿＿＿＿＿＿＿＿＿。

2. 分析原理

1）特点

Y－△形降压启动线路通过时间继电器可以设定 Y 形降压启动的时间和 Y－△自动切换,可延长接触器的使用寿命。

2）原理

（1）Y 形启动过程如图 2－4－10 所示。

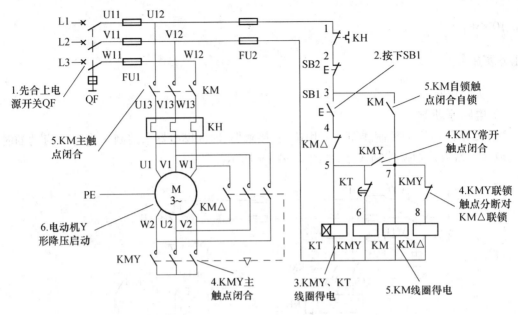

图 2-4-10　Y形启动过程

（2）△形启动过程如图2-4-11所示。

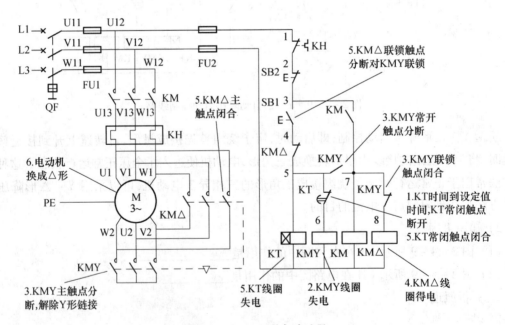

图 2-4-11　△形启动过程

停止时,按下 SB2 即可实现。

3）知识巩固

（1）什么叫 Y-△形降压启动?

108

（2）用箭头方式简述 Y - △ 形降压启动控制电路的工作原理。

（3）识读图中各元件的符号,将文字和图形符号抄录在下方,写出对应的元件名称。

（4）绘制布置图及接线图（图2-4-12）。

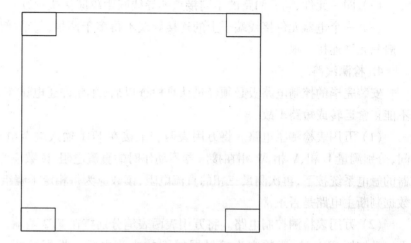

图2-4-12　布置图和接线图

3. 安装线路

1）线路安装步骤

（1）识读 Y - △ 形降压启动控制线路（图2-4-9）,明确电路中所用电器元件及作用,熟悉电路的工作原理。

（2）按照图2-4-9所示的电路原理图配齐所需元件,将元件型号规格质量检查情况记录在表2-4-5中。

表2-4-5　电动机 Y - △ 形降压启动控制电路实训所需器件清单

元件名称	型号	规格	数量	是否可用

（3）在事先准备好的配电板上,布置元器件。

工艺要求:各元件的安装位置整齐、匀称,元件之间的距离合理,便于元件的更换;紧固元件时要用力均匀,紧固程度要适当。

（4）连接主电路及控制电路,按照接线图安装。

2）板前布线工艺要求

（1）布线通道尽可能少,同路并行导线按主电路、控制电路分类集中,单层密排,紧贴安装面布线。

（2）布线要横平竖直,分布均匀。变换走向时应垂直。

（3）同一平面的导线应高低一致或前后一致，不能交叉。非交叉不可时，此根导线应在接线端子引出时就水平架空跨越，但必须走线合理。

（4）布线时严禁损伤线芯和导线绝缘。

（5）布线顺序一般以接触器为中心，由里向外，由低到高，先控制电路后主电路进行，以不妨碍后续布线为原则。

（6）导线与接线端子或接线桩连接时，不得压绝缘层、不反圈、不露铜过长。

（7）同一元件、同一回路的不同接点的导线间距离应保持一致。

（8）一个电器元件接线端子上的连接导线不得多于两根，每节接线端子板上的连接导线一般只允许连接一根。

4. 检测线路

安装完毕的控制电路板必须经过认真检查以后，才允许通电试车，以防止错接、漏接造成不能正常运转或短路事故。

（1）万用表检测主电路。将万用表两表笔接在 FU1 输入端至电动机星形联结中性点之间，分别测量 U 相、V 相、W 相在接触器不动作时的直流电阻，读数应为"∞"；用螺丝刀将接触器的触电系统按下，再次测量三相的直流电阻，读数应为每相定子绕组的直流电阻。根据所测数据判断主电路是否正常。

（2）万用表检测控制电路。将万用表两表笔分别搭在 FU2 两输入端，读数应为"∞"。按下启动按钮 SB1 时，读数应为接触器线圈的支流电阻。根据所测数据判断控制电路是否正常。

5. 通电试车

通电试车必须征得教师同意，并由教师接通三相电源，同时在现场监护。

（1）合上电源开关 QF，用试电笔检查熔断器出线端，氖管亮说明电源接通。

（2）按下 SB1，电动机得电连续运转，观察电动机运行时候正常，若有异常现象应马上停车。

（3）出现故障后，学生应独立进行检修；若需带电进行检查，教师必须在现场监护。检修完毕后，如需再次试车，也应有教师监护，并做好记录。

（4）按下 SB2，切断电源，先拆除三相电源线，再拆除电动机线。

6. 设置故障

教师人为设置故障通电运行，同学们观察故障现象，并记录在表 2-4-6 中。

表 2-4-6　电动机 Y-△形降压启动控制电路故障设置情况统计表

故障设置元件	故障点	故障现象
接触器主触点	U 相接线松脱	
KM△ 接触器自锁触点	接线松脱	
KT 接触器线圈	线头接触不良	
KMY 接触器常闭动触点	动触点接触不良	
启动按钮	两接线柱之间短路	

【任务评价】

项目	评价内容	配分	自我评价	小组评价	教师评价	综合评定
器件拆装	1. 根据要求,正确选择熔断器的规格和型号	10				
	2. 将选择好的熔断器固定到面板上,并按原理图进行导线连接,要求接线工艺合格	10				
	3. 拆除熔断器上的连接导线,并将熔断器从固定面板上拆下	10				
	4. 采用正确步骤分解熔断器,要求拆卸方法正确,不丢失和损坏零件	10				
	5. 采用正确步骤组装熔断器,要求组装方法正确,不丢失和损坏零件	10				
器件测试	1. 仪表使用方法正确	10				
	2. 测量方法正确	10				
	3. 测量结果正确	10				
职业素质	1. 认真仔细的工作态度	5				
	2. 团结协作的工作精神	5				
	3. 听从指挥的工作作风	5				
	4. 安全及整理意识	5				
教师评语					成绩汇总	

模块五　三相笼型异步电动机制动控制线路的安装与检修

任务一　电磁抱闸制动器断电(通电)制动控制线路的安装与检修

【任务描述】

某单位有 8 台电磁抱闸制动控制线路老化,无法正常工作,需要重新更换元器件和线路配线。单位委派电工组完成此项任务,重新安装 4 台电磁抱闸制动器断电制动控制电路和 4 台通电控制线路取代原设备。

【任务目标】

1. 通过学习,了解电磁抱闸制动器的结构。
2. 通过学习,了解电磁抱闸制动器断电(通电)制动控制线路的工作原理。
3. 能正确识读和绘制电磁抱闸制动器断电(通电)制动控制线路的电路原理图。
4. 能正确绘制电磁抱闸制动器断电(通电)制动控制线路的布置图及接线图。
5. 能正确对电磁抱闸制动器断电(通电)制动控制线路进行安装及检修。

111

【任务课时】

10 小时

【任务实施】

1. 认识功能

1) 电磁抱闸制动器

常见的 MZD1 系列交流制动电磁铁与 TJ2 系列闸瓦制动器,它们配合使用共同组成电磁抱闸制动器,其结构和符合如图 2 - 5 - 1 所示。

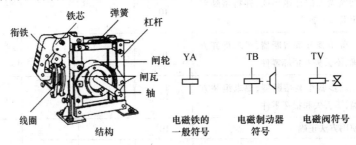

图 2 - 5 - 1 电磁抱闸制动器

制动电磁铁由铁芯、衔铁和线圈三部分组成,闸瓦制动器包括闸轮、闸瓦、杠杆和弹簧等部分。电磁抱闸制动器分为断电制动型和通电制动型两种。

2) 电路原理图

电磁抱闸制动器断电制动控制线路,当制动电磁铁的线圈得电时,制动器的闸瓦与闸轮分开,无制动作用;当线圈失电时,制动器的闸瓦紧紧抱住闸轮制动,如图 2 - 5 - 2 所示。对要求电动机制动后能调整工件位置的机床设备,可采用通电制动控制线路,如图 2 - 5 - 3 所示。当电动机得电运转时,电磁抱闸制动器线圈断电,闸瓦与闸轮分开,无制动作用;当电动机失电需停转时,电磁抱闸制动器的线圈得电,使闸瓦紧紧抱住闸轮制动,当电动机处于停转常态时,线圈也无电,闸瓦与闸轮分开,这样操作人员可以用手扳动主轴进行调整工件、对刀等操作。

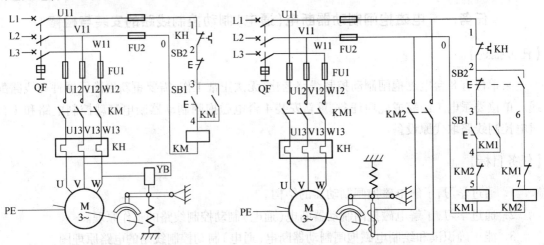

图 2 - 5 - 2 电磁抱闸制动器
断电制动控制电路图

图 2 - 5 - 3 电磁抱闸制动器
通电制动控制电路图

3）知识巩固

（1）图2-5-2所示主电路中 YB 指的是_____。

（2）图2-5-3所示 KM2 的作用是_____。

2. 分析原理

1）特点

电磁抱闸制动器断电制动在起重机械上被广泛采用。其优点是能够准确定位,同时可防止电动机因突然断电时重物的自行坠落。其缺点是由于电磁抱闸制动器线圈耗电时间与电动机一样长,因此不够经济。另外,由于电磁抱闸制动器在切断电源后的制动作用,使手动调整工件很困难。电磁抱闸制动器通电制动操作人员可以手动调整工件。

2）原理

电磁抱闸制动器断电制动控制线路：

（1）启动运转过程如图2-5-4所示。

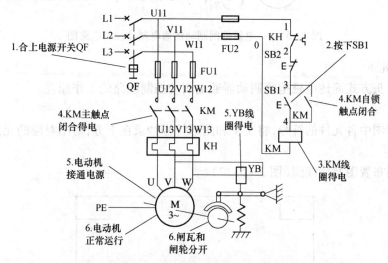

图2-5-4　电磁抱闸制动器断电制动控制电路启动运转过程

（2）制动停止过程如图2-5-5所示。

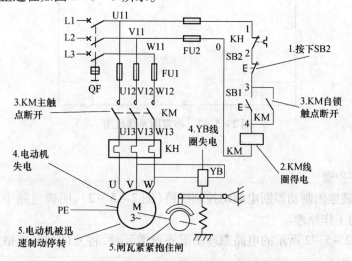

图2-5-5　电磁抱闸制动器断电制动控制电路制动停止过程

113

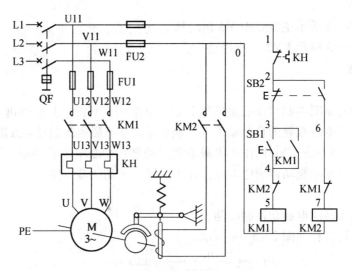

图 2 – 5 – 6　电磁抱闸制动器通电制动控制电路图

3）知识巩固

（1）用箭头方式简述电磁抱闸制动器通电制动控制线路的工作原理。

（2）识读图中各元件的符号,将文字和图形符号抄录在下方,写出对应的元件名称。

（3）绘制布置图及接线图（图 2 – 5 – 7）。

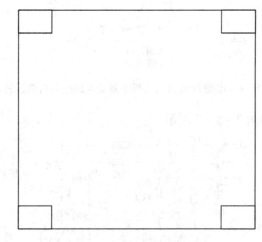

图 2 – 5 – 7　布置图及接线图

3. 安装线路

1）线路安装步骤

（1）识读电磁抱闸制动器断电制动控制线路（图 2 – 5 – 2）,明确电路中所用电器元件及作用,熟悉电路的工作原理。

（2）按照图 2 – 5 – 2 所示的电路原理图配齐所需元件,将元件型号规格质量检查情况记录在表 2 – 5 – 1 中。

表 2-5-1 电磁抱闸制动器断电制动控制线路实训所需器件清单

元件名称	型号	规格	数量	是否可用

（3）在事先准备好的配电板上，布置元器件。

工艺要求：各元件的安装位置整齐、匀称，元件之间的距离合理，便于元件的更换；紧固元件时要用力均匀，紧固程度要适当。

（4）连接主电路及控制电路，按照接线图安装。

2）板前布线工艺要求

（1）布线通道尽可能少，同路并行导线按主电路、控制电路分类集中，单层密排，紧贴安装面布线。

（2）布线要横平竖直，分布均匀。变换走向时应垂直。

（3）同一平面的导线应高低一致或前后一致，不能交叉。非交叉不可时，此根导线应在接线端子引出时就水平架空跨越，但必须走线合理。

（4）布线时严禁损伤线芯和导线绝缘。

（5）布线顺序一般以接触器为中心，由里向外，由低到高，先控制电路后主电路进行，以不妨碍后续布线为原则。

（6）导线与接线端子或接线桩连接时，不得压绝缘层、不反圈、不露铜过长。

（7）同一元件、同一回路的不同接点的导线间距离应保持一致。

（8）一个电器元件接线端子上的连接导线不得多于两根，每节接线端子板上的连接导线一般只允许连接一根。

4. 检测线路

安装完毕的控制电路板必须经过认真检查以后，才允许通电试车，以防止错接、漏接造成不能正常运转或短路事故。

（1）万用表检测主电路。将万用表两表笔接在 FU1 输入端至电动机星形联结中性点之间，分别测量 U 相、V 相、W 相在接触器不动作时的直流电阻，读数应为"∞"；用螺丝刀将接触器的触点系统按下，再次测量三相的直流电阻，读数应为每相定子绕组的直流电阻。根据所测数据判断主电路是否正常。

（2）万用表检测控制电路。将万用表两表笔分别搭在 FU2 两输入端，读数应为"∞"。按下启动按钮 SB1 时，读数应为接触器线圈的支流电阻。根据所测数据判断控制电路是否正常。

5. 通电试车

通电试车必须征得教师同意，并由教师接通三相电源，同时在现场监护。

（1）合上电源开关 QF，用试电笔检查熔断器出线端，氖管亮说明电源接通。

（2）按下 SB1，电动机得电连续运转，观察电动机运行是否正常，若有异常现象应马上停车。

（3）出现故障后，学生应独立进行检修；若需带电进行检查，教师必须在现场监护。检修完毕后，如需再次试车，也应有教师监护，并做好记录。

（4）按下 SB2,切断电源,先拆除三相电源线,再拆除电动机线。

6. 设置故障

教师人为设置故障通电运行,同学们观察故障现象,并记录在表 2 – 5 – 2 中。

表 2 – 5 – 2　电磁抱闸制动器断电制动控制线路故障设置情况统计表

故障设置元件	故障点	故障现象
接触器主触点	V 相接线松脱	
KM 接触器自锁触点	接线松脱	
KH 接触器常闭触点	接线错误	
KM 接触器线圈	接触不良	

【任务评价】

项目	评价内容	配分	自我评价	小组评价	教师评价	综合评定
器件拆装	1. 根据要求,正确选择熔断器的规格和型号	10				
	2. 将选择好的熔断器固定到面板上,并按原理图进行导线连接,要求接线工艺合格	10				
	3. 拆除熔断器上的连接导线,并将熔断器从固定面板上拆下	10				
	4. 采用正确步骤分解熔断器,要求拆卸方法正确,不丢失和损坏零件	10				
	5. 采用正确步骤组装熔断器,要求组装方法正确,不丢失和损坏零件	10				
器件测试	1. 仪表使用方法正确	10				
	2. 测量方法正确	10				
	3. 测量结果正确	10				
职业素质	1. 认真仔细的工作态度	5				
	2. 团结协作的工作精神	5				
	3. 听从指挥的工作作风	5				
	4. 安全及整理意识	5				
教师评语					成绩汇总	

任务二　反接制动控制线路的安装与检修

【任务描述】

校企单位有两台反接制动控制线路老化,无法正常工作,需要重新更换元器件和线路配线。学院委派电气工程系电 1301 班完成此项任务,重新安装两台反接制动控制线路取代原设备。

【任务目标】

1. 通过学习,了解反接制动控制线路的工作原理。
2. 能正确识读和绘制反接制动控制线路的电路原理图。
3. 能正确绘制反接制动控制线路的布置图及接线图。
4. 能正确对反接制动控制线路进行安装及检修。

【任务课时】

10 小时

【任务实施】

1. 认识功能

1）电路原理图

反接制动是利用改变电动机电源的相序,使定子绕组产生相反方向的旋转磁场,而产生制动转矩的一种制动方法。其制动原理如图 2 - 5 - 8 所示。在图 2 - 5 - 8(a)中,当 QS 向上接通时,电动机定子绕组电源相序为 L1—L2—L3,电动机将沿旋转磁场方向(如图 2 - 5 - 8(b)中顺时针方向),以 $n < n_1$ 的转速正常运转。当电动机需要停转时,可拉下开关 QS,使电动机先脱离电源(此时转子由于惯性仍按原方向旋转),随后,将开关 QS 迅速向下接通,由于 L1、L2 两相电源线对调,电动机定子绕组电源相序变为 L2—L1—L3,旋转磁场反转(图 2 - 5 - 8(b)中逆时针方向),此时转子将以 $n_1 + n$ 的相对转速沿原转动方向切割旋转磁场,在转子绕组中产生感生电流,其方向可用右手定则判断出来,如图 2 - 5 - 8(b)所示。而转子绕组一旦产生电流,又受到旋转磁场的作用,产生电磁转矩,其方向可由左手定则判断出来。可见此转矩方向与电动机的转动方向相反,使电动机受制动迅速停转。

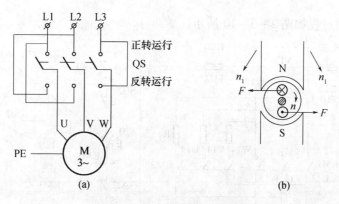

图 2 - 5 - 8　反接制动原理图

反接制动时,由于转子与旋转磁场的相对速度接近于两倍的同步转速,所以定子绕组中流过的反接制动电流相当于全电压直接启动时电流的 2 倍,因此反接制动的特点是制动迅速,效果好,冲击大,通常仅适用于 10kW 以下的小容量电动机,并且对 4.5kW 以上的电动机进行反接制动时,为了减小冲击电流,通常要求在电动机主电路中串接一定的电阻以限制反接电流。

反接制动的关键在于电动机电源相序的改变,且当转速下降接近于零时,能自动将电源切除。单相反接制动的控制线路包括接触器、速度继电器和三个限流电阻,如图 2 - 5 - 9 所示。

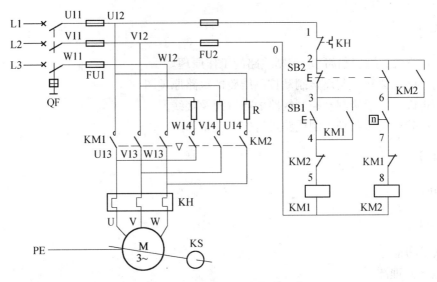

图 2 - 5 - 9 单向启动反接制动电路图

2）知识巩固

（1）图 2 - 5 - 9 中 KM2 指的是_____。

（2）图 2 - 5 - 9 中 KS 指的是_____。

2. 分析原理

1）特点

反接制动的优点是制动力强、制动迅速。缺点是制动准确性差,制动过程中冲击强烈,易损坏传动零件,制动能量消耗大,不宜经常制动。因此,反接制动一般适用于制动要求迅速、系统惯性较大、不经常启动与制动的场合,如铣床、镗床、中型车床等主轴的制动控制。

2）原理

（1）单向启动过程如图 2 - 5 - 10 所示。

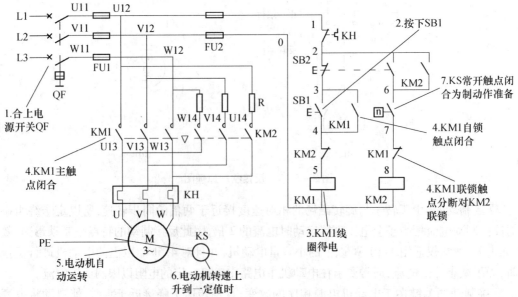

图 2 - 5 - 10 单向启动过程

118

（2）反接制动过程如图 2-5-11 所示。

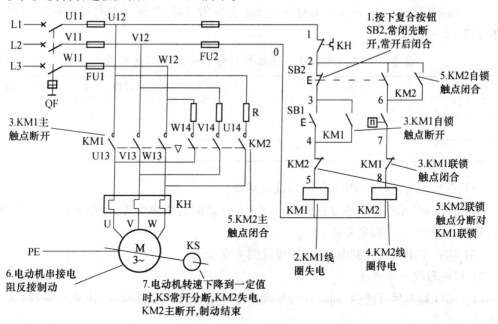

图 2-5-11　反接制动过程

3）知识巩固

（1）用箭头方式简述单向启动反接制动控制线路的工作原理。

（2）识读图中各元件的符号,将文字和图形符号抄录在下方,写出对应的元件名称。

（3）绘制布置图及接线图(图 2-5-12)。

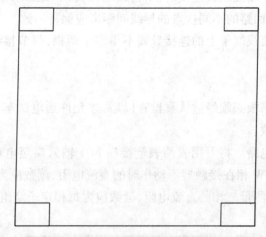

图 2-5-12　布置图及接线图

3. 安装线路

1）线路安装步骤

（1）识读单向启动反接制动控制线路(图 2-5-9),明确电路中所用电器元件及作用,熟悉电路的工作原理。

(2) 按照图 2-5-9 所示的电路原理图配齐所需元件,将元件型号规格质量检查情况记录在表 2-5-3 中。

表 2-5-3　单向启动反接制动控制线路实训所需器件清单

元件名称	型号	规格	数量	是否可用

(3) 在事先准备好的配电板上,布置元器件。

工艺要求:各元件的安装位置整齐、匀称,元件之间的距离合理,便于元件的更换;紧固元件时要用力均匀,紧固程度要适当。

(5) 连接主电路及控制电路,按照接线图去安装。

2) 板前布线工艺要求

(1) 布线通道尽可能少,同路并行导线按主电路、控制电路分类集中,单层密排,紧贴安装面布线。

(2) 布线要横平竖直,分布均匀。变换走向时应垂直。

(3) 同一平面的导线应高低一致或前后一致,不能交叉。非交叉不可时,此根导线应在接线端子引出时就水平架空跨越,但必须走线合理。

(4) 布线时严禁损伤线芯和导线绝缘。

(5) 布线顺序一般以接触器为中心,由里向外,由低到高,先控制电路后主电路进行,以不妨碍后续布线为原则。

(6) 导线与接线端子或接线桩连接时,不得压绝缘层、不反圈、不露铜过长。

(7) 同一元件、同一回路的不同接点的导线间距离应保持一致。

(8) 一个电器元件接线端子上的连接导线不得多于两根,每节接线端子板上的连接导线一般只允许连接一根。

4. 检测线路

安装完毕的控制电路板必须经过认真检查以后,才允许通电试车,以防止错接、漏接造成不能正常运转或短路事故。

(1) 万用表检测主电路。将万用表两表笔接在 FU1 输入端至电动机星形联结中性点之间,分别测量 U 相、V 相、W 相在接触器不动作时的直流电阻,读数应为"∞";用螺丝刀将接触器的触点系统按下,再次测量三相的直流电阻,读数应为每相定子绕组的直流电阻。根据所测数据判断主电路是否正常。

(2) 万用表检测控制电路。将万用表两表笔分别搭在 FU2 两输入端,读数应为"∞"。按下启动按钮 SB1 时,读数应为接触器线圈的支流电阻。根据所测数据判断控制电路是否正常。

5. 通电试车

通电试车必须征得教师同意,并由教师接通三相电源,同时在现场监护。

（1）合上电源开关 QF,用试电笔检查熔断器出线端,氖管亮说明电源接通。

（2）按下 SB1,电动机得电连续运转,观察电动机运行是否正常,若有异常现象应马上停车。

（3）出现故障后,学生应独立进行检修;若需带电进行检查,教师必须在现场监护。检修完毕后,如需再次试车,也应有教师监护,并做好时间记录。

（4）按下 SB2,切断电源,先拆除三相电源线,再拆除电动机线。

6. 设置故障

教师人为设置故障通电运行,同学们观察故障现象,并记录在表 2-5-4 中。

表 2-5-4　单向启动反接制动控制线路故障设置情况统计表

故障设置元件	故障点	故障现象
KM1 接触器联锁触点	动触点接触不良	
KM2 接触器自锁触点	接线松脱	
KM1 接触器线圈	线头接触不良	
KS 接触器常开动触点	动触点接触不良	

【任务评价】

项目	评价内容	配分	自我评价	小组评价	教师评价	综合评定
器件拆装	1. 根据要求,正确选择熔断器的规格和型号	10				
	2. 将选择好的熔断器固定到面板上,并按原理图进行导线连接,要求接线工艺合格	10				
	3. 拆除熔断器上的连接导线,并将熔断器从固定面板上拆下	10				
	4. 采用正确步骤分解熔断器,要求拆卸方法正确,不丢失和损坏零件	10				
	5. 采用正确步骤组装熔断器,要求组装方法正确,不丢失和损坏零件	10				
器件测试	1. 仪表使用方法正确	10				
	2. 测量方法正确	10				
	3. 测量结果正确	10				
职业素质	1. 认真仔细的工作态度	5				
	2. 团结协作的工作精神	5				
	3. 听从指挥的工作作风	5				
	4. 安全及整理意识	5				
教师评语					成绩汇总	

任务三　能耗制动控制线路的安装与检修

【任务描述】

校企单位有 10 台能耗制动控制电路线路老化,无法正常工作,需要重新更换元器件和线路配线。学院委派电气工程系电 1101 班完成此项任务,重新安装 10 台能耗制动控制电路取代原设备。

【任务目标】

1. 通过学习,了解能耗制动控制线路的工作原理。
2. 能正确识读和绘制能耗制动控制线路的电路原理图。
3. 能正确绘制能耗制动控制线路的布置图及接线图。
4. 能正确对能耗制动控制线路进行安装及检修。

【任务课时】

10 小时

【任务实施】

1. 认识功能

1) 电路原理图

能耗制动(又称动能制动)是通过在定子绕组中通入直流电以消耗转子惯性运动的动能来进行制动的。

定子中通入直流电后,定子里建立了一个恒定磁场。而转子由于惯性仍按原方向转动,根据右手定则,可判定这个感应电流与直流磁场相互作用产生的电磁力 F 的方向如图 2-5-13 所示,这个电磁力是作用在转子上的,其方向正好与电动机的旋转方向相反,所以能起到制动的作用。显然制动转矩的大小与所通入的直流电流的大小和电动机的转速有关。转速越高,电流越大,磁场越强,产生的制动转矩就越大。但通入的直流电流不能太大,一般为异步电动机空载电流的 3~5 倍,否则会烧坏定子绕组。

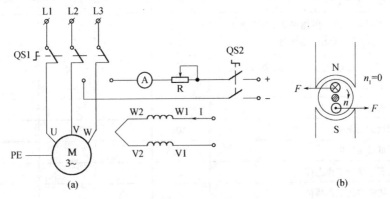

图 2-5-13　能耗制动原理图

能耗制动一般有两种方法:对于 10kW 以下小容量电动机,一般采用无变压器单相半波整流能耗制动自动控制线路;对于 10kW 以上容量较大的电动机,多采用有变压器全波整流能耗制动自动控制线路。我们以无变压器单相半波整流能耗制动自动控制线路为例,如图 2-5-14 所示。

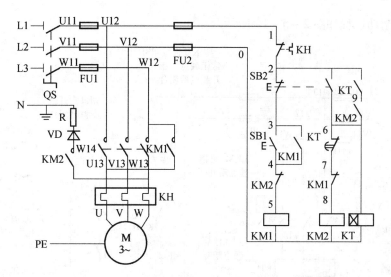

图 2-5-14 无变压器单相半波整流能耗制动自动控制电路图

2）知识巩固

（1）图 2-5-14 所示 R 和 VD 串联指的是_____。

2. 分析原理

1）特点

能耗制动的优点是制动准确、平稳，且能量消耗较小。缺点是需附加直流电源装置，设备费用较高，制动力较弱，在低速时制动力矩小。因此能耗制动一般用于要求制动准确、平稳的场合，如磨床、立式铣床等的控制线路中。能耗制动控制线路以无变压器单相半波整流能耗制动自动控制线路为例，如图 2-5-14 所示。该线路采用单相半波整流器作为直流电源，所以附加设备少，线路简单，成本低，常用于 10kW 以下小容量电动机，且对制动要求不高的场合。

2）原理

（1）单向启动过程如图 2-5-15 所示。

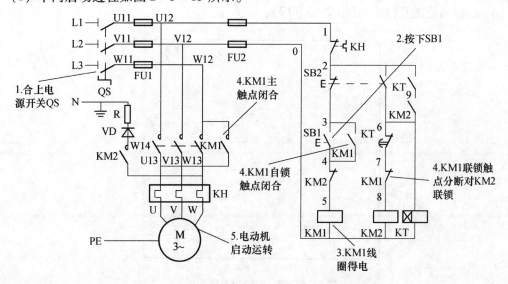

图 2-5-15 单向启动过程

（2）能耗制动过程如图 2 - 5 - 16 所示。

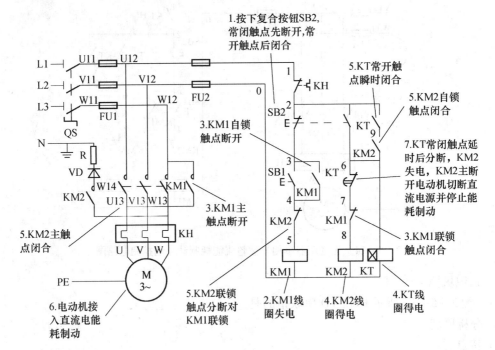

1. 按下复合按钮SB2，常闭触点先断开，常开触点后闭合

5. KT常开触点瞬时闭合

5. KM2自锁触点闭合

7. KT常闭触点延时后分断，KM2失电，KM2主断开电动机切断直流电源并停止能耗制动

3. KM1自锁触点断开

3. KM1主触点断开

5. KM2主触点闭合

5. KM2联锁触点分断对KM1联锁

2. KM1线圈失电

4. KM2线圈得电

4. KT线圈得电

3. KM1联锁触点闭合

6. 电动机接入直流电能耗制动

图 2 - 5 - 16　能耗制动过程

3）知识巩固

（1）用箭头方式简述能耗制动控制线路的工作原理。

（2）识读图中各元件的符号，将文字和图形符号抄录在下方，写出对应的元件名称。

（3）绘制布置图及接线图（图 2 - 5 - 17）。

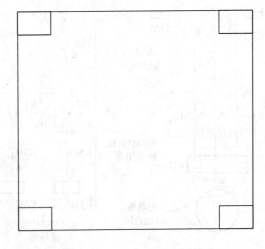

图 2 - 5 - 17　布置图及接线图

3. 安装线路

1）线路安装步骤

（1）识读能耗制动控制电路（图2-5-14），明确电路中所用电器元件及作用，熟悉电路的工作原理。

（2）按照图2-5-14所示的电路原理图配齐所需元件，将元件型号规格质量检查情况记录在表2-5-5中。

表2-5-5　无变压器单相半波整流能耗制动自动控制线路实训所需器件清单

元件名称	型号	规格	数量	是否可用

（3）在事先准备好的配电板上，布置元器件。

工艺要求：各元件的安装位置整齐、匀称，元件之间的距离合理，便于元件的更换；紧固元件时要用力均匀，紧固程度要适当。

（4）连接主电路及控制电路，按照接线图去安装。

2）板前布线工艺要求

（1）布线通道尽可能少，同路并行导线按主电路、控制电路分类集中，单层密排，紧贴安装面布线。

（2）布线要横平竖直，分布均匀。变换走向时应垂直。

（3）同一平面的导线应高低一致或前后一致，不能交叉。非交叉不可时，此根导线应在接线端子引出时，就水平架空跨越，但必须走线合理。

（4）布线时严禁损伤线芯和导线绝缘。

（5）布线顺序一般以接触器为中心，由里向外，由低到高，先控制电路，后主电路进行，以不妨碍后续布线为原则。

（6）导线与接线端子或接线桩连接时，不得压绝缘层、不反圈、不露铜过长。

（7）同一元件、同一回路的不同接点的导线间距离应保持一致。

（8）一个电器元件接线端子上的连接导线不得多于两根，每节接线端子板上的连接导线一般只允许连接一根。

4. 检测线路

安装完毕的控制电路板必须经过认真检查以后，才允许通电试车，以防止错接、漏接造成不能正常运转或短路事故。

（1）万用表检测主电路。将万用表两表笔接在FU1输入端至电动机星形联结中性点之间，分别测量U相、V相、W相在接触器不动作时的直流电阻，读数应为"∞"；用螺丝刀将接触器的触点系统按下，再次测量三相的直流电阻，读数应为每相定子绕组的直流电阻。根据所测数据判断主电路是否正常。

（2）万用表检测控制电路。将万用表两表笔分别搭在FU2两输入端，读数应为"∞"。按下启动按钮SB1时，读数应为接触器线圈的支流电阻。根据所测数据判断控制电路是否正常。

5. 通电试车

通电试车必须征得教师同意,并由教师接通三相电源,同时在现场监护。

(1) 合上电源开关 QS,用试电笔检查熔断器出线端,氖管亮说明电源接通。

(2) 按下 SB1,电动机得电连续运转,观察电动机运行是否正常,若有异常现象应马上停车。

(3) 出现故障后,学生应独立进行检修;若需带电进行检查,教师必须在现场监护。检修完毕后,如需再次试车,也应有教师监护,并做好记录。

(4) 按下 SB2,切断电源,先拆除三相电源线,再拆除电动机线。

6. 设置故障

教师人为设置故障通电运行,同学们观察故障现象,并记录在表 2-5-6 中。

表 2-5-6   无变压器单相半波整流能耗制动自动控制线路故障设置情况统计表

故障设置元件	故障点	故障现象
KM1 接触器线圈	0 号线断开	
KM2 接触器自锁触点	接线松脱	
KH 接触器常闭触点	2 号线断开	
KM1 接触器常闭静触点	静触点接触不良	
启动按钮	两接线柱之间短路	

【任务评价】

项目	评价内容	配分	自我评价	小组评价	教师评价	综合评定
器件拆装	1. 根据要求,正确选择熔断器的规格和型号	10				
	2. 将选择好的熔断器固定到面板上,并按原理图进行导线连接,要求接线工艺合格	10				
	3. 拆除熔断器上的连接导线,并将熔断器从固定面板上拆下	10				
	4. 采用正确步骤分解熔断器,要求拆卸方法正确,不丢失和损坏零件	10				
	5. 采用正确步骤组装熔断器,要求组装方法正确,不丢失和损坏零件	10				
器件测试	1. 仪表使用方法正确	10				
	2. 测量方法正确	10				
	3. 测量结果正确	10				
职业素质	1. 认真仔细的工作态度	5				
	2. 团结协作的工作精神	5				
	3. 听从指挥的工作作风	5				
	4. 安全及整理意识	5				
教师评语					成绩汇总	

模块六 多速异步电动机控制线路安装与检修

任务一 双速电动机控制线路的安装与检修

【任务描述】

某单位有 6 台双速电动机控制线路老化,无法正常工作,需要重新更换元器件和线路配线。单位委派电工乙组完成此项任务,重新安装 6 台双速电动机控制线路取代原设备。

【任务目标】

1. 通过学习,了解双速电动机控制线路的接线方式及工作原理。
2. 能正确识读和绘制双速电动机控制线路的电路原理图。
3. 能正确绘制双速电动机控制线路的布置图及接线图。
4. 能正确对双速电动机控制线路进行安装及检修。

【任务课时】

10 小时

【任务实施】

1. 认识功能

1)电路原理图

(1)双速异步电动机定子绕组的连接。

双速异步电动机定子绕组的 △/YY 接线图如图 2-6-1 所示,通过改变这 6 个出线端与电源的连接方式,就可以得到两种不同的转速。要使电动机在低速工作时,就把电动机定子绕组接成 △ 形,若要使电动机高速工作,这时电动机定子绕组应接成 YY 形。

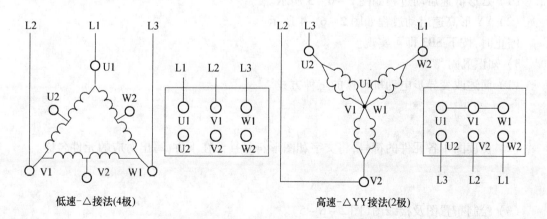

图 2-6-1 双速电动机三相定子绕组接线图

（2）接触器控制双速电动机的控制线路

双速电动机的控制线路是用按钮和接触器控制低速和高速的转换,如图2-6-2所示。

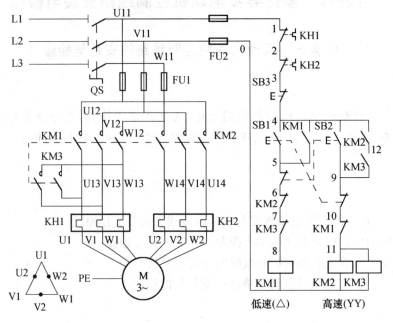

图2-6-2　接触器控制双速电动机的控制电路图

2）知识巩固

（1）图2-6-2所示KM1实现的功能是_____。

（2）图2-6-2所示实现高速功能的是_____。

2. 分析原理

1）特点

双速电动机高速运转时的转速是低速运转转速的2倍。值得注意的是,双速电动机定子绕组从一种接法改变为另一种接法时,必须把电源相序反接,以保证电动机的旋转方向不变。

2）原理

（1）△形低速启动过程如图2-6-3所示。

（2）YY形高速启动过程如图2-6-4所示。

停止时,按下SB3即可实现。

3）知识巩固

（1）简述改变异步电动机转速的三种方式。

（2）识读图中各元件的符号,将文字和图形符号抄录在下方,写出对应的元件名称。

（3）绘制布置图及接线图(图2-6-5)。

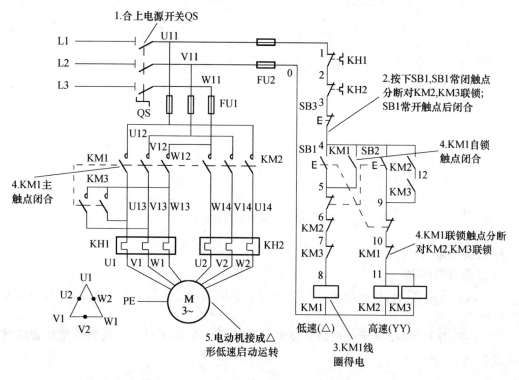

图 2-6-3 △形低速启动过程

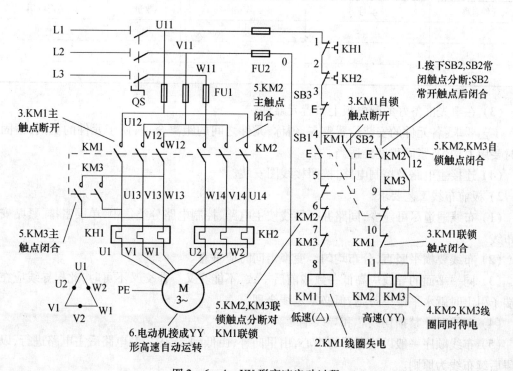

图 2-6-4 YY形高速启动过程

129

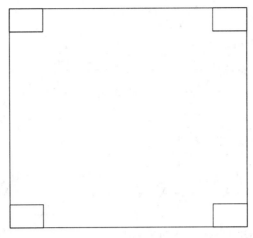

图 2 - 6 - 5　布置图及接线图

3．安装线路

1）线路安装步骤

（1）识读双速电动机控制线路（图 2 - 6 - 2），明确电路中所用电器元件及作用，熟悉电路的工作原理。

（2）按照图 2 - 6 - 2 所示的电路原理图配齐所需元件，将元件型号规格质量检查情况记录在表 2 - 6 - 1 中。

表 2 - 6 - 1　双速电动机的控制线路实训所需器件清单

元件名称	型号	规格	数量	是否可用

（3）在事先准备好的配电板上布置元器件。

工艺要求：各元件的安装位置整齐、匀称，元件之间的距离合理，便于元件的更换；紧固元件时要用力均匀，紧固程度要适当。

（4）连接主电路及控制电路，按照接线图安装。

2）板前布线工艺要求

（1）布线通道尽可能少，同路并行导线按主电路、控制电路分类集中，单层密排，紧贴安装面布线。

（2）布线要横平竖直，分布均匀。变换走向时应垂直。

（3）同一平面的导线应高低一致或前后一致，不能交叉。非交叉不可时，此根导线应在接线端子引出时就水平架空跨越，但必须走线合理。

（4）布线时严禁损伤线芯和导线绝缘。

（5）布线顺序一般以接触器为中心，由里向外，由低到高，先控制电路后主电路进行，以不妨碍后续布线为原则。

（6）导线与接线端子或接线桩连接时，不得压绝缘层、不反圈、不露铜过长。

（7）同一元件、同一回路的不同接点的导线间距离应保持一致。

（8）一个电器元件接线端子上的连接导线不得多于两根，每节接线端子板上的连接导线一般只允许连接一根。

4. 检测线路

安装完毕的控制电路板必须经过认真检查以后，才允许通电试车，以防止错接、漏接造成不能正常运转或短路事故。

（1）万用表检测主电路。将万用表两表笔接在 FU1 输入端至电动机星形联结中性点之间，分别测量 U 相、V 相、W 相在接触器不动作时的直流电阻，读数应为"∞"；用螺丝刀将接触器的触点系统按下，再次测量三相的直流电阻，读数应为每相定子绕组的直流电阻。根据所测数据判断主电路是否正常。

（2）万用表检测控制电路。将万用表两表笔分别搭在 FU2 两输入端，读数应为"∞"。按下起动按钮 SB1 时，读数应为接触器线圈的支流电阻。根据所测数据判断控制电路是否正常。

5. 通电试车

通电试车必须征得教师同意，并由教师接通三相电源，同时在现场监护。

（1）合上电源开关 QS，用试电笔检查熔断器出线端，氖管亮说明电源接通。

（2）按下 SB1，电动机得电连续运转，观察电动机运行是否正常，若有异常现象应马上停车。

（3）出现故障后，学生应独立进行检修；若需带电进行检查，教师必须在现场监护。检修完毕后，如需再次试车，也应有教师监护，并做好时间记录。

（4）按下 SB2，切断电源，先拆除三相电源线，再拆除电动机线。

6. 设置故障

教师人为设置故障通电运行，同学们观察故障现象，并记录在表 2 - 6 - 2 中。

表 2 - 6 - 2 双速电动机的控制线路故障设置情况统计表

故障设置元件	故障点	故障现象
SB1 常闭触点	接触不良	
KM1 接触器联锁触点	接线松脱	
KM3 接触器线圈	11 号线短路	
KM2 接触器自锁触点	12 号线短路	

【任务评价】

项目	评价内容	配分	自我评价	小组评价	教师评价	综合评定
器件拆装	1. 根据要求，正确选择熔断器的规格和型号	10				
	2. 将选择好的熔断器固定到面板上，并按原理图进行导线连接，要求接线工艺合格	10				
	3. 拆除熔断器上的连接导线，并将熔断器从固定面板上拆下	10				
	4. 采用正确步骤分解熔断器，要求拆卸方法正确，不丢失和损坏零件	10				
	5. 采用正确步骤组装熔断器，要求组装方法正确，不丢失和损坏零件	10				

项目	评价内容	配分	自我评价	小组评价	教师评价	综合评定
器件测试	1. 仪表使用方法正确	10				
	2. 测量方法正确	10				
	3. 测量结果正确	10				
职业素质	1. 认真仔细的工作态度	5				
	2. 团结协作的工作精神	5				
	3. 听从指挥的工作作风	5				
	4. 安全及整理意识	5				
教师评语					成绩汇总	

任务二　三速电动机控制线路的安装与检修

【任务描述】

校企单位有 5 台三速电动机控制线路老化,无法正常工作,需要重新更换元器件和线路配线。学院委派电气工程系电 121 班完成此项任务,重新安装 5 台三速电动机控制线路取代原设备。

【任务目标】

1. 通过学习,了解三速电动机控制线路的接线方式及工作原理。
2. 能正确识读和绘制三速电动机控制线路的电路原理图。
3. 能正确绘制三速电动机控制线路的布置图及接线图。
4. 能正确对三速电动机控制线路进行安装及检修。

【任务课时】

10 小时

【任务实施】

1. 认识功能

1）电路原理图

（1）三速异步电动机定子绕组的连接。

三速异步电动机是在双速异步电动机的基础上发展起来的。它有两套定子绕组,分两层安放在定子槽内,第一套绕组（双速）有 7 个出线端,可作 △ 或 YY 形连接;第二套绕组（单速）有 3 个出线端,只作 Y 形连接,如图 2 - 6 - 6 所示。当分别改变两套定子绕组的连接方式（即改变极对数）时,电动机就可以得到 3 种不同的速度。

三速异步电动机定子绕组的接线方式如图 2 - 6 - 6 和表 2 - 6 - 3 所示,图中 W1 和 U3 出线端分开的目的是当电动机定子绕组接成 Y 形中速运转时,避免在 △ 接法的定子绕组中产生感生电流。

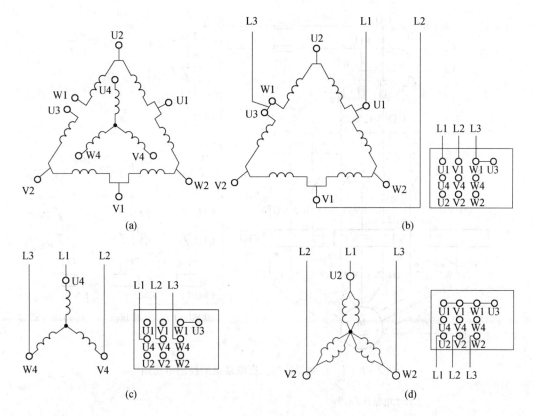

图 2 - 6 - 6　绕组接线图

（a）三速电动机的两套定子绕组；（b）低速 - △接法；（c）中速 - Y 接法；（d）高速 - YY 接法。

表 2 - 6 - 3　三速异步电动机定子绕组接线方式

转速	电源接线			并头	连接方式
	L1	L2	L3		
低速	U1	V1	W1	U3、W1	△
中速	U4	V4	W4	—	Y
高速	U2	V2	W2	U1、V1、W1、U3	YY

（2）接触器控制三速电动机的控制线路。

三速电动机的控制线路是用按钮和接触器控制低速、中速和高速的转换（图 2 - 6 - 7）。

2）知识巩固

（1）图 2 - 6 - 7 所示实现中速功能的是＿＿＿＿＿＿＿＿＿＿。

（2）图 2 - 6 - 7 所示实现高速功能的是＿＿＿＿＿＿＿＿＿＿。

2. 分析原理

1）特点

三速电动机的控制线路的缺点是在进行速度转换时，必须先按下停止按钮 SB4 后，才能再按相应的启动按钮变速，所以操作不方便。

2）原理

（1）低速启动过程如图 2 - 6 - 8 所示。

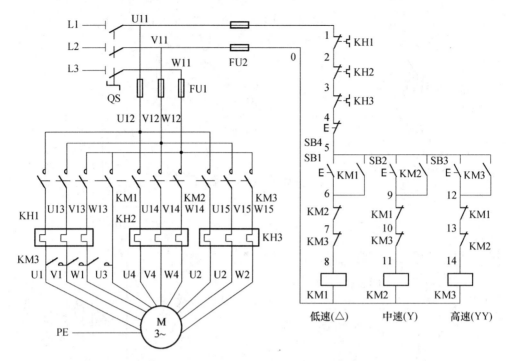

图 2-6-7 接触器控制三速电动机的控制电路图

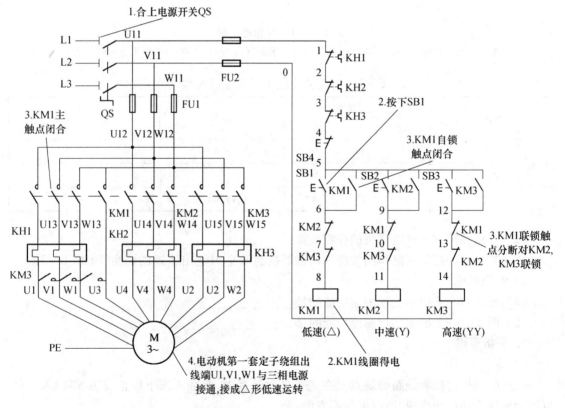

图 2-6-8 低速启动过程

（2）低速转为中速过程如图2-6-9所示。

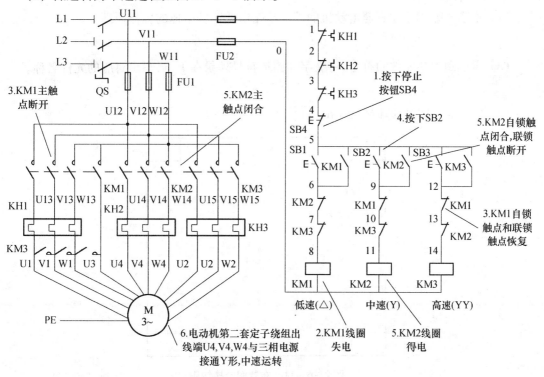

图2-6-9　低速转为中速过程

（3）中速转为高速过程如图2-6-10所示。

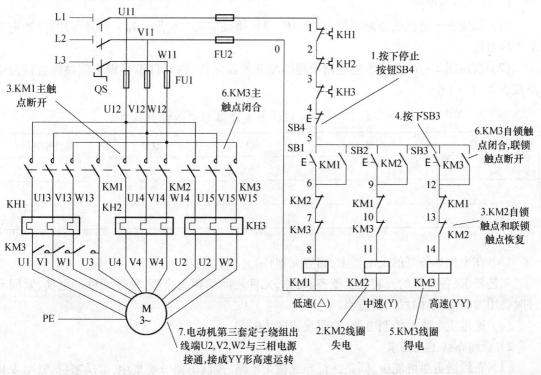

图2-6-10　中速转为高速过程

135

3）知识巩固

（1）用箭头方式简述三速电动机的控制线路由低速转中速的工作原理。

（2）识读图中各元件的符号,将文字和图形符号抄录在下方,写出对应的元件名称。

（3）绘制布置图及接线图(2－6－11)

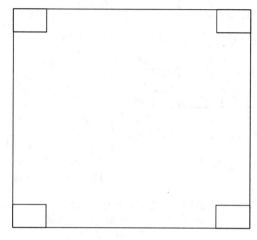

图2－6－11　布置图及接线图

3. 安装线路

1）线路安装步骤

（1）识读三速电动机控制线路(图2－6－7),明确电路中所用电器元件及作用,熟悉电路的工作原理。

（2）按照图2－6＝7所示的电路原理图配齐所需元件,将元件型号规格质量检查情况记录在表2－6－4中。

表2－6－4　三速电动机的控制线路实训所需器件清单

元件名称	型号	规格	数量	是否可用

（3）在事先准备好的配电板上,布置元器件。

工艺要求:各元件的安装位置整齐、匀称,元件之间的距离合理,便于元件的更换;紧固元件时要用力均匀,紧固程度要适当。

（4）连接主电路及控制电路,按照接线图去安装。

2）板前布线工艺要求

（1）布线通道尽可能少,同路并行导线按主电路、控制电路分类集中,单层密排,紧贴安装面布线。

（2）布线要横平竖直，分布均匀。变换走向时应垂直。

（3）同一平面的导线应高低一致或前后一致，不能交叉。非交叉不可时，此根导线应在接线端子引出时就水平架空跨越，但必须走线合理。

（4）布线时严禁损伤线芯和导线绝缘。

（5）布线顺序一般以接触器为中心，由里向外，由低到高，先控制电路后主电路进行，以不妨碍后续布线为原则。

（6）导线与接线端子或接线桩连接时，不得压绝缘层、不反圈、不露铜过长。

（7）同一元件、同一回路的不同接点的导线间距离应保持一致。

（8）一个电器元件接线端子上的连接导线不得多于两根，每节接线端子板上的连接导线一般只允许连接一根。

4. 检测线路

安装完毕的控制电路板必须经过认真检查以后，才允许通电试车，以防止错接、漏接造成不能正常运转或短路事故。

（1）万用表检测主电路。将万用表两表笔接在 FU1 输入端至电动机星形联结中性点之间，分别测量 U 相、V 相、W 相在接触器不动作时的直流电阻，读数应为"∞"；用螺丝刀将接触器的触点系统按下，再次测量三相的直流电阻，读数应为每相定子绕组的直流电阻。根据所测数据判断主电路是否正常。

（2）万用表检测控制电路。将万用表两表笔分别搭在 FU2 两输入端，读数应为"∞"。按下起动按钮 SB1 时，读数应为接触器线圈的支流电阻。根据所测数据判断控制电路是否正常。

5. 通电试车

通电试车必须征得教师同意，并由教师接通三相电源，同时在现场监护。

（1）合上电源开关 QS，用试电笔检查熔断器出线端，氖管亮说明电源接通。

（2）按下 SB1，电动机得电连续运转，观察电动机运行是否正常，若有异常现象应马上停车。

（3）出现故障后，学生应独立进行检修；若需带电进行检查，教师必须在现场监护。检修完毕后，如需再次试车，也应有教师监护，并做好时间记录。

（4）按下 SB2，切断电源，先拆除三相电源线，再拆除电动机线。

6. 设置故障

教师人为设置故障通电运行，同学们观察故障现象，并记录在表 2－6－5 中。

表 2－6－5　三速电动机的控制线路故障设置情况统计表

故障设置元件	故障点	故障现象
KM3 接触器常闭静触点	静触点接触不良	
KM1 接触器自锁触点	接线松脱	
KM2 接触器常开动触点	动触点接触不良	
KM2 接触器常闭动触点	动触点接触不良	
启动按钮	两接线柱之间短路	

【任务评价】

项目	评价内容	配分	自我评价	小组评价	教师评价	综合评定
器件拆装	1. 根据要求,正确选择熔断器的规格和型号	10				
	2. 将选择好的熔断器固定到面板上,并按原理图进行导线连接,要求接线工艺合格	10				
	3. 拆除熔断器上的连接导线,并将熔断器从固定面板上拆下	10				
	4. 采用正确步骤分解熔断器,要求拆卸方法正确,不丢失和损坏零件	10				
	5. 采用正确步骤组装熔断器,要求组装方法正确,不丢失和损坏零件	10				
器件测试	1. 仪表使用方法正确	10				
	2. 测量方法正确	10				
	3. 测量结果正确	10				
职业素质	1. 认真仔细的工作态度	5				
	2. 团结协作的工作精神	5				
	3. 听从指挥的工作作风	5				
	4. 安全及整理意识	5				
教师评语					成绩汇总	

模块七　三相绕线转子异步电动机控制线路的安装与检修

任务一　转子回路串电阻启动控制电路的安装与检修

【任务描述】

在实际生产中对要求启动转矩较大且能平滑调速的场合,常常采用三相绕线转子异步电动机。

【任务目标】

1. 通过学习,了解转子回路串电阻启动控制电路的工作原理。
2. 能正确识读和绘制转子回路串电阻启动控制电路原理图。
3. 能正确进行转子回路串电阻启动控制电路的安装及检修。

【任务课时】

10 小时

【任务实施】

1. 认识功能

1）电路原理图

绕线转子异步电动机的优点是可以通过滑环在转子绕组中串接电阻来改善电动机的机械特性,从而达到减小启动电流、增大启动转矩以及平滑调速之目的。按钮操作转子绕组串接电阻启动的电路如图 2 - 7 - 1 所示。

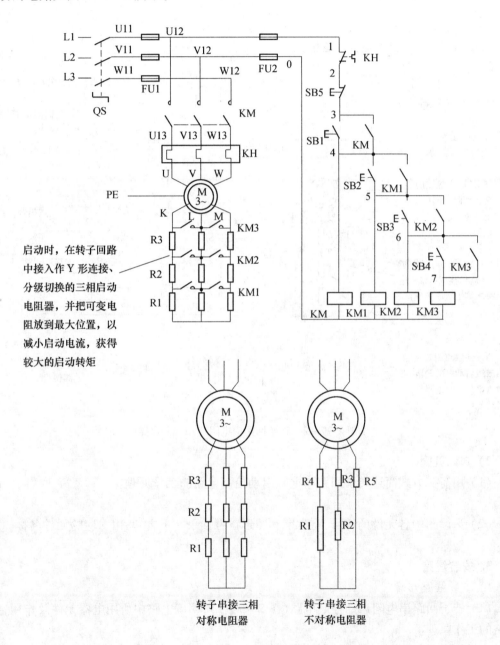

启动时,在转子回路中接入作 Y 形连接、分级切换的三相启动电阻器,并把可变电阻放到最大位置,以减小启动电流,获得较大的启动转矩

转子串接三相对称电阻器   转子串接三相不对称电阻器

图 2 - 7 - 1   转子回路串电阻启动控制电路

分析说明：随着电动机转速的升高,可变电阻逐级减小。启动完毕后,可变电阻减小到零,转子绕组被直接短接,电动机便在额定状态下运行。

2) 知识巩固

(1) 绕线转子异步电动机有哪些主要特点？适用于什么场合？

2. 分析原理

1) 启动过程

如图 2-7-2 所示。

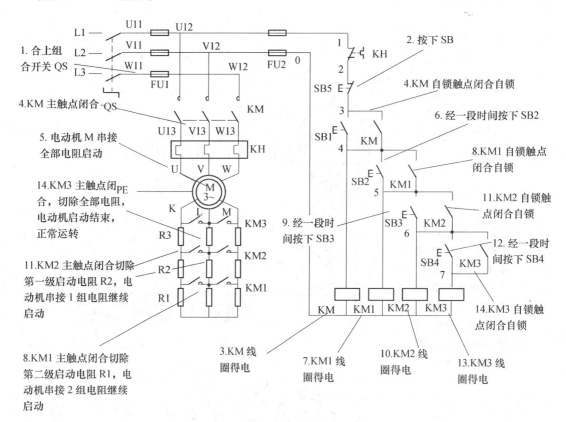

图 2-7-2　转子回路串电阻启动控制电路

2) 知识巩固

(1) 用箭头方式简述转子回路串电阻启动控制电路的工作原理。

(2) 识读图中各元件的符号,将文字和图形符号抄录在下方,写出对应的元件名称。

3. 安装线路

1) 安装线路步骤

(1) 转子回路串电阻启动控制电路(图 2-7-1),明确电路中所用电器元件及作用,熟悉电路的工作原理。

(2) 按照图 2-7-1 所示的电路原理图配齐所需元件,将元件型号规格质量检查情况记录在表 2-7-1 中。

表 2-7-1 转子回路串电阻启动控制电路实训所需器件清单

元件名称	型号	规格	数量	是否可用

（3）在事先准备好的配电板上,布置元器件。

（4）工艺要求:各元件的安装位置整齐、匀称,元件之间的距离合理,便于元件的更换;紧固元件时要用力均匀,紧固程度要适当。

（5）连接主电路。

（6）连接控制电路。

（7）板前布线工艺要求。

（8）布线通道尽可能少,同路并行导线按主电路、控制电路分类集中,单层密排,紧贴安装面布线。

（9）布线要横平竖直,分布均匀。变换走向时应垂直。

（10）同一平面的导线应高低一致或前后一致,不能交叉。非交叉不可时,此根导线应在接线端子引出时就水平架空跨越,但必须走线合理。

（11）布线时严禁损伤线芯和导线绝缘。

（12）布线顺序一般以接触器为中心,由里向外,由低到高,先控制电路后主电路进行,以不妨碍后续布线为原则。

（13）导线与接线端子或接线桩连接时,不得压绝缘层、不反圈、不露铜过长。

（14）同一元件、同一回路的不同接点的导线间距离应保持一致。

（15）一个电器元件接线端子上的连接导线不得多于两根,每节接线端子板上的连接导线一般只允许连接一根。

4. 检测线路

安装完毕的控制电路板必须经过认真检查以后,才允许通电试车,以防止错接、漏接造成不能正常运转或短路事故。

1）主电路检测

万用表检测主电路。将万用表两表笔接在 FU1 输入端至电动机星形联结中性点之间,分别测量 U 相、V 相、W 相在接触器不动作时的直流电阻,读数应为"∞";用螺丝刀将接触器的触点系统按下,再次测量三相的直流电阻,读数应为每相定子绕组的直流电阻。根据所测数据判断主电路是否正常。

2）控制电路检测

万用表检测控制电路。将万用表两表分别搭在 FU2 两输入端,读数应为"∞"。

（1）按下启动按钮 SB1 时,读数应为接触器线圈的支流电阻。根据所测数据判断控制电路是否正常。

（2）SB1 按下不放,按下启动按钮 SB2 时,测 KM1 支路电阻,读数应为接触器线圈的支流电阻。根据所测数据判断控制电路是否正常。

（3）SB1、SB2 按下不放,按下启动按钮 SB3 时,测 KM2 支路电阻,读数应为接触器线圈的支流电阻。根据所测数据判断控制电路是否正常。

（4）SB1、SB2、SB3 按下不放，按下启动按钮 SB4 时，测 KM3 支路电阻，读数应为接触器线圈的支流电阻。根据所测数据判断控制电路是否正常。

（5）用螺丝刀将接触器 KM、KM1、KM2、KM3 的触点系统按下，测 KM、KM1、KM2、KM3 支路电阻，读数应为接触器线圈的支流电阻。根据所测数据判断控制电路是否正常。

5. 通电试车

通电试车必须征得教师同意，并由教师接通三相电源，同时在现场监护。

（1）合上电源开关 QS，用试电笔检查熔断器出线端，氖管亮说明电源接通。

（2）按下 SB1，电动机电动机 M 串接全部电阻启动，观察电动机运行是否正常，若有异常现象应马上停车。

（3）按下 SB2，电动机电动机 M 切除第一级电阻启动，观察电动机运行是否正常，若有异常现象应马上停车。

（4）按下 SB3，电动机电动机 M 切除第二级电阻启动，观察电动机运行是否正常，若有异常现象应马上停车。

（5）按下 SB3，电动机电动机 M 切除全部电阻启动，观察电动机运行是否正常，若有异常现象应马上停车。

（6）按下 SB5，电动机停止，观察电动机是否停止，若有异常现象应马上停车。

（7）切断电源，先拆除三相电源线，再拆除电动机线。

6. 设置故障

教师人为设置故障通电运行，同学们观察故障现象，并记录在表 2 - 7 - 2 中。

表 7 - 2　转子回路串电阻启动控制电路故障设置情况统计表

故障设置元件	故 障 点	故 障 现 象

【任务评价】

项目	评价内容	配分	自我评价	小组评价	教师评价	综合评定
器件拆装	1. 根据要求，正确选择熔断器的规格和型号	10				
	2. 将选择好的熔断器固定到面板上，并按原理图进行导线连接，要求接线工艺合格	10				
	3. 拆除熔断器上的连接导线，并将熔断器从固定面板上拆下	10				
	4. 采用正确步骤分解熔断器，要求拆卸方法正确，不丢失和损坏零件	10				
	5 采用正确步骤组装熔断器，要求组装方法正确，不丢失和损坏零件	10				

项目	评 价 内 容	配分	自我评价	小组评价	教师评价	综合评定
器件 测试	1. 仪表使用方法正确	10				
	2. 测量方法正确	10				
	3. 测量结果正确	10				
职业 素质	1. 认真仔细的工作态度	5				
	2. 团结协作的工作精神	5				
	3. 听从指挥的工作作风	5				
	4. 安全及整理意识	5				
教师评语					成绩汇总	

任务二　转子回路串频敏变阻器控制电路的安装与检修

【任务描述】

　　绕线转子异步电动机采用转子绕组串接电阻的启动方法,要想获得良好的启动特性,一般需要较多的启动级数,所用电器较多,控制线路复杂,设备投资大,维修不便,同时由于逐级切除电阻,会产生一定的机械冲击力。因此,在工矿企业中对于不频繁启动设备,广泛采用频敏变阻器代替启动电阻,来控制绕线转子异步电动机的启动。

【任务目标】

　　1. 通过学习,了解转子回路串频敏变阻器控制电路的工作原理。
　　2. 能正确识读和绘制转子回路串频敏变阻器控制电路原理图。
　　3. 能正确进行转子回路串频敏变阻器控制电路的安装及检修。

【任务课时】

　　10 小时

【任务实施】

1. 认识功能

1）电路原理图

　　频敏变阻器是一种阻抗值随频率明显变化(敏感于频率)、静止的无触点电磁元件。它实质上是一个铁芯损耗非常大的三相电抗器。在电动机启动时,将频敏变阻器 RF 串接在转子绕组中,由于频敏变阻器的等值阻抗随转子电流频率的减小而减小,从而达到自动变阻的目的。因此,只需用一级频敏变阻器就可以平稳地启动电动机。启动完毕短接切除频敏变阻器。

　　转子绕组串接频敏变阻器启动的电路如图 2-7-3 所示。启动过程可以利用转换开关实现自动控制和手动控制。

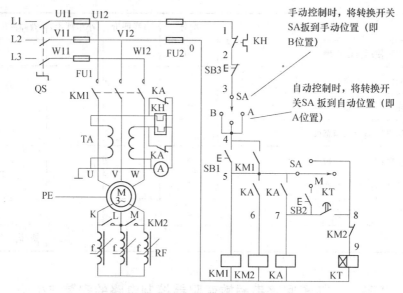

图 2-7-3　转子回路串频敏变阻器电路

2）知识巩固

频敏变阻器的作用是什么？利用频敏变阻器能否实现电动机降压启动？

2. 分析原理

1）自动控制

如图 2-7-4 所示。

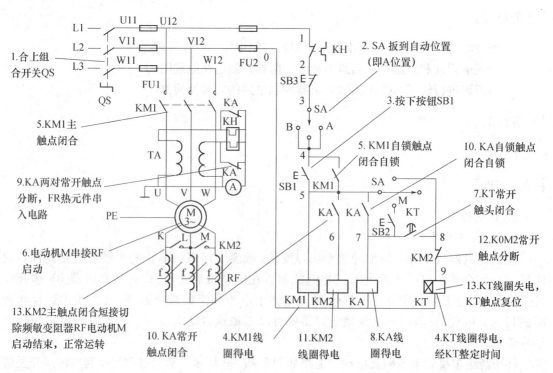

图 2-7-4　转子回路串频敏变阻器电路

2）手动过程

如图2－7－5所示。

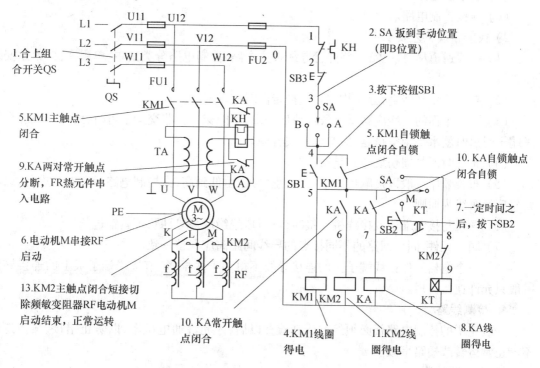

图2－7－5　转子回路串频敏变阻器电路

3）知识巩固

（1）用箭头方式简述转子回路串频敏变阻器电路的工作原理。

（2）识读图中各元件的符号,将文字和图形符号抄录在下方,写出对应的元件名称。

3. 安装线路

1）安装线路步骤

（1）识读转子回路串频敏电阻器控制电路(图2－7－3),明确电路中所用电器元件及作用,熟悉电路的工作原理。

（2）按照图2－7－3所示的电路原理图配齐所需元件,将元件型号规格质量检查情况记录在表2－7－3中。

表2－7－3　转子回路串频敏变阻器电路实训所需器件清单

元件名称	型号	规格	数量	是否可用

（3）在事先准备好的配电板上,布置元器件。

（4）工艺要求:各元件的安装位置整齐、匀称,元件之间的距离合理,便于元件的更换;紧固元件时要用力均匀,紧固程度要适当。

(5) 连接主电路。

(6) 连接控制电路。

2) 板前布线工艺要求

(1) 布线通道尽可能少,同路并行导线按主电路、控制电路分类集中,单层密排,紧贴安装面布线。

(2) 布线要横平竖直,分布均匀。变换走向时应垂直。

(3) 同一平面的导线应高低一致或前后一致,不能交叉。非交叉不可时,此根导线应在接线端子引出时就水平架空跨越,但必须走线合理。

(4) 布线时严禁损伤线芯和导线绝缘。

(5) 布线顺序一般以接触器为中心,由里向外,由低到高,先控制电路后主电路进行,以不妨碍后续布线为原则。

(6) 导线与接线端子或接线桩连接时,不得压绝缘层、不反圈、不露铜过长。

(7) 同一元件、同一回路的不同接点的导线间距离应保持一致。

(8) 一个电器元件接线端子上的连接导线不得多于两根,每节接线端子板上的连接导线一般只允许连接一根。

4. 检测线路

安装完毕的控制电路板必须经过认真检查以后,才允许通电试车,以防止错接、漏接造成不能正常运转或短路事故。

1) 主电路检测

万用表检测主电路。将万用表两表笔接在 FU1 输入端至电动机星形联结中性点之间,分别测量 U 相、V 相、W 相在接触器不动作时的直流电阻,读数应为"∞";用螺丝刀将接触器的触点系统按下,再次测量三相的直流电阻,读数应为每相定子绕组的直流电阻。根据所测数据判断主电路是否正常。

2) 控制电路检测

万用表检测控制电路。将万用表两表笔分别搭在 FU2 两输入端,读数应为"∞"。

(1) 按下启动按钮 SB1 时,读数应为接触器线圈的支流电阻。根据所测数据判断控制电路是否正常。

(2) 用螺丝刀将接触器 KM 的触点系统按下,读数应为接触器线圈的支流电阻。根据所测数据判断控制电路是否正常。

5. 通电试车

通电试车必须征得教师同意,并由教师接通三相电源,同时在现场监护。

(1) 合上电源开关 QS,用试电笔检查熔断器出线端,氖管亮说明电源接通。

(2) 按下 SB1,电动机 M 串接 RF 启动,观察电动机运行是否正常,若有异常现象应马上停车。

(3) 手动时,按下 SB2,电动机 M 切除 RF 运行,观察电动机运行是否正常,若有异常现象应马上停车。

(4) 自动时,整定时间到达后,电动机 M 切除 RF 运行,观察电动机运行是否正常,若有异常现象应马上停车。

(5) 按下 SB3,电动机停止,观察电动机是否停止,若有异常现象应马上停车。

（6）切断电源，先拆除三相电源线，再拆除电动机线。

6. 设置故障

教师人为设置故障通电运行，同学们观察故障现象，并记录在表2-7-4中。

表2-7-4 转子回路串频敏电阻器电路故障设置情况统计表

故障设置元件	故障点	故障现象

【任务评价】

项目	评价内容	配分	自我评价	小组评价	教师评价	综合评定
器件拆装	1. 根据要求，正确选择熔断器的规格和型号	10				
	2. 将选择好的熔断器固定到面板上，并按原理图进行导线连接，要求接线工艺合格	10				
	3. 拆除熔断器上的连接导线，并将熔断器从固定面板上拆下	10				
	4. 采用正确步骤分解熔断器，要求拆卸方法正确，不丢失和损坏零件	10				
	5 采用正确步骤组装熔断器，要求组装方法正确，不丢失和损坏零件	10				
器件测试	1. 仪表使用方法正确	10				
	2. 测量方法正确	10				
	3. 测量结果正确	10				
职业素质	1. 认真仔细的工作态度	5				
	2. 团结协作的工作精神	5				
	3. 听从指挥的工作作风	5				
	4. 安全及整理意识	5				
教师评语					成绩汇总	

任务三 凸轮控制器控制转子回路串电阻启动电路的安装与检修

【任务描述】

绕线式异步电动机的启动、调速及正反转的控制，常常采用凸轮控制器来实现，尤其是容量不太大的绕线转子异步电动机用得更多，桥式起重机上大部分采用这种控制线路。

【任务目标】

1. 通过学习,了解凸轮控制器控制转子回路串电阻启动电路的工作原理。
2. 能正确识读和绘制凸轮控制器控制转子回路串电阻启动电路原理图。
3. 能正确进行凸轮控制器控制转子回路串电阻启动电路的安装及检修。

【任务课时】

10 小时

【任务实施】

1. 认识功能

1）电路原理图

绕线转子异步电动机凸轮控制器控制电路如图 2 - 7 - 6 所示。

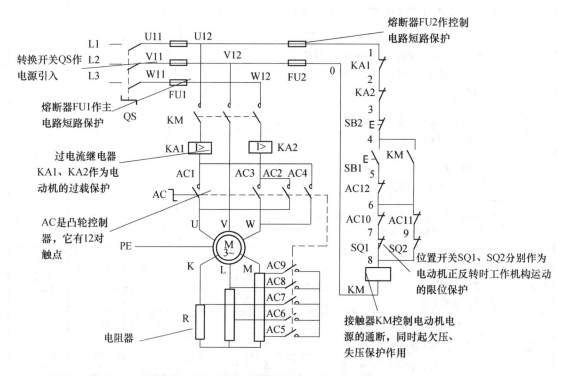

图 2 - 7 - 6   凸轮控制器控制转子回路串电阻启动电路

图 2 - 7 - 7 中 12 对触点的分合状态是凸轮控制器手轮处于"0"位时的情况。

2）知识巩固

凸轮控制器控制线路中,如何实现零位保护?

2. 分析原理

1）正转启动

如图 2 - 7 - 8 所示。

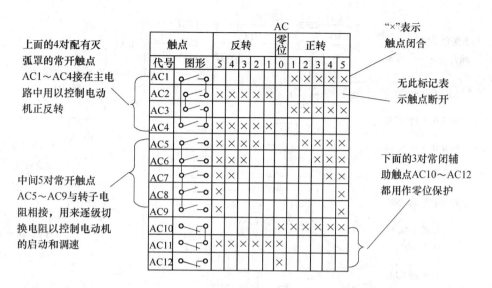

上面的4对配有灭弧罩的常开触点AC1～AC4接在主电路中用以控制电动机正反转

中间5对常开触点AC5～AC9与转子电阻相接，用来逐级切换电阻以控制电动机的启动和调速

"×"表示触点闭合

无此标记表示触点断开

下面的3对常闭辅助触点AC10～AC12都用作零位保护

代号	图形	反转 5	4	3	2	1	零位 0	正转 1	2	3	4	5
AC1								×	×	×	×	×
AC2		×	×	×	×	×						
AC3								×	×	×	×	×
AC4		×	×	×	×	×						
AC5		×	×	×	×				×	×	×	×
AC6		×	×	×						×	×	×
AC7		×	×								×	×
AC8		×										×
AC9		×										×
AC10							×	×				
AC11		×	×	×	×	×						
AC12							×					

图 2-7-7　转子回路串电阻启动控制电路

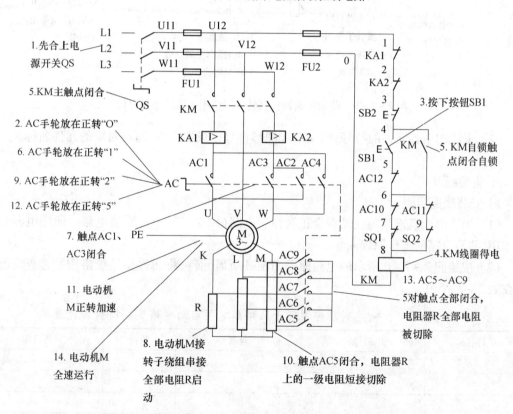

1.先合上电源开关QS

5.KM主触点闭合

2.AC手轮放在正转"0"

6.AC手轮放在正转"1"

9.AC手轮放在正转"2"

12.AC手轮放在正转"5"

7.触点AC1、AC3闭合

11.电动机M正转加速

14.电动机M全速运行

8.电动机M接转子绕组串接全部电阻R启动

3.按下按钮SB1

5.KM自锁触点闭合自锁

4.KM线圈得电

13.AC5～AC9 5对触点全部闭合，电阻器R全部电阻被切除

10.触点AC5闭合，电阻器R上的一级电阻短接切除

图 2-7-8　凸轮控制器控制转子回路串电阻启动电路（1）

2）反转启动

如图 2-7-9 所示。

3）知识巩固

（1）用箭头方式简述凸轮控制器控制转子回路串电阻启动电路的工作原理。

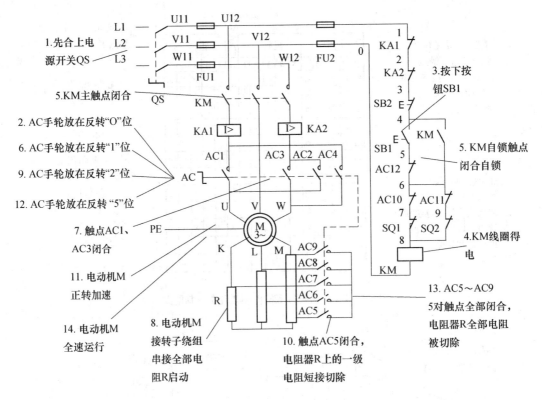

1.先合上电源开关QS

5.KM主触点闭合

2. AC手轮放在反转"O"位

6. AC手轮放在反转"1"位

9. AC手轮放在反转"2"位

12. AC手轮放在反转"5"位

7.触点AC1、AC3闭合

11. 电动机M正转加速

14. 电动机M全速运行

8. 电动机M接转子绕组串接全部电阻R启动

10. 触点AC5闭合,电阻器R上的一级电阻短接切除

3.按下按钮SB1

5. KM自锁触点闭合自锁

4.KM线圈得电

13. AC5～AC9 5对触点全部闭合,电阻器R全部电阻被切除

图 2-7-9　凸轮控制器控制转子回路串电阻启动电路(2)

(2) 识读图中各元件的符号,将文字和图形符号抄录在下方,写出对应的元件名称。

3. 安装线路

1) 安装线路步骤

(1) 识读电动机连续与点动混合正转控制电路(图2-7-6),明确电路中所用电器元件及作用,熟悉电路的工作原理。

(2) 按照图2-7-6所示的电路原理图配齐所需元件,将元件型号规格质量检查情况记录在表2-7-5中。

表 2-7-5　凸轮控制器控制转子回路串电阻启动电路实训所需器件清单

元件名称	型号	规格	数量	是否可用

(3)在事先准备好的配电板上,布置元器件。

(4) 工艺要求:各元件的安装位置整齐、匀称,元件之间的距离合理,便于元件的更换;紧固元件时要用力均匀,紧固程度要适当。

(5) 连接主电路。

(6) 连接控制电路。

2）板前布线工艺要求

（1）布线通道尽可能少，同路并行导线按主电路、控制电路分类集中，单层密排，紧贴安装面布线。

（2）布线要横平竖直，分布均匀。变换走向时应垂直。

（3）同一平面的导线应高低一致或前后一致，不能交叉。非交叉不可时，此根导线应在接线端子引出时就水平架空跨越，但必须走线合理。

（4）布线时严禁损伤线芯和导线绝缘。

（5）布线顺序一般以接触器为中心，由里向外，由低到高，先控制电路后主电路进行，以不妨碍后续布线为原则。

（6）导线与接线端子或接线桩连接时，不得压绝缘层、不反圈、不露铜过长。

（7）同一元件、同一回路的不同接点的导线间距离应保持一致。

（8）一个电器元件接线端子上的连接导线不得多于两根，每节接线端子板上的连接导线一般只允许连接一根。

4. 检测线路

安装完毕的控制电路板必须经过认真检查以后，才允许通电试车，以防止错接、漏接造成不能正常运转或短路事故。

1）主电路检测

万用表检测主电路。将万用表两表笔接在 FU1 输入端至电动机星形联结中性点之间，分别测量 U 相、V 相、W 相在接触器不动作时的直流电阻，读数应为"∞"；用螺丝刀将接触器的触点系统按下，再次测量三相的直流电阻，读数应为每相定子绕组的直流电阻。根据所测数据判断主电路是否正常。

2）控制检测线路

万用表检测控制电路。将万用表两表笔分别搭在 FU2 两输入端，读数应为"∞"。

（1）按下启动按钮 SB1 时，读数应为接触器线圈的支流电阻。根据所测数据判断控制电路是否正常。

（2）用螺丝刀将接触器 KM 的触点系统按下，读数应为接触器线圈的支流电阻。根据所测数据判断控制电路是否正常。

5. 通电试车

通电试车必须征得教师同意，并由教师接通三相电源，同时在现场监护。

（1）合上电源开关 QS，用试电笔检查熔断器出线端，氖管亮说明电源接通。

（2）按下 SB1，KM 线圈得电，观察电动机是否运行，若有异常现象应马上停车。

（3）将 AC 手轮从"0"位转到正转"1"位置，观察电动机是否运行，若有异常现象应马上停车。

（4）将 AC 手轮从"1"位转到正转"2"位置，观察电动机是否加速运行，若有异常现象应马上停车。

（5）将 AC 手轮从"2"位转到正转"3"位置，观察电动机是否加速运行，若有异常现象应马上停车。

（6）将 AC 手轮从"3"位转到正转"4"位置，观察电动机是否加速运行，若有异常现象应马上停车。

（7）将 AC 手轮从"4"位转到正转"5"位置，观察电动机是否全速运行，若有异常现象应马上停车。

(8) 按下 SB3,电动机停止,观察电动机是否停止,若有异常现象应马上停车。

(9) 切断电源,先拆除三相电源线,再拆除电动机线。

6. 设置故障

教师人为设置故障通电运行,同学们观察故障现象,并记录在表 2-7-6 中。

表 2-7-6　凸轮控制器控制转子回路串电阻启动电路故障设置情况统计表

故障设置元件	故障点	故障现象

【任务评价】

项目	评价内容	配分	自我评价	小组评价	教师评价	综合评定
器件拆装	1. 根据要求,正确选择熔断器的规格和型号	10				
	2. 将选择好的熔断器固定到面板上,并按原理图进行导线连接,要求接线工艺合格	10				
	3. 拆除熔断器上的连接导线,并将熔断器从固定面板上拆下	10				
	4. 采用正确步骤分解熔断器,要求拆卸方法正确,不丢失和损坏零件	10				
	5 采用正确步骤组装熔断器,要求组装方法正确,不丢失和损坏零件	10				
器件测试	1. 仪表使用方法正确	10				
	2. 测量方法正确	10				
	3. 测量结果正确	10				
职业素质	1. 认真仔细的工作态度	5				
	2. 团结协作的工作精神	5				
	3. 听从指挥的工作作风	5				
	4. 安全及整理意识	5				
教师评语					成绩汇总	

项目三 常用生产机械电气控制线路的识读及故障检修

【项目描述】

由于各类机床型号不止一种,即使同一种型号,制造商不同,其控制电路也存在差别。只有通过典型的机床控制电路的学习,进行归纳推敲,才能抓住各类机床的特殊性与普遍性。重点学会阅读、分析机床电气控制电路的原理图;学会常见故障的分析方法以及维修技能,关键是能做到举一反三,触类旁通。检修机床电路是一项技能性很强而又细致的工作。当机床在运行时一旦发生故障,检修人员首先对其进行认真的检查,经过周密的思考,作出正确的判断,找出故障源,然后着手排除故障。

【项目目标】

1. 熟悉常用机床的主要结构和运动形式。
2. 熟练操作常用机床,了解常用机床的各种工作状态和操作方法。
3. 掌握常用机床线路的工作原理。
4. 掌握常用机床电气控制线路的故障分析与检修方法。
5. 学会使用工具和仪表进行故障的判断并排除故障。
6. 能正确填写维修记录。

【项目引导】

在学习了常用低压电器及其拆装与维修、电动机基本控制线路及其安装、调试与维修的基础上,本项目将通过对普通车床、摇臂钻床、万能铣床、卧式镗床、桥式起重机等具有代表性的常用生产机械的电气控制线路及其安装、调试与维修进行分析和研究,以提高在实际工作中综合分析和解决问题的能力。

任务一 识读、绘制机床电气原理图

【任务描述】

机床电气设备的设计、安装、调试与维修都要有相应的电工用图作为依据或参考。凡从事机床电气操作的人员,必须掌握识读和绘制机床电路图的基本知识。

【任务目标】

熟练掌握识读和绘制机床电路图的基本知识。

【任务课时】

2 小时

【任务实施】

1. 识读、绘制机床电路图

机床电路图所包含的电器元件和电气设备的符号较多,要正确绘制和阅读机床电路图,除项目二中讲述的一般原则之外,还要明确以下几点:

(1) 将电路图按功能划分成若干个图区,通常是一条回路或一条支路划为一个图区,并从左向右依次用阿拉伯数字编号,标注在图形下部的图区栏中,如图3-1-1所示。

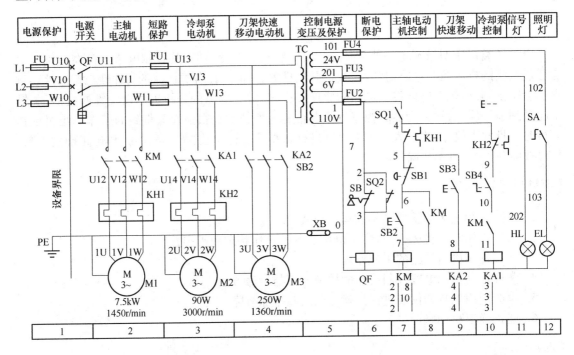

图3-1-1 CA6140型卧式车床电路图

(2) 电路图中每个电路在机床电气操作中的用途,必须用文字标明在电路图上部的用途栏内,如图3-1-1所示。

(3) 在电路图中每个接触器线圈的文字符号 KM 的下面画两条竖直线,分成左、中、右三栏,把受其控制而动作的触点所处的图区号按表3-1-1的规定填入相应栏内。对备而未用的触点,在相应的栏中用记号"×"标出或不标出任何符号。接触器线圈符号下的数字标记见表3-1-1。

表3-1-1 接触器线圈符号下的数字标记

栏目	左栏	中栏	右栏
触点类型	主触点所处的图区号	辅助常开触点所处的图区号	辅助常闭触点所处的图区号
举例 2 | 8 | × 2 | 10 | × 2 | | KM	表示3对主触点均在图区2	表示一对辅助常开触点在图区8,另一对常开触点在图区10	表示2对辅助常闭触点未用

154

（4）在电路图中每个继电器线圈符号下面画一条竖直线,分成左、右两栏,把受其控制而动作的触点所处的图区号,按表3-2的规定填入相应栏内。同样,对备而未用的触点在相应的栏中用记号"×"标出或不标出任何符号。继电器线圈符号下的数字标记见表3-1-2。

表3-1-2　继电器线圈符号下的数字标记

栏目	左栏	右栏
触点类型	常开触点所处的图区号	常闭触点所处的图区号
举例 4 | 4 | 4 | KA2	表示3对常开触点均在图区4	表示常闭触点未用

2. 知识巩固

请说明

2 \| 8 \|12
2 \| 10 \|
2 \|
KM

数字标记的含义。

【任务评价】

项目	评价内容	配分	自我评价	小组评价	教师评价	综合评定
识图分析	1. 根据所给电工用图,正确识读电气符号	10				
	2. 根据所给机床电路图,正确分析电路工作,并叙述	20				
绘制电路图	1. 根据要求,正确绘制电路图	20				
	2. 根据要求,正确绘制机床电路图	30				
职业素质	1. 认真仔细的工作态度	5				
	2. 团结协作的工作精神	5				
	3. 听从指挥的工作作风	5				
	4. 安全及整理意识	5				
教师评语					成绩汇总	

任务二　CA6140型车床电气控制线路的故障检修

【任务描述】

　　CA6140车床在运行时发生故障,需要检修人员对其进行认真的检查,作出正确的判断,找出故障源,然后排除故障,填写维修记录。

【任务目标】

1. 熟练掌握 CA6140 车床线路的工作原理。

2. 熟练操作 CA6140 车床。

3. 掌握 CA6140 车床的常见故障。

4. 能观察故障现象,分析故障范围,采用正确的方法排除故障。

【任务课时】

20 小时

【任务实施】

1. 认识设备

车床是一种应用极为广泛的金属切削机床,能够车削外圆、内圆、端面、螺纹、螺杆以及车削定型表面等。

普通车床有两个主要的运动部分:一是卡盘或顶尖带动工件的旋转运动,也就是车床主轴的运动;二是溜板带动刀架的直线运动,称为进给运动。车床工作时,绝大部分功率消耗在主轴运动上。

1) CA6140 型车床实物图

如图 3-2-1 所示。

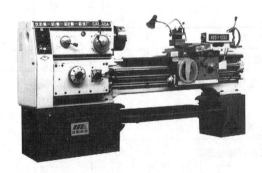

图 3-2-1 CA6140 车床外形

2) 车床型号

该车床型号意义:

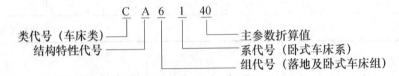

C A 6 1 40

类代号(车床类)
结构特性代号
主参数折算值
系代号(卧式车床系)
组代号(落地及卧式车床组)

2. 了解结构

1) CA6140 车床电力拖动的特点及控制要求

(1) 主拖动电机一般选用三项笼型异步电动机,不进行电气调速。

(2) 采用齿轮箱进行机械有级调速。为减小振动,主拖动电动机通过几条 V 带将动力传递到主轴箱。

（3）在车削螺纹时,要求主轴有正、反转,由主拖动电动机正反转或采用机械方法来实现。

（4）主拖动电动机的启动、停止采用按钮操作。

（5）刀架移动和主轴转动有固定的比例关系,以便满足对螺纹的加工需要。

（6）车削加工时,由于刀具及工件温度过高,有时需要冷却,因而应该配有冷却泵电动机,且要求在主拖动电动机启动后,方可决定冷却泵开动与否,而当主拖动电动机停止时,冷却泵应立即停止。

（7）必须有过载、短路、欠压、失压保护。

（8）具有安全的局部照明装置。

2）CA6140 车床的主要结构

CA6140 型卧式车床主要由床身、主轴箱、进给箱、溜板箱、刀架、卡盘、尾架、丝杠和光杠等部分组成,如图 3-2-2 所示。

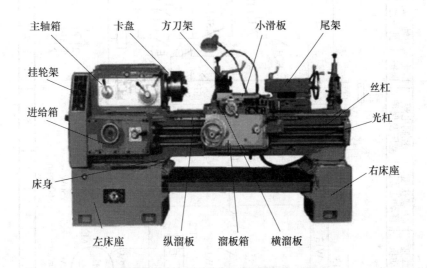

图 3-2-2　CA6140 车床的结构

3）知识巩固

（1）填空题

① CA6140 车床的主要由床身、_____、_____、_____、刀架、卡盘、丝杠、光杠、尾架等组成。

② CA6140 卧式车床主运动是_____,进给运动是_____。

③ CA6140 卧式车床的主轴电动机没有正反转,主轴的反转靠_____实现。

（2）选择题

① CA6140 车床是（　　）车床。

A. 卧式　　　B. 立式　　　C. 落地式

② CA6140 车床的主轴调速采用（　　）。

A. 电气调速　　B. 齿轮箱进行机械有级调速　　C. 机械与电气配合调速

3. 分析线路

CA6140 型卧式车床电路图如图 3-2-3 所示。

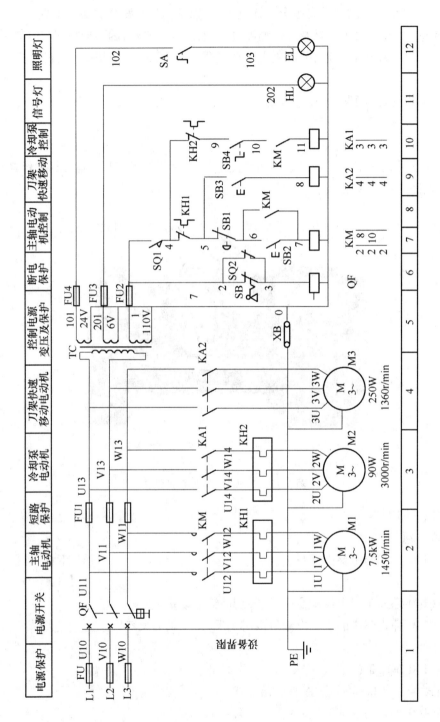

图3-2-3 CA6140型卧式车床电路图

1）主电路分析

主电路分析如图3-2-4所示。

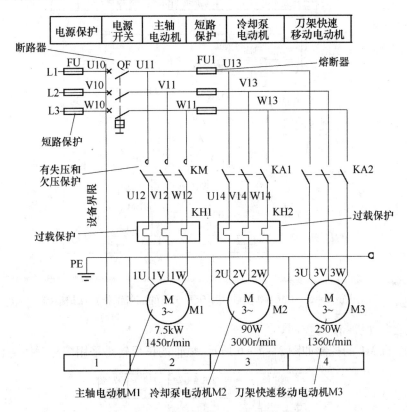

图3-2-4 CA6140型卧式车床主电路分析

分析说明：

熔断器FU1：冷却泵电动机M2、快速移动电动机M3、控制变压器TC的短路保护；

QF：引入三相电源；

主轴电动机M1：带动主轴旋转和刀架作进给运动，由接触器KM控制，正反转是采用多片摩擦离合器实现的；

冷却泵电动机M2：用以输送切削液，由中间继电器KA1控制；

刀架快速移动电动机M3：由中间继电器KA2控制，由于是点动控制，故未设过载保护。

2）控制电路分析

（1）开车前的准备工作及保护措施。

开车前的准备工作及保护措施如图3-2-5所示。

分析说明：

控制变压器TC：二次侧输出为控制电路提供110V电压；

钥匙开关SB：和位置开关SQ2在正常工作时是断开的，QF线圈不通电，断路器QF能合闸；

位置开关SQ2：打开配电盘壁龛门时，SQ2闭合，QF线圈获电，断路器QF自动断开；

位置开关SQ1：在正常工作时，SQ1的常开触点闭合，打开床头皮带罩后，SQ1断开，切断控制电路电源，以确保人身安全。

159

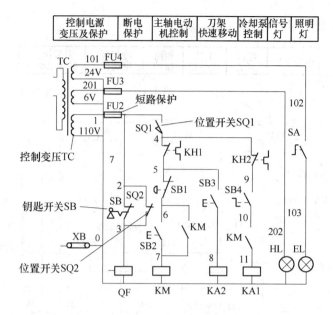

图3-2-5 CA6140型卧式车床开车前的准备工作及保护措施

（2）主轴电动机 M1 的控制。

主轴电动机 M1 的控制如图 3-2-6 所示,主轴的正反转是采用多片摩擦离合器实现的。

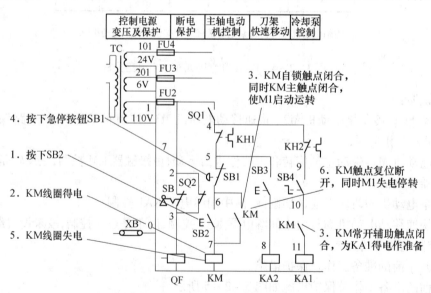

图3-2-6 CA6140型卧式车床主轴电动机 M1 的控制

（3）冷却泵电动机 M2 的控制。

冷却泵电动机 M2 的控制如图 3-2-7 所示。

分析说明:

主轴电动机 M1 和冷却泵电动机 M2 在控制电路中采用顺序控制,KM 常开触点闭合后, M2 才可能启动。当 M1 停止运行时,M2 自行停止。

160

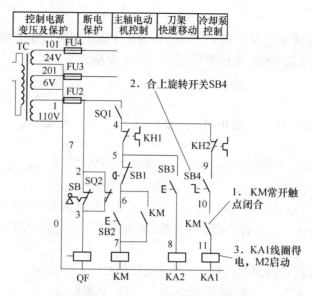

图 3-2-7 CA6140 型卧式车床冷却泵电动机 M2 的控制

（4）刀架快速移动电动机 M3 的控制。

刀架快速移动电动机 M3 的控制如图 3-2-8 所示。

分析说明：

按钮 SB3：点动控制按钮，安装在进给操作手柄顶端。刀架如需要快速移动，按下 SB3 即可。

中间继电器 KA2：与按钮 SB3 组成点动控制线路，控制刀架快速移动电动机 M3。刀架移动方向（前、后、左、右）的改变，是由进给操作手柄配合机械装置实现的。

（5）照明、信号电路分析。

照明、信号电路的分析如图 3-2-9 所示。

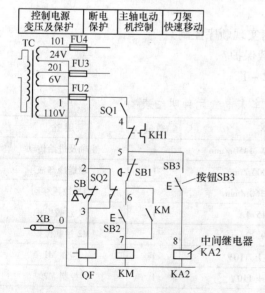

图 3-2-8　CA6140 型卧式车床刀架快速
移动电动机 M3 的控制

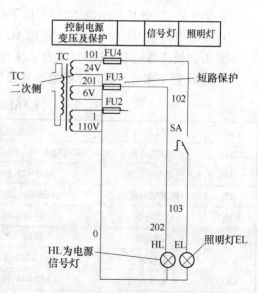

图 3-2-9　CA6140 型卧式车床
照明、信号电路分析

161

分析说明:

TC 的二次侧:分别输出 24V 和 6V 电压,作为车床低压照明灯和信号灯的电源。

照明灯 EL:EL 为车床的低压照明灯,由开关 SA 控制。

3)知识巩固

(1)填空题。

① CA6140 车床中共有 3 台电动机,分别是_____ 电动机、_____ 电动机和 电动机。

② CA6140 车床的的主轴电动机 M1 和冷却泵电动机 M2 在控制电路中实现_____控制,即只有_____启动运转后,_____才能启动运转。

③ 刀架快速移动电动机 M3 采用的是_____控制,刀架移动方向的改变由_____控制。

④ CA6140 车床中,_____作为指示灯支路的短路保护,_____作为车床照明灯的短路保护。

(2)选择题。

① CA6140 车床的冷却泵电动机 M2 的过载保护由(   )完成。

A. 接触器自锁环节   B. 低压断路器   C. 热继电器

② CA6140 车床的 EL 为车床的低压照明灯,工作电压为(   )。

A. 36V   B. 24V   C. 12V

③ CA6140 车床 HL 为电源指示灯,工作电压为(   )。

A. 24V   B. 12V   C. 6V

(3)判断题。

① CA6140 车床在正常工作时,钥匙开关 SB 和行程开关 SQ2 的常开触点是断开的。(   )

② CA6140 车床中的 SQ1 的常开触点在打开床头皮带罩后就断开复位了,切断控制电路电源,以确保人身安全。(   )

③ CA6140 车床中的低压断路器 QF,只有当线圈通电时才能合闸。(   )

(4)问答题。

结合图 3-2-3 所示电路图,回答以下问题:

① 主轴电动机 M1 和冷却泵电动机 M2 如何实现顺序控制?

② 刀架快速移动电动机 M3 为什么未设过载保护?

CA6140 型车床的电器元件明细表见表 3-2-1。

表 3-2-1   CA6140 型车床电气元件明细表

代号	名 称	型号及规格	数量	用 途
M1	主轴电动机	Y132M-4-B3、7.5kW、1450r/min	1	主轴及进给传动
M2	冷却泵电动机	AOB-25、90W、3000r/min	1	输送冷却液
M3	快速移动电动机	AOS5634、250W、1360r/min	1	溜板快速移动
KH1	热继电器	JR16-20/3D、15.4A	1	M1 过载保护
KH2	热继电器	JR16-20/3D、0.32A	1	M2 过载保护
KM	交流接触器	CJ0-20B、线圈电压 110V	1	控制 M1
KA1	中间继电器	JZ7-44、线圈电压 110V	1	控制 M2
KA2	中间继电器	JZ7-44、线圈电压 110V	1	控制 M3
SB1	按钮	LAY3-01ZS/1	1	停止 M1

代号	名 称	型号及规格	数量	用 途
SB2	按钮	LAY3 – 10/3.11	1	启动 M1
SB3	按钮	LA9	1	启动 M3
SB4	旋钮开关	LAY3 – 10X/2	1	控制 M2
SQ1、SQ2	位置开关	JWM6 – 11	2	断电保护
HL	信号灯	ZSD – 0、6V	1	刻度照明
QF	断路器	AM2 – 40、20A	1	电源引入
TC	控制变压器	JBK2 – 100、380V/110V/24V/6V	1	控制电路电源
EL	机床照明灯	JC11	1	工作照明
SB	旋钮开关	LAY3 – 01Y/2	1	电源开关锁
FU1	熔断器	BZ001 熔体 6A	3	M2、M3 短路保护
FU2	熔断器	BZ001 熔体 1A	1	110V 控制电路短路保护
FU3	熔断器	BZ001 熔体 1A	1	信号灯电路短路保护
FU4	熔断器	BZ001 熔体 2A	1	照明电路短路保护

4. 检修故障

1）CA6140 车床常见电气故障分析与检修方法

（1）带电检修打开配电盘的操作。

当需要打开配电盘壁龛门进行带电检修时,应将行程开关 SQ2 的传动杠拉出,使断路器 QF 仍可合上。关上壁龛门后,SQ2 恢复保护作用。

（2）CA6140 车床的故障分析方法和步骤。

下面以主轴电动机不能启动的故障为例介绍常见电气故障的检修方法和步骤。

合上电源开关 QF,按下启动按钮 SB2,电动机 M1 不启动,此时首先要检查接触器 KM 是否吸合,若 KM 吸合,则故障必然发生在主电路,可按图 3 – 2 – 10(a)的步骤检修。

若接触器 KM 不吸合,可按图 3 – 2 – 10(b)的步骤检修。

（3）用电压测量法检修电路故障的方法(表 3 – 2 – 2)。

表 3 – 2 – 2　电压测量法检修电路故障的方法

故障现象	测量线路及状态	5 – 6	6 – 7	7 – 0	故障点	排除方法
按下 SB2 时,KM 不吸合,按下 SB3 时,KA2 吸合		110V	0	0	SB1 接触不良或接线脱落	更换按钮 SB1 或将脱落线接好
		0	110V	0	SB2 接触不良或接线脱落	更换按钮 SB2 或将脱落线接好
		0	0	110V	KM 线圈开路或接线脱落	更换同型号线圈或将脱落线接好

163

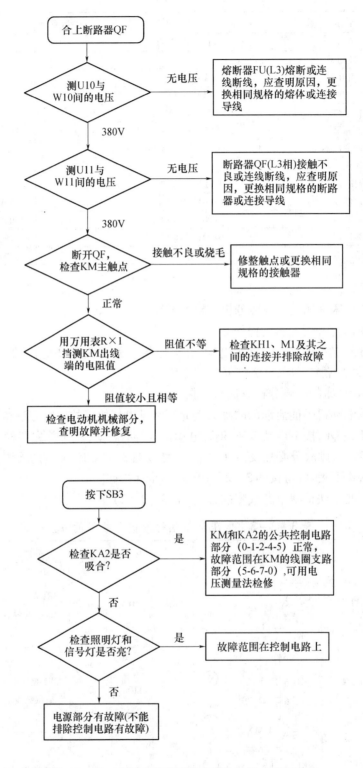

图 3 - 2 - 10 主轴电动机不能启动的检修方法和步骤

2）CA6140 车床的常见故障及处理方法(表 3-2-3)

表 3-2-3　CA6140 车床的常见故障及处理方法

故 障 现 象	故 障 原 因	处 理 方 法
主轴电动机 M1 启动后不能自锁,即按下 SB2,M1 启动运转,松开 SB2,M1 随之停止	接触器 KM 的自锁触点接触不良或连接导线松脱	合上 QF,测 KM 自锁触点(6-7)两端的电压,若电压正常,故障是自锁触点接触不良,若无电压,故障是连线(6、7)断线或松脱
主轴电动机 M1 不能停止	KM 主触点熔焊;停止按钮 SB1 被击穿或线路中 5、6 两点连接导线短路;KM 铁芯端面被油垢粘牢不能脱开	断开 QF,若 KM 释放,说明故障是停止按钮 SB1 被击穿或导线短路;若 KM 过一段时间释放,则故障为铁芯端面被油垢粘牢
主轴电动机运行中停车	热继电器 KH1 动作	找出 KH1 动作的原因,排除后使其复位
照明灯 EL 不亮	灯泡损坏;FU4 熔断;SA 触点接触不良;TC 二次绕组断线或接头松脱;灯泡和灯头接触不良等	可根据具体情况采取相应的措施修复

3）检修故障

（1）学生观摩检修。在 CA6140 车床上人为设置自然故障点,由教师示范检修,边分析边检查,直至故障排除。故障设置时应注意以下几点:

① 人为设置的故障必须是模拟车床在使用中,由于受外界因素影响而造成的自然故障。

② 切记设置更改线路或更换电器元件等由于人为原因而造成的非自然故障。

③ 对于设置一个以上故障点的线路,故障现象尽可能不要相互掩盖。如果故障相互掩盖,按要求应有明显检查顺序。

④ 设置的故障必须与学生应该具有的修复能力相适应。随着学生检修水平的逐步提高,再相应提高故障的难度等级。

⑤ 应尽量设置不容易造成人身或设备事故的故障点,如有必要时,教师必须在现场密切注意学生的检修动态,随时作好采取应急措施的准备。

（2）教师进行示范检修时,应将下述检修步骤及要求贯穿其中,边操作边讲解:

① 用通电试验法引导学生观察故障现象。

② 根据故障现象,依据电路图用逻辑分析法确定故障范围。

③ 采取正确的检查方法查找故障点,并排除故障。

④ 检修完毕进行通电试验,并做好维修记录。

（3）教师设置让学生事先知道的故障点,指导学生如何从故障现象着手进行分析,逐步引导学生采用正确的检修步骤和检修方法。

（4）教师设置故障点,由学生检修。

（5）检修注意事项

① 熟悉 CA6140 车床电气控制线路的基本环节及控制要求,认真观摩教师示范检修。

② 检修所有工具、仪表应符合使用要求。

③ 排故故障时,必须修复故障点,但不得采用元件代换法。

④ 检修时,严禁扩大故障范围或产生新的故障。

⑤ 带电检修时,必须有指导教师监护,以确保安全。

4）知识巩固

（1）判断题。

① 在操作 CA6140 车床时,按下启动按钮 SB2,发现接触器 KM 得电动作,但主轴电动机 M1 不能启动,则故障原因可能是热继电器 KH1 动作后未复位。（   ）

② CA6140 车床中的主轴电动机 M1 因过载而停转,热继电器 KH1 是否复位,对冷却泵电动机 M2 和刀架快速移动电动机 M3 的运转无任何影响。（   ）

（2）问答题。

结合图 3－2－3 所示电路图,分析主轴电动机 M1 不能停车、刀架快速移动电动机 M3 不能启动、冷却泵电机 M2 不能启动、车床照明灯不亮的故障原因。

【任务评价】

项目	评 价 内 容	配分	自我评价	小组评价	教师评价	综合评定
故障分析	1. 不能正确标出故障线段或标错在故障回路以外	10				
	2. 不能标出最小故障范围	10				
故障排除	1. 停电不验电	5				
	2. 仪表和工具使用方法正确	5				
	3. 不能查出故障	20				
	4. 检修步骤正确	5				
	5. 查出故障点但不能排除	10				
	6. 扩大故障范围或产生新故障	10				
	7. 损坏电器元件	5				
职业素质	1. 认真仔细的工作态度	5				
	2. 团结协作的工作精神	5				
	3. 听从指挥的工作作风	5				
	4. 安全及整理意识	5				
教师评语					成绩汇总	

任务三　Z3050 型摇臂钻床电气控制线路的故障检修

【任务描述】

Z3050 型摇臂钻床在运行时发生故障,需要检修人员对其进行认真的检查,作出正确的判断,找出故障源,然后排除故障,填写维修记录。

【任务目标】

1. 熟练掌握 Z3050 型摇臂钻床电气控制线路工作原理。
2. 熟练操作 Z3050 型摇臂钻床。
3. 掌握 Z3050 型摇臂钻床的常见故障。
4. 能观察故障现象,分析故障范围,采用正确的方法排除故障。

【任务课时】

20 小时

【任务实施】

1. 认识设备

钻床是一种用途广泛的孔加工机床。它主要用钻头钻削精度要求不太高的孔,另外还可以用来扩孔、铰孔、镗孔以及攻螺纹等。

钻床的结构形式很多,有立式钻床、卧式钻床、台式钻床、深孔钻床及多轴钻床。摇臂钻床是一种立式钻床,它适用于单件或批量生产中带有多孔的大型零件的孔加工。

1) Z3050 摇臂钻床实物图

如图 3 – 3 – 1 所示。

图 3 – 3 – 1 Z3050 摇臂钻床

2) Z3050 摇臂钻床型号

该钻床型号意义:

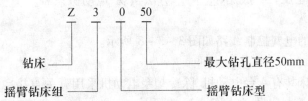

167

2. 了解结构

1）摇臂钻床的电力拖动特点及控制要求

（1）由于摇臂钻床的运动部件较多,多简化传动装置,使用多电动机拖动,主电动机承担主钻削及进给任务,摇臂升降,夹紧放松和冷却泵各用一台电动机拖动。

（2）为了适应多种加工方式的要求,主轴及进给应在较大范围内调速。但这些调速都是机械调速,用手柄操作变速箱调速,对电动机无任何调速要求。从结构上看,主轴变速机构与进给变速机构应该放在一个变速箱内,而且两种运动由一台电动机拖动是合理的。

（3）加工螺纹时要求主轴能正反转。摇臂钻床的正反转一般用机械方法实现,电动机只需单方向旋转。

（4）摇臂升降由单独电动机拖动,要求能实现正反转。

（5）摇臂的夹紧与放松以及立柱的夹紧与放松由一台异步电动机配合液压装置来完成,要求这台电动机能正反转。摇臂的回转和主轴箱的径向移动在中小型摇臂钻床上都采用手动。

（6）钻削加工时,为对刀具及工件进行冷却,需要一台冷却泵电动机拖动冷却泵输送冷却液。

2）Z3050 摇臂钻床的主要结构

Z3050 摇臂钻床的主要结构如图 3 – 3 – 2 所示。

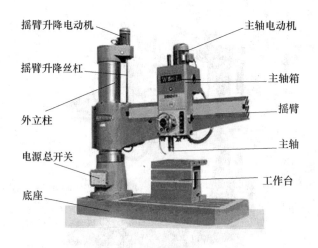

图 3 – 3 – 2　Z3050 型摇臂钻床结构图

3）知识巩固

（1）钻床的结构形式很多,有_____、_____、_____、深孔钻床及多轴钻床。

（2）摇臂钻床的正反转一般用_____方法实现,电动机只需_____方向旋转。

3. 分析线路

Z3050 摇臂钻床的电气控制线路如图 3 – 3 – 3 所示。

1）主电路分析

Z3050 型摇臂钻床共有 4 台电动机,除冷却泵电动机采用开关直接启动外,其余 3 台异步电动机均采用接触器控制启动,如图 3 – 3 – 4 所示。

168

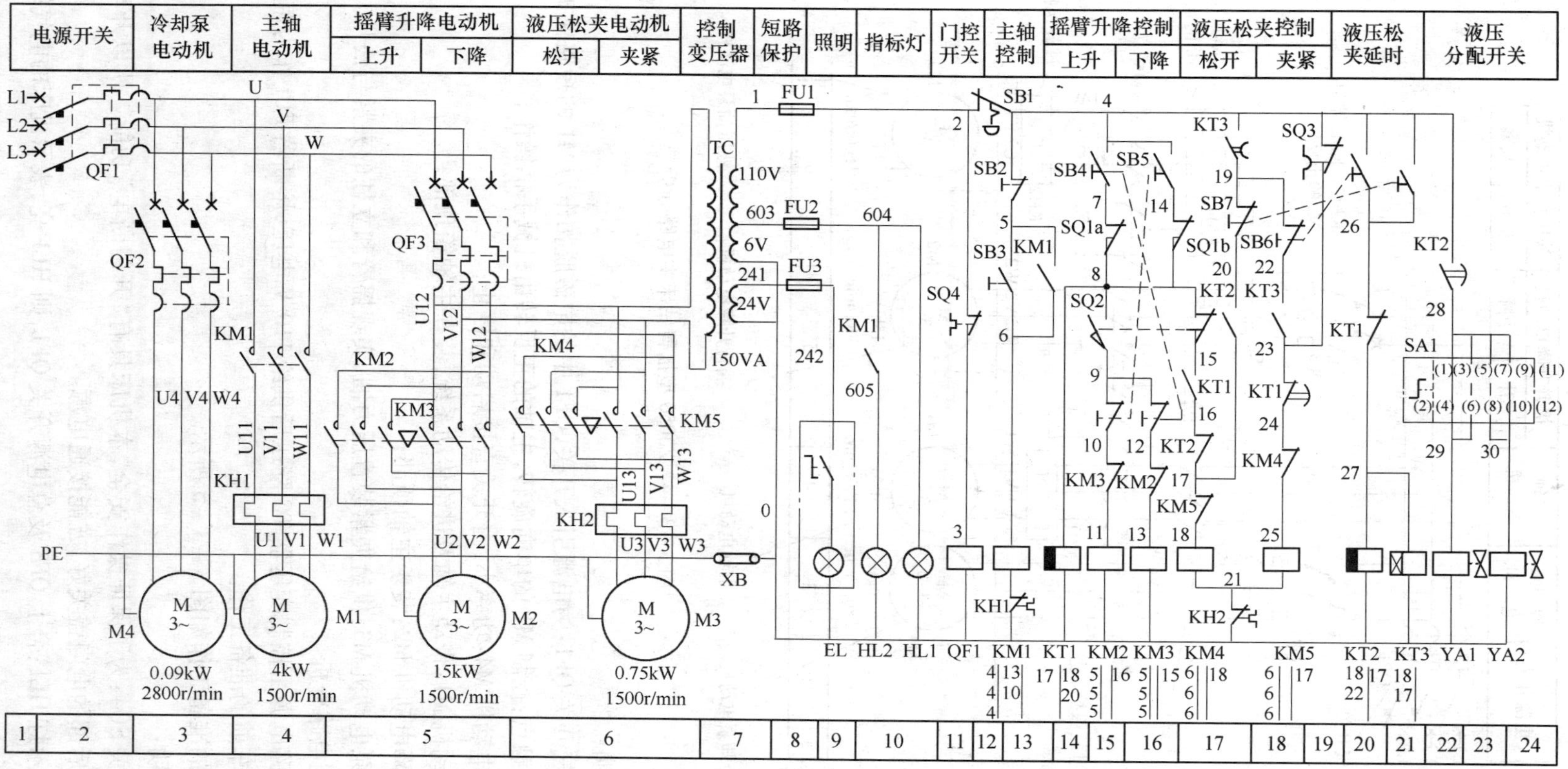

图3-3-3 Z3050型摇臂钻床电气图

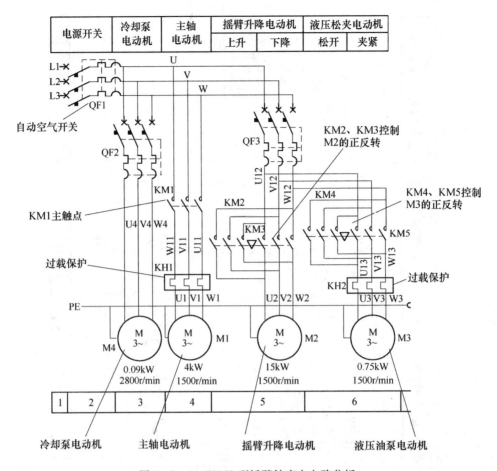

电源开关	冷却泵 电动机	主轴 电动机	摇臂升降电动机		液压松夹电动机	
			上升	下降	松开	夹紧

图 3-3-4 Z3050 型摇臂钻床主电路分析

分析说明：

自动空气开关 QF1：为电源引入开关，QF1 中的电磁脱扣作为 M1 的短路保护电器；

KM1 主触点：控制 M1 的单向旋转，主轴的正反转由机械手柄操作；

冷却泵电动机 M4：功率小，由开关直接启动和停止；

主轴电动机 M1：带动主轴及进给传动系统，装在主轴箱顶部；

摇臂升降电动机 M2：装于主轴顶部；

液压油泵电动机 M3：供给夹紧装置压力油，实现摇臂和立柱的夹紧与松开。

2) 控制电路分析

控制电路电源由控制变压器 TC 降压后供给 110 V 电压，熔断器 FU1 作为短路保护。

(1) 开车前的准备工作。

开车前的准备工作如图 3-3-5 所示。

分析说明：

位置开关 SQ4：为了保证操作安全，本机床具有"开门断电"功能。所以开车前应将立柱下部及摇臂后部的电门盖关好，方能接通电源。

电源指示灯 HL1：合上 QF3 及总电源开关 QF1，则 HL1 亮，表示机床的电气线路进入带电状态。

(2) 主轴电动机 M1 的控制。

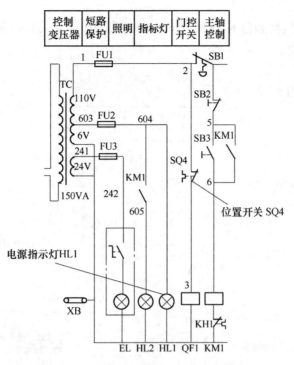

图 3 - 3 - 5　Z3050 型摇臂钻床开车前的准备工作

主轴电动机 M1 的控制如图 3 - 3 - 6 所示。

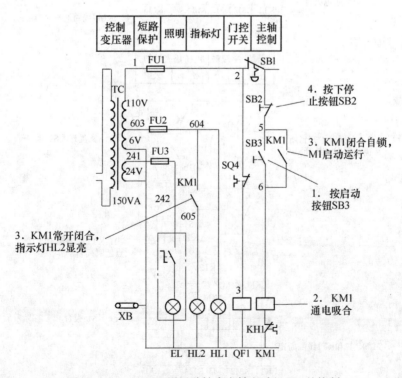

图 3 - 3 - 6　Z3050 型摇臂钻床主轴电动机 M1 的控制

分析说明:

按下停止按钮 SB2:接触器 KM1 释放,使主电动机 M1 停止旋转,同时指示灯 HL2 熄灭。

(3) 摇臂升降控制。

① 摇臂上升。

摇臂上升控制如图 3 - 3 - 7 所示。

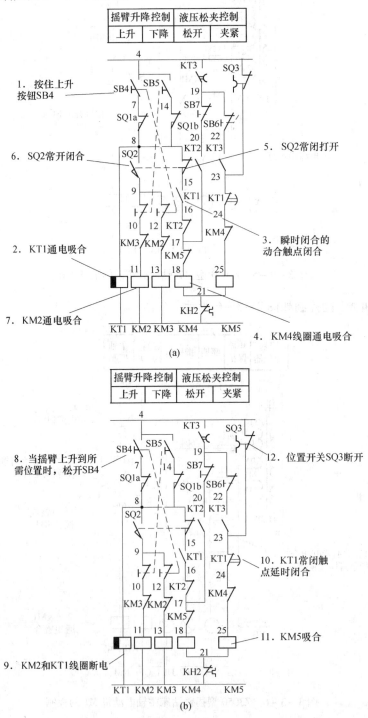

图 3 - 3 - 7　Z3050 型摇臂钻床摇臂上升的控制

分析说明：

KM4 线圈通电吸合：液压油泵电动机 M3 启动正向旋转，供给压力油。压力油经分配阀体进入摇臂的"松开油腔"，推动活塞移动，活塞推动菱形块，将摇臂松开；

位置开关 SQ2 常闭打开：活塞杆通过弹簧片使 SQ2 动作，常闭打开，切断了 KM4 的线圈电路，液压油泵电机停止工作；

KM2 线圈通电吸合：摇臂升降电动机 M2 启动正向旋转，带动摇臂上升。

分析说明：

KM2 和 KT1 线圈断电：KM2 和 KT1 同时断电释放，M2 停止工作，随之摇臂停止上升；

KM5 吸合：液压泵电机 M3 反向旋转，随之泵内压力油经分配阀进入摇臂的"夹紧油腔"，摇臂夹紧；

位置开关 SQ3：在摇臂夹紧的同时，活塞杆通过弹簧片使 SQ3 的动断触点断开，KM5 断电释放，最终停止 M3 工作，完成了摇臂的松开→上升→夹紧的整套动作。

② 摇臂下降。

SB5 是下降按钮，下降过程与前面叙述的过程相似，请自行分析。

③ 摇臂升降的保护措施。

摇臂升降的保护措施如图 3 - 3 - 8 所示。

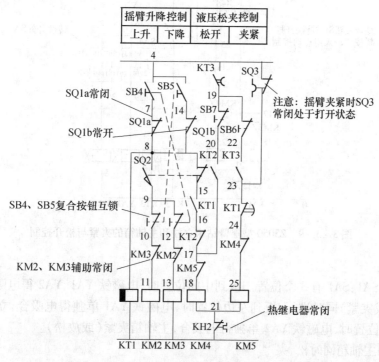

图 3 - 3 - 8　Z3050 型摇臂钻床摇臂升降的保护措施

分析说明：

SQ1a 常闭：当摇臂上升到极限位置时，SQ1a 动作，接触器 KM2 断电释放，M2 停止运行，摇臂停止上升；

SQ1b 常开：当摇臂下降到极限位置时，SQ1b 动作，接触器 KM3 断电释放，M2 停止运行，摇臂停止下降；

KM2、KM3 辅助常闭:KM2、KM3 辅助触点互锁,避免因操作失误等原因而造成主电路电源短路;

SB4、SB5 复合按钮互锁:避免因操作失误等原因而造成主电路电源短路;

热继电器常闭:防止液压夹紧系统出现故障,不能自动夹紧摇臂,或者由于 SQ3 调整不当,在摇臂夹紧后不能使 SQ3 的常闭触点断开,液压泵电机因长期过载运行而损坏,其整定值应根据液压电动机 M3 的额定电流进行调整。

（4）立柱和主轴箱的夹紧与松开控制。

立柱和主轴箱的松开（或夹紧）既可以同时进行,也可以单独进行,由转换开关 SA1 和复合按钮 SB6（或 SB7）进行控制,如图 3 - 3 - 9 所示。

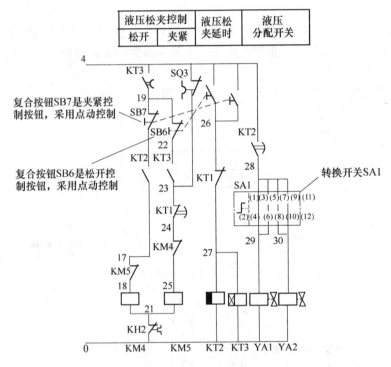

图 3 - 3 - 9 Z3050 型摇臂钻床立柱和主轴箱的夹紧与松开控制

分析说明:

转换开关 SA1:SA1 有 3 个位置。扳到中间位置时,电磁铁 YA1、YA2 得电吸合,立柱和主轴箱的松开（或夹紧）同时进行;扳到左边位置时,电磁铁 YA1 单独得电吸合,立柱夹紧（或放松）;扳到右边位置时,电磁铁 YA2 单独得电吸合,主轴箱夹紧（或放松）。

① 立柱和主轴箱同时松、夹 。

立柱和主轴箱同时松开的控制如图 3 - 3 - 10 所示。

分析说明:

KM4 线圈得电吸合:液压泵电动机 M3 正转,供出的压力油进入立柱和主轴箱松开油腔,使立柱和主轴箱同时松开。

按下夹紧控制按钮 SB7,立柱和主轴箱的同时夹紧过程与立柱和主轴箱同时松开的过程相似,请自行分析。

② 主轴箱单独松、夹。

174

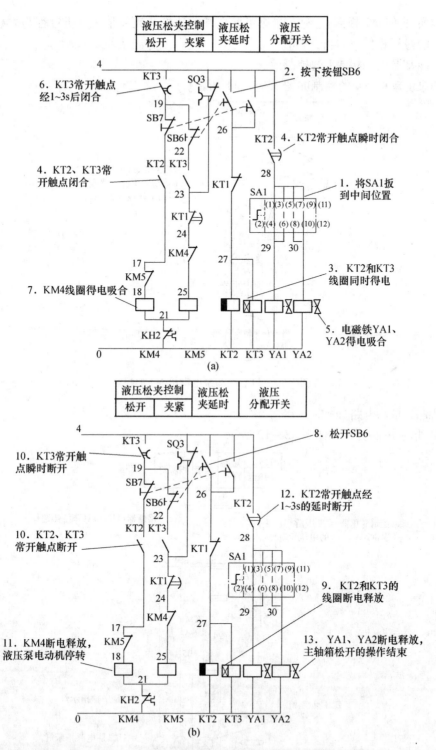

图 3 – 3 – 10   Z3050 型摇臂钻床立柱和主轴箱同时松开的控制

将转换开关 SA1 扳到右侧位置,则可使主轴箱单独松开或夹紧。分析过程与立柱和主轴箱同时松开的过程相似,请自行分析。

③ 立柱单独松、夹。

把转换开关 SA1 扳到左侧位置,则可使立柱单独松开或夹紧。分析过程与立柱和主轴箱同时松开的过程相似,请自行分析。

(5) 冷却泵电动机 M4 的控制。

冷却泵电动机 M4 的控制如图 3 – 3 – 11 所示。

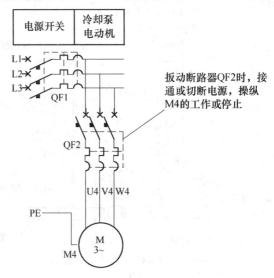

图 3 – 3 – 11　冷却泵电动机 M4 的控制

3) 照明、指示电路分析

照明、指示电路分析如图 3 – 3 – 12 所示。

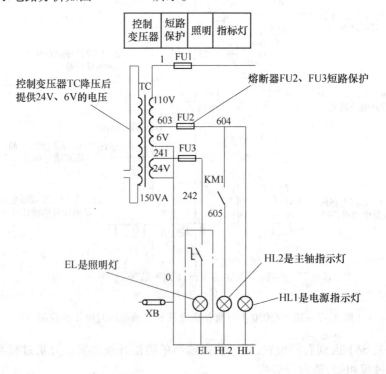

图 3 – 3 – 12　照明、指示电路分析

176

4）知识巩固

（1）填空题。

Z3050 摇臂钻床的摇臂的夹紧和放松是由_____配合_____自动进行的,并有夹紧、放松指示。

（2）选择题。

① Z3050 摇臂钻床上 4 台电动机的短路保护均由（　　）来实现。

A. 熔断器　　　　　B. 过电流继电器　　　　C.低压断路器

② Z3050 摇臂钻床的主轴（　　）。

A. 只能单向旋转　B. 由机械手柄操作正反转 C. 由电动机 M1 带动正反转

③ Z3050 摇臂钻床的摇臂升降电动机 M2 采用了（　　）。

A. 接触器联锁正反转控制　　　　　　　B. 按钮联锁正反转控制

C. 按钮和接触器双重联锁正反转控制

（3）问答题

结合图 3 – 3 – 3 所示 Z3050 摇臂钻床的电路图,回答问题:

① 行程开关 SQ2 的作用是什么?

② 简述摇臂下降的控制过程。

Z3050 型摇臂钻床电器元件明细见表 3 – 3 – 1。

表 3 – 3 – 1　Z3050 型摇臂钻床电器元件明细表

代号	名称	型号	规格	数量	用途
M1	主轴电动机	Y112M – 4	4kW、1440r/min	1	驱动主轴及进给
M2	摇臂升降电动机	Y90L – 4	1.5kW、1400r/min	1	驱动摇臂升降
M3	液压油泵电动机	Y802 – 4	0.75kW、1390 r/min	1	驱动液压系统
M4	冷却泵电动机	AOB – 5	90W、2800r/min	1	驱动冷却泵
QF1	低压断路器	DZ5 – 20/330FSH	10A、380V	1	电源总开关
QF2	低压断路器	DZ5 – 20/330H	0.3～0.45A、380V	1	冷却总开关
QF3	低压断路器	DZ5 – 20/330H	6.5A、380V	1	M2、M3 电源开关
KM1	接触器	CJ0 – 20B	20A、线圈电压 110V	1	控制主轴电动机
KM2～KM5	接触器	CJ0 – 10B	10A、线圈电压 110V	4	控制 M2、M3 正反转
FU1～FU3	熔断器	BZ – 001A	2A	3	控制、照明、指示短路保护
KT1～KT2	时间继电器	JJSK2 – 4	线圈电压 110V	2	
KT3	时间继电器	JJSK2 – 2	线圈电压 110V	1	
KH1	热继电器	JR10 – 20/3D	整定电流6.8～11A	1	M1 过载保护
KH2	热继电器	JR10 – 20/3D	整定电流 1.5～2.4A	1	M2 过载保护
TC	变压器	BK – 150	380/110 – 24 – 6V	1	控制、照明、指示电路电源
SB1	按钮	LAY3 – 11ZS/1		1	总停止
SB2	按钮	LAY3 – 11		1	主轴停止
SB3	按钮	LAY3 – 11D		1	主轴启动

代号	名称	型号	规格	数量	用途
SB4	按钮	LAY3 – 11		1	摇臂上升
SB5	按钮	LAY3 – 11		1	摇臂下降
SB6	按钮	LAY3 – 11		1	松开
SB7	按钮	LAY3 – 11		1	夹紧
SQ1	行程开关	HZ4 – 22		1	摇臂升降限位
SQ2 ~ SQ3	行程开关	LX5 – 11		2	松紧限位
SQ4	行程开关	JWM6 – 11		1	门限开关
YC1 ~ YC2	交流电磁铁	MFJ1 – 3	线圈电压 110V	2	液压分配
SA1	万能转换开关	LW6 – 2/8071		1	液压分配开关
HL1 ~ HL2	信号指示灯	XD1	6V	2	电源、主轴指示
EL	工作灯	JC – 25	24V	1	工作照明

4. 检修故障

1）Z3050 型摇臂钻床常见故障及处理方法

摇臂钻床电气控制的特殊环节是摇臂升降、立柱和主轴箱的夹紧与松开。Z3050 型摇臂钻床的工作过程是由电气、机械以及液压系统紧密配合实现的。因此，在维修中不仅要注意电气部分能否正常工作，而且也要注意它与机械和液压部分的协调关系。Z3050 型摇臂钻床常见故障及处理方法见表 3 - 3 - 2。

表 3 - 3 - 2　Z3050 型摇臂钻床电气控制线路的常见故障及处理方法

故障现象	可能的原因	处理方法
摇臂不能升降	行程开关 SQ2 不动作；电动机 M3 电源相序接反	首先检查行程开关 SQ2 是否动作，如果 SQ2 不动作，常见故障是 SQ2 的安装位置移动或已损坏。这样，摇臂虽已放松，但活塞杆压不上 SQ2，摇臂就不能升降。有时，液压系统发生故障，使摇臂放松不够，也会压合不上 SQ2，使摇臂不能运动。由此可见，SQ2 的位置非常重要，排除故障时，应配合机械、液压调整好后紧固。 另外，电动机 M3 电源相序接反时，按上升按钮 SB4（或下降按钮 SB5），M3 反转，使摇臂夹紧，压不上 SQ2，摇臂也就不能升降。所以，在钻床大修或安装后，一定要检查电源相序
摇臂升降后，摇臂夹不紧	SQ3 安装位置不合适，或固定螺丝松动造成 SQ3 移位	首先判断是液压系统的故障（如活塞杆阀芯卡死或油路堵塞造成的夹紧力不够），还是电气系统故障。对电气方面的故障，应重新调整 SQ3 的动作距离，固定好螺钉即可
立柱、主轴箱不能夹紧或松开	油路堵塞、接触器 KM4 或 KM5 不能吸合	应检查按钮 SB6、SB7 接线情况是否良好。若接触器 KM4 或 KM5 能吸合，M3 能运转，可排除电气方面的故障，则应请液压、机械修理人员检修油路，以确定是否是油路故障
摇臂上升或下降限位保护开关失灵	组合行程开关 SQ1 失灵	组合行程开关 SQ1 的失灵分两种情况：一是组合行程开关 SQ1 损坏；SQ1 触点不能因开关动作而闭合或接触不良使线路断开，由此使摇臂不能上升或下降；二是组合行程开关 SQ1 不能动作，触点熔焊，使线路始终处于接通状态，当摇臂上升或下降到极限位置后，摇臂升降电动机 M2 发生堵转，这时应立即松开 SB4 或 SB5。根据上述情况进行分析，找出故障原因，更换或修理失灵的组合开关 SQ1 即可

（续）

故障现象	可能的原因	处 理 方 法
按下 SB6,立柱、主轴箱能夹紧,但释放后就松开	菱形块和承压块的角度方向装错,或距离不适当;夹紧力调得太大或夹紧液压系统压力不够	找机械维修工调整菱形块和承压块的角度方向及距离,调整夹紧力或夹紧液压系统压力

2）检修故障

（1）学生观摩检修。在 Z3050 型摇臂钻床上人为设置自然故障点,由教师示范检修,边分析边检查,直至故障排除。故障设置时应注意以下几点:

① 人为设置的故障必须是模拟摇臂钻床在使用中,由于受外界因素影响而造成的自然故障。

② 切记设置更改线路或更换电器元件等由于人为原因而造成的非自然故障。

③ 对于设置一个以上故障点的线路,故障现象尽可能不要相互掩盖。如果故障相互掩盖,按要求应有明显检查顺序。

④ 设置的故障必须与学生应该具有的修复能力相适应。随着学生检修水平的逐步提高,再相应提高故障的难度等级。

⑤ 应尽量设置不容易造成人身或设备事故的故障点,如有必要时,教师必须在现场密切注意学生的检修动态,随时作好采取应急措施的准备。

（2）教师进行示范检修时,应将下述检修步骤及要求贯穿其中,边操作边讲解:

① 用通电试验法引导学生观察故障现象。

② 根据故障现象,依据电路图用逻辑分析法确定故障范围。

③ 采取正确的检查方法查找故障点,并排除故障。

④ 检修完毕进行通电试验,并做好维修记录。

（3）教师设置让学生事先知道的故障点,指导学生如何从故障现象着手进行分析,逐步引导学生采用正确的检修步骤和检修方法。

（4）教师设置故障点,由学生检修。

（5）检修注意事项

① 检修前要认真阅读电路图和接线图,熟练掌握各个控制环节的原理及作用,并认真仔细地观察教师的示范检修。

② 由于该类摇臂钻床的电气控制与机械结构和液压系统的配合十分密切,因此,在出现故障时,应首先判别出是机械故障、液压系统故障还是电气故障。

③ 根据故障现象,在电路图上用虚线正确标出故障电路的最小范围。然后采用正确地检查排故方法,在规定时间内查出并排除故障。

④ 检修时,严禁扩大故障范围或产生新的故障。

⑤ 带电检修时,必须有指导教师监护,以确保安全。工具和仪表使用要正确。

3）知识巩固

（1）判断题。

如果 Z3050 摇臂钻床的立柱、主轴箱不能加紧与放松,经检查无电气方面的故障,因此断

定可能出现了油路堵塞。(　　)

（2）问答题。

结合图 3 – 3 – 3 所示电路图,分析摇臂不能上升和下降、立柱不能夹紧、立柱不能松开、主轴不能启动、冷却泵电机不能启动的故障原因。

【任务评价】

项目	评价内容	配分	自我评价	小组评价	教师评价	综合评定
故障分析	1. 不能正确标出故障线段或标错在故障回路以外	10				
	2. 不能标出最小故障范围	10				
故障排除	1. 停电不验电	5				
	2. 仪表和工具使用方法正确	5				
	3. 不能查出故障	20				
	4. 检修步骤正确	5				
	5. 查出故障点但不能排除	10				
	6. 扩大故障范围或产生新故障	10				
	7. 损坏电器元件	5				
职业素质	1. 认真仔细的工作态度	5				
	2. 团结协作的工作精神	5				
	3. 听从指挥的工作作风	5				
	4. 安全及整理意识	5				
教师评语					成绩汇总	

任务四　X62W 型万能铣床电气控制线路的故障检修

【任务描述】

X62W 万能铣床在运行时发生故障,需要检修人员对其进行认真的检查,作出正确的判断,找出故障源,然后排除故障,填写维修记录。

【任务目标】

1. 熟练掌握 X62W 万能铣床线路的工作原理。
2. 熟练操作 X62W 万能铣床。
3. 掌握 X62W 万能铣床的常见故障。
4. 能观察故障现象,分析故障范围,采用正确的方法排除故障。

【任务课时】

20 小时

【任务实施】

1. 认识设备

铣床可用来加工平面、斜面、沟槽,装上分度头可以铣削直齿齿轮和螺旋面,装上圆工作台还可铣削凸轮和弧形槽,所以铣床在机械行业的机床设备中占有相当大的比重。铣床的种类很多,按照结构形式和加工性能的不同,可分为立式铣床、卧式铣床、龙门铣床、仿形铣床和专用铣床等。

万能铣床是一种通用的多用途机床,它可以用圆柱铣刀、圆片铣刀、角度铣刀、成型铣刀及端面铣刀等刀具对各种零件进行平面、斜面、螺旋面及成型表面的加工,还可以加装万能铣头、分度头和圆工作台等机床附件来扩大加工范围。常用的万能铣床有两种:一种是 X62W 型卧式万能铣床,铣头水平方向放置;另一种是 X52K 型立式万能铣床,铣头垂直方向放置。这两种铣床在结构上大体相似,差别在于铣头的放置方向不同,而工作台的进给方式、主轴变速的工作原理等都一样,电气控制线路经过系列化以后也基本一样。

1) X62W 型万能铣床

图 3 - 4 - 1 为 X62W 型万能铣床实物图。

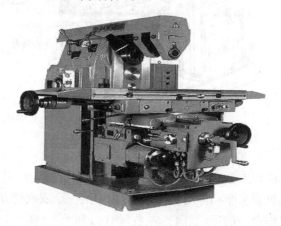

图 3 - 4 - 1 X62W 型万能铣床

2) X62W 型万能铣床型号

铣床的型号意义:

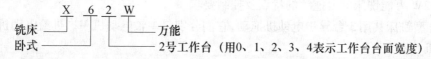

2. 了解结构

1) X62W 万能铣床的主要结构及运动形式

X62W 型万能铣床的外形结构如图 3 - 4 - 2 所示,它主要由床身、主轴、刀杆、悬梁、工作台、回转盘、横溜板、升降台、底座等几部分组成。箱形的床身固定在底座上,床身内装有主轴的传动机构和变速操作机构。在床身的顶部有水平导轨,上面装着带有一个或两个刀杆支架的悬梁。刀杆支架用来支撑铣刀心轴的一端,心轴的另一端则固定在主轴上,由主轴带动铣刀铣削。刀杆支架在悬梁上以及悬梁在床身顶部的水平导轨上都可以作水平移动,以便安装不同的心轴。在床身的前面有垂直导轨,升降台可沿着它上下移动。在升降台上面的水平导轨上,装有可在平行主轴轴线方向移动(前后移动)的溜板。溜板上部有可转动的回转盘,工作台就在溜板上部回转盘上的导轨上作垂直于主轴轴线方向移动(左右移动)。工作台上有 T 形槽,用来固定工件。这样,安装在工作台上的工件就可以在 3 个坐标上的 6 个方向调整位置或进给。

此外,由于回转盘相对于溜板可绕中心轴线左右转过一个角度(通常为 ±45°),因此,工作台在水平面上除了能在平行于或垂直于主轴轴线方向进给外,还能在倾斜方向进给,以加工燕尾槽;还可以在工作台上安装圆形工作台及其传动机构,用来进行铣切螺旋槽、弧形槽等,所以称为万能铣床。

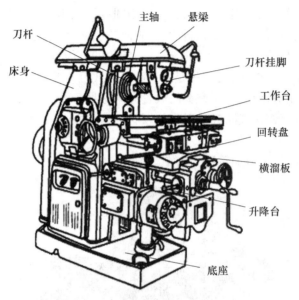

图 3 – 4 – 2 X62W 型万能铣床结构图

铣削是一种高效率的加工方式。铣床主轴带动铣刀的旋转运动是主运动,主轴转动是由主轴电动机通过弹性联轴器来驱动传动机构,当机构中的一个双联滑动齿轮块与齿轮啮合时,主轴即可旋转。铣床工作台的前后(横向)、左右(纵向)和上下(垂直)6 个方向的运动是进给运动,工作台由进给电动机驱动通过机械机构来实现 6 个方向的运行;铣床其他的运动,如圆工作台的旋转运动则属于辅助运动,也是由进给电动机驱动,通过附加的机械机构实现单方向旋转。

2) X62W 万能铣床电力拖动的特点及控制要求

X62W 型铣床共用 3 台异步电动机拖动,它们分别是主轴电动机 M1、进给电动机 M3 和冷却泵电动机 M2。

(1)铣削加工有顺铣和逆铣两种加工方式,所以要求主轴电动机能正反转,但考虑到正反转操作并不频繁(批量顺铣或逆铣),因此在铣床床身下侧电器箱上设置一个组合开关,用来改变电源相序,实现主轴电动机的正反转。由于主轴传动系统中装有稳定转速和避免震动的惯性轮,使主轴停车困难,所以主轴电动机采用电磁离合器来制动以实现准确停车。

(2)铣床的工作台要求有前后、左右、上下 6 个方向的进给运动和快速移动,所以也要求进给电动机能正反转,并通过操作手柄和机械离合器相配合来实现。进给的快速移动是通过电磁离合器和机械挂挡来完成的。为了扩大其加工能力,在工作台上可加装圆形工作台,圆形工作台的回转运动是由进给电动机经过附加传动机构来驱动的。

（3）主轴运动和进给运动采用变速盘进行速度选择，为保证变速时齿轮啮合良好，两种运动都要求具有变速冲动功能，实现变速时瞬时点动。

（4）根据加工工艺要求，该铣床应具有以下电气联锁措施：

① 为防止刀具和铣床的损坏，要求只有主轴旋转以后才允许进给运动和进给方向的快速移动。

② 为了减小加工件的表面粗糙度，只有进给停止以后主轴才能停止或同时停止。该铣床在电气上采用了主轴和进给同时停止的方式，但由于主轴运动的惯性很大，实际上就保证了进给运动先停止，主轴运动后停止的要求。

③ 6个方向的进给运动中同时只能有一种运动产生，铣床采用了机械操作手柄和行程开关相配合的方式来实现6个方向的联锁，既有机械联锁，又有电气联锁。

（5）当主轴电动机或冷却泵电动机过载时，进给运动必须立即停止，以免损坏刀具和铣床。

（6）要求有冷却系统，照明设备及各种保护措施。

3）知识巩固

（1）填空题。

① X62W万能铣床的结构主要由床身、悬梁、刀杆支架、_____ 、_____和_____等组成。

② 铣削加工是一种不连续的切削方式，为减小振动，主轴上装有_____，但这样会造成主轴停车困难，为实现准确停车主轴电动机采用_____制动。

③ 为保证变速后齿轮能良好啮合，X62W万能铣床主轴和进给变速后，都要求电动机做_____，即_____。

④ X62W万能铣床工作台的进给有6个方向，即_____、_____、_____、_____、_____和_____。

⑤ X62W万能铣床在加工过程中不需要频繁变换主轴旋转的方向，因此用_____来控制主轴电动机的正反转。

（2）选择题。

① X62W万能铣床的溜板装在升降台的水平导轨上，作平行主轴轴向的_____。

A. 横向移动　　　　　　B. 纵向移动　　　　　　C. 垂直移动

② 工作台进给没有采取制动措施，是因为_____。

A. 惯性小　　　　　　B. 速度不高且用丝杠传动　　C. 有机械制动

（3）判断题。

① X62W万能铣床的床身固定在底座上，内装有传动机构和变速操纵机构。（　　　）

② X62W万能铣床的升降台在床身前面有垂直导轨，升降台可沿导轨上、下移动。（　　　）

③ X62W万能铣床的顺铣和逆铣加工是由主轴电动机M1的正反转来实现的。（　　　）

④ 圆形工作台工作时，允许工作台有6个方向的进给运动。（　　　）

（4）问答题。

① X62W万能铣床的主要运动形式有哪些？

② X62W万能铣床的工件能在哪些方向上调整位置或进给？

3. 分析线路

X62W万能铣床控制线路如图3-4-3所示。

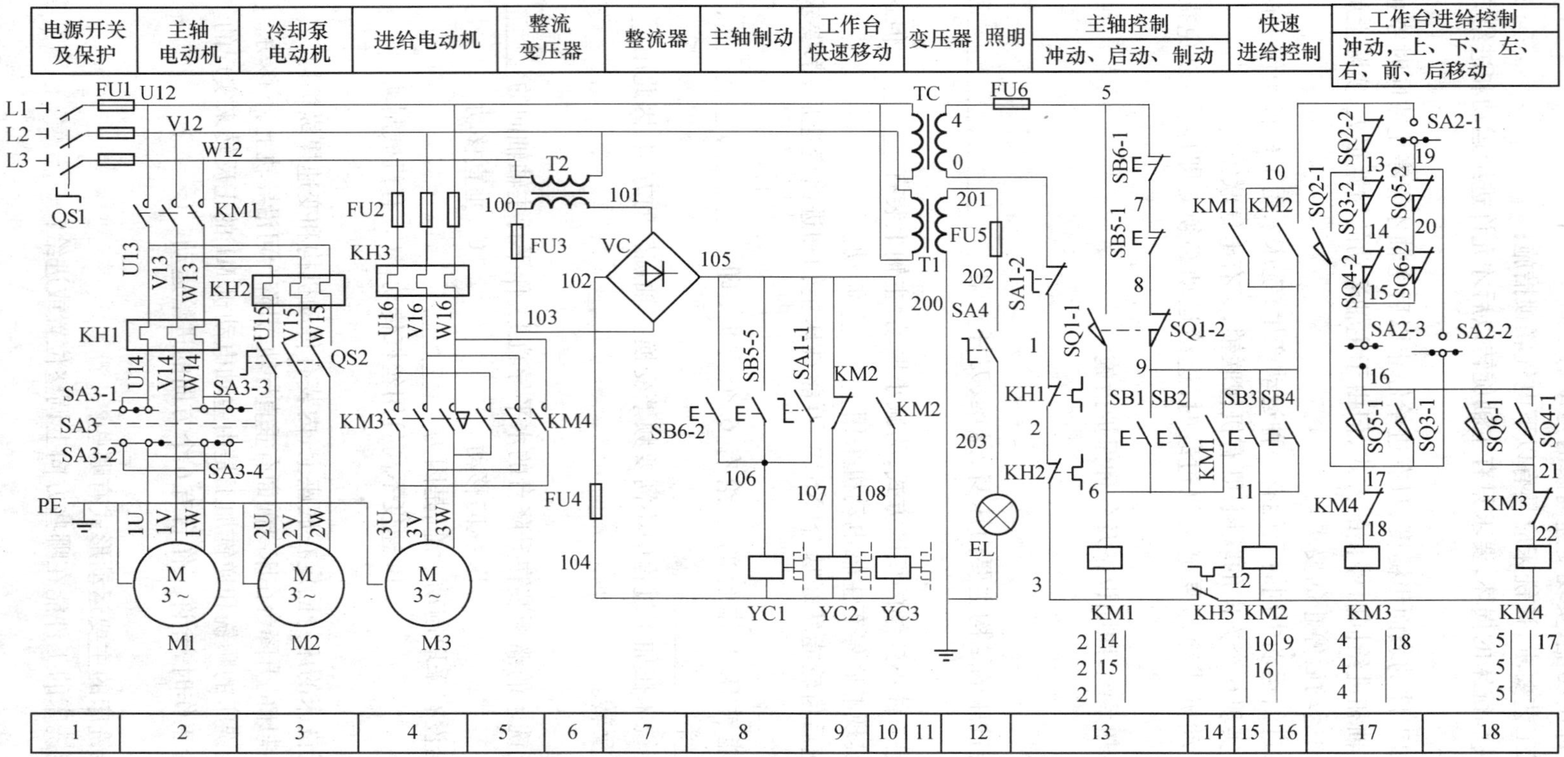

图3-4-3 X62W型万能铣床控制线路图

1）主电路分析

主电路中共有 3 台电动机,分析如图 3-4-4 所示。

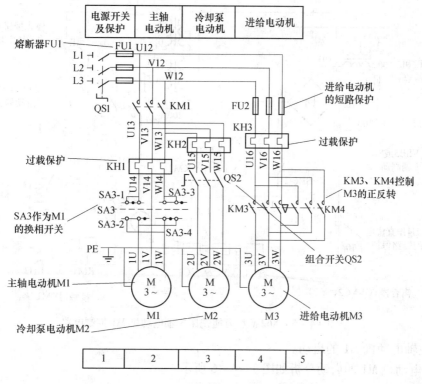

图 3-4-4 X62W 型万能铣床主电路分析

分析说明:

熔断器 FU1:主轴电动机和冷却泵电动机共用熔断器 FU1 作短路保护;

主轴电动机 M1:拖动主轴带动铣刀进行铣削加工;

冷却泵电动机 M2:供应切削冷却液;

进给电动机 M3:通过操作手柄和机械离合器的配合拖动工作台前后、左右、上下 6 个方向的进给运动和快速移动;

组合开关 QS2:主轴电动机 M1 启动后冷却泵电动机 M2 才能启动,由组合开关 QS2 控制。

2）控制电路分析

控制电路的电源由控制变压器 TC 输入 110V 电压供电,由熔断器 FU6 作短路保护。

（1）主轴电动机 M1 的控制。

主轴电动机 M1 的控制电路分析如图 3-4-5 所示。

分析说明:

变压器 T2 和整流电路 VC:为电磁离合器提供所需要的直流电源;

离合器 YC1、YC2、YC3:YC1 是主轴制动用的电磁离合器,YC2、YC3 为快速进给离合器;

接触器 KM1:KM1 是主轴电动机 M1 的启动接触器,主轴电动机 M1 采用两地控制方式（由 SB1、SB2、SB5、SB6 组成）,一组安装在工作台上,另一组安装在床身上。主轴电动机是经过弹性联轴器和变速机构的齿轮传动链来实现传动的,可使主轴具有 18 级不同的转速（30～1500r/min）。

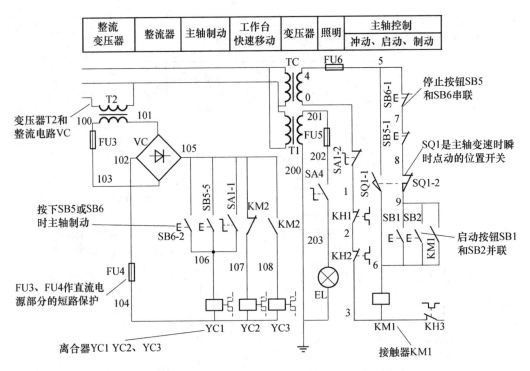

图3-4-5　X62W型万能铣床主轴电动机M1控制电路

① 主轴电动机 M1 的启动。

主轴电动机 M1 的启动分析如图3-4-6所示。

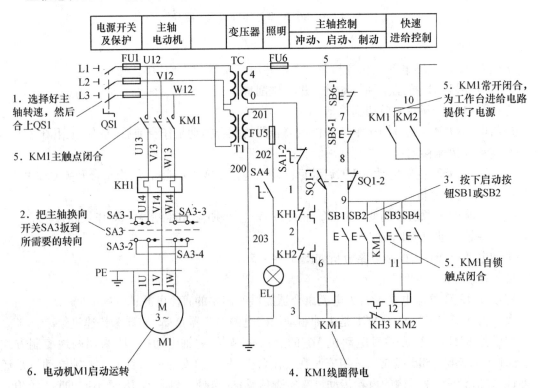

图3-4-6　X62W型万能铣床主轴电动机M1的启动分析

186

SA3 的位置及动作说明见表 3 - 4 - 1。

表 3 - 4 - 1 主轴换向开关 SA3 的位置及动作说明

位置	正转	停止	反转
SA3 - 1	—	—	+
SA3 - 2	+	—	—
SA3 - 3	+	—	—
SA3 - 4	—	—	+

② 主轴电动机 M1 的制动。

主轴电动机 M1 的制动分析如图 3 - 4 - 7 所示。

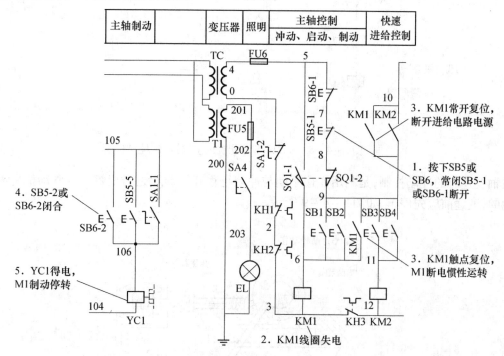

图 3 - 4 - 7 X62W 型万能铣床主轴电动机 M1 制动分析

③ 主轴换铣刀控制。

M1 停转后并不处于制动状态,主轴仍可自由转动。在主轴更换铣刀时,为避免主轴转动,造成换刀困难,应将主轴制动,如图 3 - 4 - 8 所示。

分析说明:

SA1 - 2 常闭打开:将转换开关 SA1 扳到换刀的位置,首先常闭触点 SA1 - 2 断开,切断了控制电路,使铣床无法运行,保证了人身安全;

SA1 - 1 常开复位:换刀结束以后,应将转换开关 SA1 扳回原位,常开触点 SA1 - 1 复位,电磁离合器 YC1 线圈失电,解除主轴制动;

SA1 - 2 常闭复位:同时常闭触点 SA1 - 2 复位,为主轴电动机的启动做好准备。

④ 主轴变速时的冲动控制(瞬时点动)。

主轴变速操纵箱装在床身左侧窗口上,主轴变速由一个变速手柄和一个变速盘来实现。

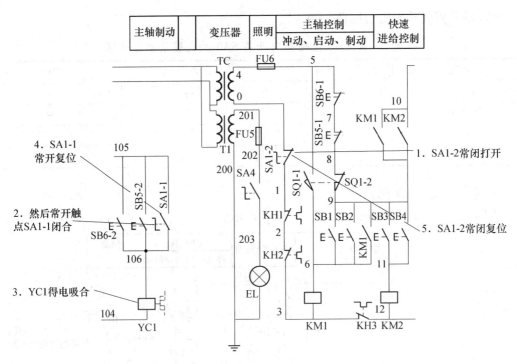

图 3－4－8　X62W 型万能铣床主轴换铣刀控制

主轴变速时的冲动控制,是利用变速手柄与冲动行程开关 SQ1 通过机械上的联动机构进行控制的,变速前应先停车,如图 3－4－9 所示。

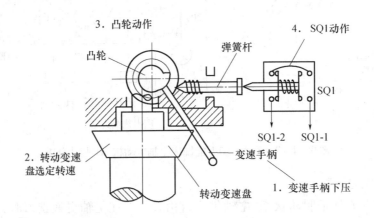

图 3－4－9　主轴变速冲动控制示意图

分析说明:

变速手柄下压:变速时,先把变速手柄下压,使手柄的榫块从定位槽中脱出,然后向外拉动手柄使榫块落入第二道槽内,使齿轮组脱离啮合。

转动转速盘:转动变速盘选定所需转速后,把手柄推回原位,使榫块重新落进槽内,使齿轮组重新啮合(这时已改变了传动比)。

凸轮动作:变速时为了使齿轮容易脱开和啮合,扳动手柄时电动机 M1 会产生一下冲动。在手柄拉出或推进时,手柄上装的凸轮将弹簧杆推动一下又返回。

SQ1 动作:此时弹簧杆推动一下行程开关 SQ1,使 SQ1 的常闭触点 SQ1－2(13 区)先分断,常开触点 SQ1－1(13 区)后闭合,接触器 KM1 瞬时得电动作,主轴电动机 M1 瞬时启动;紧接着凸轮放开弹簧杆,行程开关 SQ1 触点复位,接触器 KM1 断电释放,电动机 M1 断电。此时电动机 M1 因未制动而惯性旋转,使齿轮系统抖动,在抖动时刻,将变速手柄拉出来或推进去时,齿轮顺利分离或啮合。

操作变速手柄时应快速、连续,以免主轴电动机转速上升过快,发生碰齿将齿轮打坏。当瞬时点动过程中齿轮系统没有实现良好啮合时,可以重复上述过程直到啮合良好为止。

（2）进给电动机 M3 的控制。

① 工作台的左右进给运动。

工作台的左右进给运动分析电路如图 3－4－10 所示。

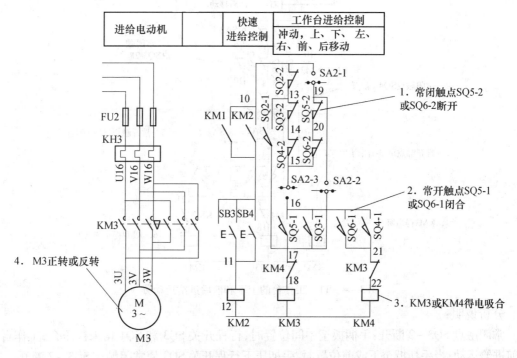

图 3－4－10　工作台的左右进给运动控制分析

分析说明:

常闭触点 SQ5－2 或 SQ6－2 断开:工作台的进给运动在主轴启动后方可进行。工作台的进给可在 3 个坐标的 6 个方向运动,但 6 个方向的运动是相互联锁的,不能同时接通。当手柄扳向右或左位置时,手柄压下行程开关 SQ5 或 SQ6,使常闭触点 SQ5－2 或 SQ6－2 断开。

M3 正转或反转:在行程开关 SQ5 或者 SQ6 被压合的同时,通过机械机构已将电动机 M3 的传动链与工作台下面的左右进给丝杠相搭合,进给电动机 M3 的正转或反转拖动工作台向右或向左运动。工作台向右或左进给到极限位置时,行程开关 SQ5 或 SQ6 复位,电动机的传动链与左右丝杠脱离,电动机 M3 停止转动,工作台停止进给,实现了左右运动的终端保护。

工作台左右进给手柄位置及其控制关系见表 3－4－2。

表3-4-2 工作台左右进给手柄位置及其控制关系·

手柄位置	行程开关动作	接触器动作	电动机 M3 转向	传动链搭合丝杠	工作台运动方向
右	SQ5	KM3	正转	左右进给丝杠	向右
中	—	—	停止	—	停止
左	SQ6	KM4	反转	左右进给丝杠	向左

② 工作台的上下和前后进给。

工作台的上下和前后进给电路分析如图3-4-11所示。

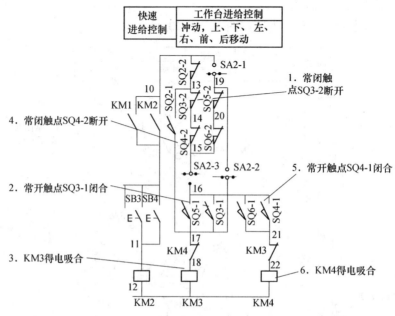

图3-4-11 工作台的上下和前后进给运动分

分析说明：

常闭触点 SQ3-2 断开：手柄扳至中间位置时,行程开关 SQ3 和 SQ4 均未被压合,工作台无任何进给运动;当手柄扳至下或前位置时,手柄压下行程开关 SQ3 使常闭触点 SQ3-2 断开。

KM3 得电吸合：接触器 KM3 得电动作,电动机 M3 正转,带动着工作台向下或向前运动。

常闭触点 SQ4-2 断开：当手柄扳向上或后时,手柄压下行程开关 SQ4,使常闭触点 SQ4-2 断开。

KM4 得电吸合：电动机 M3 反转,带动着工作台向上或向后运动。

工作台的上、下、中、前、后 进给手柄位置及其控制关系见表3-4-3。

表3-4-3 工作台上、下、中、前、后进给手柄位置及其控制关系

手柄位置	行程开关动作	接触器动作	电动机 M3 转向	传动链搭合丝杠	工作台运动方向
上	SQ4	KM4	反转	上下进给丝杠	向上
下	SQ3	KM3	正转	上下进给丝杠	向下
中	—	—	停止	—	停止
前	SQ3	KM3	正转	前后进给丝杠	向前
后	SQ4	KM4	反转	前后进给丝杠	向后

190

③ 圆形工作台的控制。

圆形工作台的控制如图 3 – 4 – 12 所示。

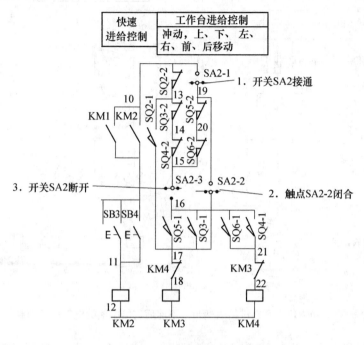

图 3 – 4 – 12　圆形工作台的控制

分析说明：

开关 SA2 接通：转换开关 SA2 就是用来控制圆形工作台的,当需要圆工作台旋转时,将开关 SA2 从断扳到通的位置,这时 SA2 – 1 和 SA2 – 3 断开；

触点 SA2 – 2 闭合：电流经 10→SQ2 – 2→13→SQ3 – 2→14→SQ4 – 2→15→SQ6 – 2→20→SQ5 – 2→19→SA2 – 2→17 路径,使接触器 KM3 得电,电动机 M3 启动,通过一根专用轴带动圆形工作台作旋转运动。

开关 SA2 断开：当不需要圆形工作台旋转时,转换开关 SA2 扳到断的位置,这时触点 SA2 – 1 和 SA2 – 3 闭合,触点 SA2 – 2 断开,以保证工作台在 6 个方向的进给运动。圆工作台的旋转运动和 6 个方向的进给运动也是相互联锁的。

圆形工作台选择开关 SA2 位置及其控制关系见表 3 – 4 – 4。

表 3 – 11　圆工作台选择开关位置及其控制关系

开关位置	SA2 – 1	SA2 – 2	SA2 – 3	接触器动作	圆工作台
接通	–	+	–	KM3	旋转
断开	+	–	+	–	停止

④ 左右进给手柄与上下前后进给手柄的电气联锁控制。

左右进给手柄与上下前后进给手柄的电气联锁控制如图 3 – 4 – 13 所示。

分析说明：

SQ5 – 2 或 SQ6 – 2 常闭断开：左右进给和上下前后进给分别用一个手柄操作控制,保

191

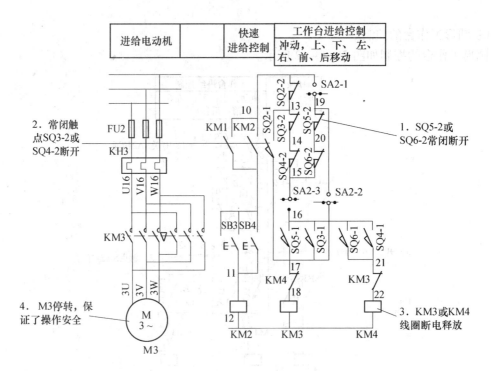

图 3 - 4 - 13 左右进给手柄与上下前后进给手柄的电气联锁控制

证左右进给之间和上下前后进给之间的机械联锁。这两个手柄,只能进行其中一个进给方向上的操作,当一个操作手柄被置定在某一进给方向后,另一个操作手柄必须置于中间位置。把左右进给手柄扳向一侧时,则 SQ5 或 SQ6 将被压下,常闭触点 SQ5 - 2 或 SQ6 - 2 将断开。

常闭触点 SQ3 - 2 或 SQ4 - 2 断开:此时扳动上下前后进给手柄,则 SQ3 或 SQ4 将被压下,常闭触点 SQ3 - 2 或 SQ4 - 2 将断开。

⑤ 进给变速时的冲动控制(瞬时点动)。

和主轴变速时一样,进给变速时,为使齿轮进入良好的啮合状态,也要进行变速时的冲动控制。进给变速时,必须先把进给操纵手柄放在中间位置,然后将进给变速盘(在升降台前面)向外拉出,选择好速度后,再将变速盘推进去。进给变速时的冲动控制(瞬时点动)如图 3 - 4 - 14 所示。

分析说明:

常闭触点 SQ2 - 2 断开:变速盘推进的过程中,挡块压下行程开关 SQ2,使常闭触点 SQ2 - 2 断开。

接触器 KM3 得电吸合:KM3 经 10→SA2 - 1→19→SQ5 - 2→20→SQ6 - 2→15→SQ4 - 2→14→SQ3 - 2→13→SQ2 - 1→17 路径得电吸合。

电动机 M3 点动:电动机 M3 启动;但随着变速盘拉出或推进到位时,行程开关 SQ2 复位,使 KM3 断电释放,M3 失电停转。这样使电动机 M3 瞬时点动一下,齿轮系统产生一次抖动,齿轮便轻松脱开或顺利啮合了。

⑥ 工作台的快速移动控制。

为了提高劳动生产率,减少生产辅助工时,在不进行铣削加工时,可使工作台快速移动。6

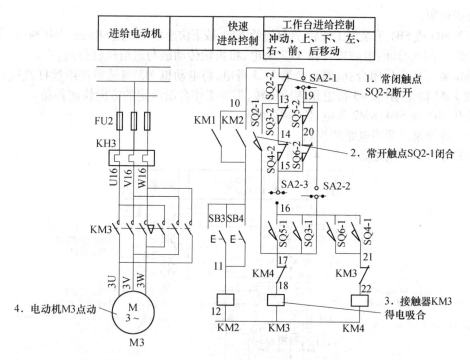

图 3 - 4 - 14　进给变速时的冲动控制（瞬时点动）

个进给方向的快速移动是通过两个进给操作手柄和快速移动按钮配合实现的。工作台的快速移动控制如图 3 - 4 - 15 所示。

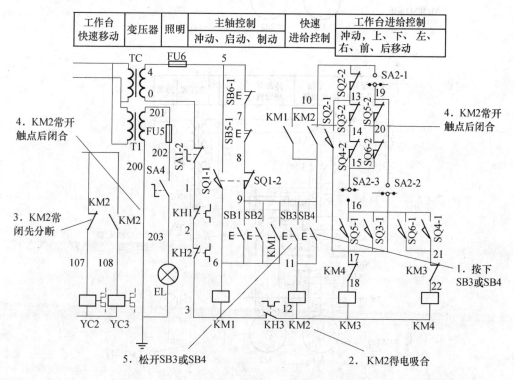

图 3 - 4 - 15　工作台的快速移动控制

分析说明:

按下 SB3 或 SB4:安装好工件后,选好进给方向,按下快速移动按钮 SB3 或 SB4(两地控制)。

KM2 常闭先分断:电磁离合器 YC2 失电,将齿轮传动链与进给丝杠分离。

KM2 常开触点后闭合:电磁离合器 YC3 得电,将电动机 M3 与选定进给丝杠直接搭合,使 KM3 或 KM4 得电动作,M3 得电正转或反转,带动工作台沿选定的方向快速移动。

松开 SB3 或 SB4:KM2 失电,快速移动停止。

(3)冷却泵及照明电路的控制。

冷却泵及照明电路如图 3-4-16 所示。

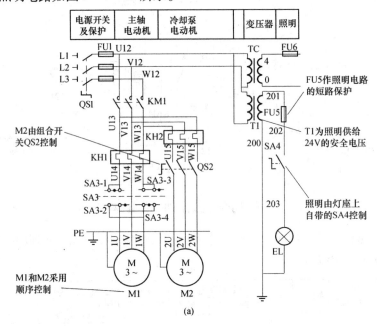

(a)

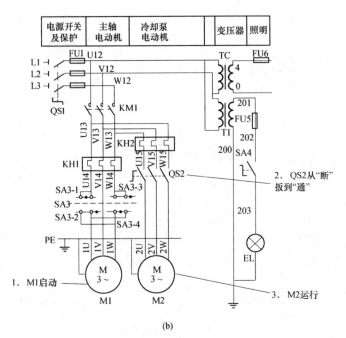

(b)

图 3-4-16　冷却泵及照明电路的控制

分析说明：

M1 启动：按下启动按钮后 KM1 得电，使主轴电动机 M1 启动。

QS2 从"断"扳到"通"：手动将组合开关 QS2 从"断"扳到"通"的位置。如果在主轴启动前，将组合开关 QS2 从"断"扳到"通"的位置，冷却泵与主轴同步启动。

M2 运行：冷却泵电动机 M2 运行；断开 QS2 或者主轴停止时，冷却泵电动机停止。

3）知识巩固

（1）选择题。

① 快速电磁离合器 YA 采用了_____电源。

A. 直流 　　　　　　　B. 交流 　　　　　　　C. 高频交流

② X62W 万能铣床的操作方法是_____。

A. 全用按钮 　　　　　B. 全用手柄 　　　　　C. 既有按钮又有手柄

③ X62W 万能铣床的主轴电动机 M1 要求正反转，不用接触器控制而用组合开关控制，是因为_____。

A. 接触器易损坏 　　　B. 正反转不频繁 　　　C. 操作方便

④ X62W 万能铣床主轴电动机 M1 制动采取_____。

A. 反接制动 　　　　　B. 电磁抱闸制动 　　　C. 电磁离合器制动

⑤ X62W 万能铣床若主轴未启动，工作台_____。

A. 不能有任何进给 　　B. 可以进给 　　　　　C. 可以快速进给

⑥ 圆形工作台的回转是由_____经传动机构驱动的。

A. 主轴电动机 M1 　　　B. 进给电动机 M2 　　　C. 冷却泵电动机 M3

⑦ 当左右进给操作手柄扳向右端时，将压合行程开关_____。

A. SQ1 　　　　　　　B. SQ2 　　　　　　　C. SQ3

D. SQ4 　　　　　　　E. SQ5 　　　　　　　F. SQ6

⑧ 当上下前后进给操作手柄扳向上端时，将压合行程开关_____。

A. SQ1 　　　　　　　B. SQ2 　　　　　　　C. SQ3

D. SQ4 　　　　　　　E. SQ5 　　　　　　　F. SQ6

⑨ 由于 X62W 万能铣床圆形工作台的通电线路经过_____，所以任意一个进给手柄不在零位时，都将使圆形工作台停下来。

A. 进给系统行程开关的所有常闭触点

B. 进给系统行程开关的所有常开触点

C. 进给系统行程开关的所有常开及常闭触点

（2）判断题。

① 为了提高工作效率，X62W 万能铣床要求主轴和进给能同时启动和停止。（　　　）

② X62W 万能铣床工作台的快速运动是由专门的电动机拖动的。（　　　）

③ 进给操作手柄被置定于某一个方向后，电动机 M2 只能朝一个方向旋转，其传动链也只能与一根丝杠搭合。（　　　）

④ 圆形工作台加工不需要调速，也不要求正反转。（　　　）

（3）问答题。

结合图 3-4-3 所示 X62W 型万能铣床原理图，回答以下问题：

① 主轴变速时产生瞬时冲动的目的是什么？简述其变速冲动的控制过程。

② 进给控制电路中接触器 KM1(8-13)辅助常开触点串联的作用是什么?

③ 在主轴停转时,反接制动的过程是什么?

④ 简述工作台向右快速移动的控制过程。

X62W 万能铣床电器元件明细见表 3-4-5。

表 3-4-5　X62W 型万能铣床电器元件明细表

代号	名称	型号	规格	数量	用途
M1	主轴电动机	Y132M-4-B3	7.5kW、380V、1450r/min	1	驱动主轴
M3	进给电动机	Y90L-4	1.5kW、380V、1400r/min	1	驱动进给
M2	冷却泵电动机	JCB-22	125W、380V、2790r/min	1	冷却泵冷却
QS1	开关	HZ10-60/3J	60A、380V	1	电源总开关
QS2	开关	HZ10-10/3J	10A、380V	1	冷却泵开关
SA1	开关	LS2-3A		1	换刀开关
SA2	开关	HZ10-10/3J	10A、380V	1	圆工作台开关
SA3	开关	HZ3-133	10A、500V	1	M1 换向开关
FU1	熔断器	RL1-60	60A、熔体50A	3	电源短路保护
FU2	熔断器	RL1-15	15A、熔体10A	3	进给短路保护
FU3、FU6	熔断器	RL1-15	15A、熔体4A	2	整流、控制电路短路保护
FU4、FU5	熔断器	RL1-15	15A、熔体2A	2	直流、照明电路短路保护
KH1	热继电器	JR0-40	整定电流16A	1	M1 过载保护
KH2	热继电器	JR10-10	整定电流0.43A	1	M2 过载保护
KH3	热继电器	JR10-10	整定电流3.4A	1	M3 过载保护
T2	变压器	BK-100	380/36V	1	整流电源
TC	变压器	BK-150	380/110V	1	控制电路电源
T1	照明变压器	BK-50	50VA、380/24V	1	照明电源
VC	整流器	2CZ×4	5A、50V	1	整流用
KM1	接触器	CJ0-20	20A、线圈电压110V	1	主轴启动
KM2	接触器	CJ0-10	10A、线圈电压110V	1	快速进给
KM3	接触器	CJ0-10	10A、线圈电压110V	1	M2 正转
KM4	接触器	CJ0-10	10A、线圈电压110V	1	M2 反转
SB1、SB2	按钮	LA2	绿色	2	启动 M1
SB3、SB4	按钮	LA2	黑色	2	快速进给点动
SB5、SB6	按钮	LA2	红色	2	停止、制动
YC1	电磁离合器	B1DL-Ⅲ		1	主轴制动
YC2	电磁离合器	B1DL-Ⅱ		1	正常进给

代号	名称	型号	规格	数量	用途
YC3	电磁离合器	B1DL－Ⅱ		1	快速进给
SQ1	行程开关	LX3－11K	开启式	1	主轴冲动开关
SQ2	行程开关	LX3－11K	开启式	1	进给冲动开关
SQ3	行程开关	LX3－131	单轮自动复位	1	
SQ4	行程开关	LX3－131	单轮自动复位	1	M2 正、反转及联锁
SQ5	行程开关	LX3－11K	开启式	1	
SQ6	行程开关	LX3－11K	开启式	1	

4. 检修故障

1）X62W 万能铣床常见故障及处理方法

X62W 万能铣床常见故障及处理方法见表 3－4－6。

表 3－4－6　X62W 万能铣床电气控制线路的常见故障及其检修方法

故障现象	可能的原因	处理方法
工作台各个方向都不能进给	进给电机不能启动	首先检查圆工作台的控制开关 SA2 是否在"断"位置。若没问题，接着检查控制主轴电动机的接触器，KM1 是否已经吸合动作。如果接触器 KM1 不能得电，则表明控制回路电源有故障，可检测控制变压器 TC 是否正常，熔断器是否熔断。待电压正常，接触器 KM1 吸合主轴旋转后，若各个方向仍无进给运动，可扳动进给手柄至各个运动方向，观察其相关的接触器是否吸合动作。当相应的接触器吸合动作，则表明故障发生在主回路和进给电动机上，常见的故障有接触器主触点接触不良、主触点脱落、机械卡死、电动机接线脱落和电动机绕组断路等。除此以外，由于经常扳动操作手柄，开关受到冲击，使行程开关 SQ3、SQ4、SQ5、SQ6 的位置发生变动或被撞坏，使线路处于断开状态。变速冲动开关 SQ2－2 在复位时不能闭合接通，或接触不良，也会使工作台没有进给
主轴电动机 M1 不能启动	开关是否处于正常工作位置接线脱落、接触不良	首先检查各开关是否处于正常工作位置。然后检查三相电源、熔断器、热继电器的常闭触点、两地启停按钮以及接触器 KM1 的情况，看有无电器损坏、接线脱落、接触不良、线圈断路等现象。另外，还应检查主轴变速冲动开关 SQ1，因为由于开关位置移动甚至撞坏，或常闭触点 SQ1－2 接触不良而引起线路的故障也不少见
工作台能向左、右进给，不能向前、后、上、下进给	行程开关 SQ5 或 SQ6 由于经常被压合，使螺钉松动、开关位移、出线头接触不良、开关机构卡住等，使线路断开或开关不能复位闭合，电路中 39－41－33 出现断路	检修故障时，用万用表欧姆挡测量 SQ5－2 或 SQ6－2 的接触导通情况，查找故障部位，修理或更换元件，就可排除故障。注意在测量 SQ5－2 或 SQ6－2 的接通情况时，应操作前后上下进给手柄，使 SQ3－2 或 SQ4－2 断开，否则通过 19－10－13－14－15－20 导通，会误认为 SQ5－2 或 SQ6－2 接触良好
工作台能向前、后、上、下进给，不能向左右进给	行程开关 SQ3、SQ4 出现故障	故障的原因及排除方法可参照上例说明进行分析，不过故障元件可能是行程开关的常闭触点 SQ3－2 或 SQ4－2

故障现象	可能的原因	处 理 方 法
工作台不能快速移动，主轴制动失灵	电磁离合器工作不正常所致	首先应检查接线有无松脱，整流变压器 T2、熔断器 FU3、FU4 的工作是否正常，整流器中的 4 个整流二极管是否损坏。若有二极管损坏，将导致输出直流电压偏低，吸力不够。其次，电磁离合器线圈是用环氧树脂粘合在电磁离合器的套筒内，散热条件差，易发热而烧毁。另外，由于离合器的动摩擦片和静磨擦片经常摩擦，因此它们是易损件，查修时也不可忽视这些问题
变速时不能冲动控制	冲动行程开关 SQ1 或 SQ2 经常受到频繁冲击而不能正常工作	修理或更换开关，并调整好开关的动作距离，即可恢复冲动控制

2）检修故障

（1）学生观摩检修。在 X62W 万能铣床上人为设置自然故障点，由教师示范检修，边分析边检查，直至故障排除。故障设置时应注意以下几点：

① 人为设置的故障必须是模拟万能铣床在使用中，由于受外界因素影响而造成的自然故障。

② 切记设置更改线路或更换电器元件等由于人为原因而造成的非自然故障。

③ 对于设置一个以上故障点的线路，故障现象尽可能不要相互掩盖。如果故障相互掩盖，按要求应有明显检查顺序。

④ 设置的故障必须与学生应该具有的修复能力相适应。随着学生检修水平的逐步提高，再相应提高故障的难度等级。

⑤ 应尽量设置不容易造成人身或设备事故的故障点，如有必要时，教师必须在现场密切注意学生的检修动态，随时作好采取应急措施的准备。

（2）教师进行示范检修时，应将下述检修步骤及要求贯穿其中，边操作边讲解：

① 用通电试验法引导学生观察故障现象。

② 根据故障现象，依据电路图用逻辑分析法确定故障范围。

③ 采取正确的检查方法查找故障点，并排除故障。

④ 检修完毕进行通电试验，并做好维修记录。

（3）教师设置让学生事先知道的故障点，指导学生如何从故障现象着手进行分析，逐步引导学生采用正确的检修步骤和检修方法。

（4）教师设置故障点，由学生检修。

（5）检修注意事项。

① 检修前要认真阅读电路图和接线图，熟练掌握各个控制环节的原理及作用，并认真仔细地观察教师的示范检修。

② 由于该类铣床的电气控制与机械结构的配合十分密切，因此，在出现故障时，应首先判别出是机械故障还是电气故障。

③ 根据故障现象，在电路图上用虚线正确标出故障电路的最小范围。然后采用正确地检查排故方法，在规定时间内查出并排除故障。

④ 排除故障的过程中，不得采用更换电器元件、借用触点或改动线路的方法修复故障点。检修时，严禁扩大故障范围或产生新的故障。

⑤ 带电检修时,必须有指导教师监护,以确保安全。工具和仪表使用要正确。

3)知识巩固

结合图 3-4-3 所示电路图,分析主轴电动机 M1 不能启动,工作台各个方向都不能进给,工作台能向左、右进给,不能向前、后、上、下进给,工作台不能快速移动,主轴制动失灵,变速时不能冲动控制的故障原因。

【任务评价】

项目	评价内容	配分	自我评价	小组评价	教师评价	综合评定
故障分析	1. 不能正确标出故障线段或标错在故障回路以外	10				
	2. 不能标出最小故障范围	10				
故障排除	1. 停电不验电	5				
	2. 仪表和工具使用方法正确	5				
	3. 不能查出故障	20				
	4. 检修步骤正确	5				
	5. 查出故障点但不能排除	10				
	6. 扩大故障范围或产生新故障	10				
	7. 损坏电器元件	5				
职业素质	1. 认真仔细的工作态度	5				
	2. 团结协作的工作精神	5				
	3. 听从指挥的工作作风	5				
	4. 安全及整理意识	5				
教师评语					成绩汇总	

任务五 T68 型卧式镗床电气控制线路的故障检修

【任务描述】

T68 型卧式镗床在运行时发生故障,需要检修人员对其进行认真的检查,作出正确的判断,找出故障源,然后排除故障,填写维修记录。

【任务目标】

1. 熟练掌握 T68 型卧式镗床线路的工作原理。
2. 熟练操作 T68 型卧式镗床。
3. 掌握 T68 型卧式镗床的常见故障。
4. 能观察故障现象,分析故障范围,采用正确的方法排除故障。

【任务课时】

20 小时

【任务实施】

1. 认识设备

镗床主要用于加工精确的孔和各孔间相互位置要求较高的零件,而这些工作的加工对于钻床来说是难以胜任的。

T68 型卧式镗床的结构是镗床中应用较广的一种,主要用于钻孔、镗孔、铰孔及加工端平面等,使用一些附件后,还可以车削螺纹。

1) T68 型卧式镗床实物图

如图 3 - 5 - 1 所示。

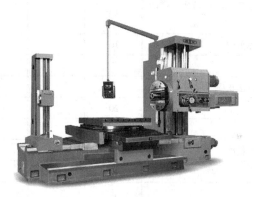

图 3 - 5 - 1　T68 型卧式镗床

2) T68 型卧式镗床型号

该镗床型号意义:

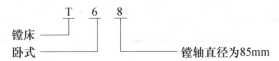

2. 了解结构

1) T68 卧式镗床的主要结构及运动形式

T68 型卧式镗床的结构如图 3 - 5 - 2 所示,主要由床身、前立柱、镗头架、工作台、后立柱和尾架等部分组成。

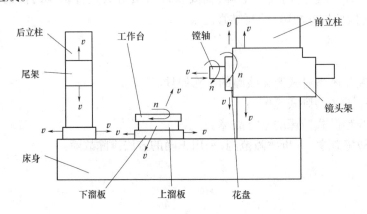

图 3 - 5 - 2　T68 型卧式镗床结构示意图

床身是一个整体铸件,在它的一端固定有前立柱,前立柱的垂直导轨上装有镗头架,镗头架可沿着导轨垂直移动。镗头架里集中地装有主轴、变速箱、进给箱与操纵机构等部件。切削刀具固定在镗轴前端的锥形孔里,或装在花盘的刀具溜板上,在工作过程中,镗轴一面旋转,一面沿轴向作进给运动。花盘只能旋转,装在上面的刀具溜板可作垂直于主轴轴线方向的径向进给运动。镗轴和花盘轴是通过单独的传递链传动,因此可以独立转动。

后立柱的尾架是用来支承装夹在镗轴上的镗杆末端的,它与镗头架同时升降,两者的轴线始终在一直线上。后立柱可沿床身水平导轨在镗轴的轴线方向调整位置。

安装工件的工作台安置在床身中部的导轨上,它由上溜板、下溜板与可转动的工作台组成。工作台可作平行于和垂直于镗轴轴线方向的移动,并可转动。

由以上分析可知,T68 型卧式镗床的运动形式有三种:

(1)主运动:镗轴与花盘的旋转运动。

(2)进给运动:镗轴的轴向进给、花盘上刀具的径向进给、镗头的垂直进给、工作台的横向和纵向进给。

(3)辅助运动:工作台的旋转、后立柱的水平移动、尾架的垂直移动及各部分的快速移动。

2)T68 卧式镗床的电力拖动特点及控制要求

T68 型卧式镗床的主运动与常速进给运动是由同一台双速电动机 M1 来拖动,各方向的运动由相应的手柄选择各自的传动链来实现。各方向的快速运动由另一台电动机 M2 拖动。

(1)为了适应各种工件的加工工艺要求,主轴旋转和进给都应有较大的调速范围。T68型卧式镗床要求采用双速笼形异步电动机作为主拖动电动机 M1,并采用机电联合调速,这样既扩大了调速范围又使机床传动机构简化。

(2)进给运动和主轴及花盘旋转采用同一台主电动机 M1 拖动,由于进给运动有几个方向(主轴轴向、花盘径向、主轴垂直方向、工作台横向、工作台纵向),所以要求主电动机能正反转,并有高低两种速度供选择。主拖动电动机 M1 由接触器 KM4 和 KM5 控制绕组由△形换接成 YY 形,进行高、低速转换。低速时直接启动,高速时,先低速启动运行,而后自动转换成高速运行,以减小启动电流。各方向的进给应有机械联锁和电气联锁。

(3)各进给方向均能快速移动,T68 型卧式镗床要求采用一台快速电动机拖动,正反两个方向都能提供点动功能。

(4)为适应调整的需要,要求主拖动电动机能够正反点动,并且带有制动,T68 型卧式镗床要求采用反接制动。主轴和进给变速均可在运行中进行,变速时,主电动机自动切换到低速正转,变速结束后,自动恢复到原方向运行。

3)知识巩固

(1)T68 卧式镗床主要由床身、_____、_____工作台、后立柱和_____等组成。

(2)T68 卧式镗床主体运动有_____和_____。

(3)T68 卧式镗床的进给运动有_____、花盘的径向进给、_____、工作台的横向进给、_____。

(4)T68 卧式镗床的主轴采用_____电动机拖动。

(5)主轴变速和进给变速设低速_____环节。

3. 分析线路

T68 型卧式镗床电路图如图 3 - 5 - 3 所示。

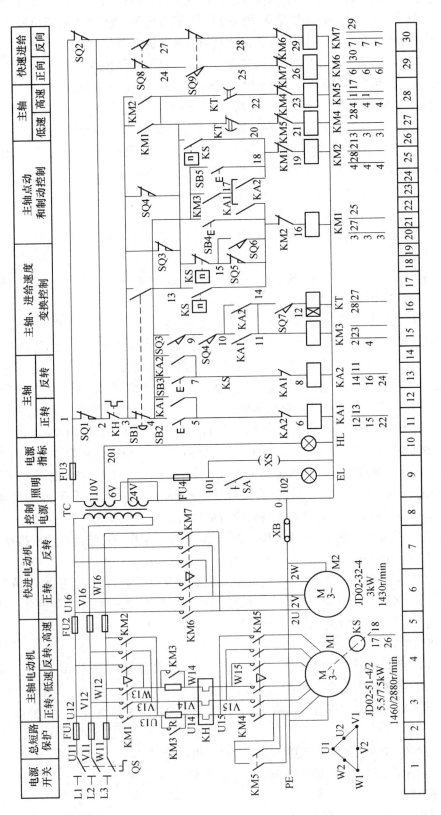

图3-5-3　T68型卧式镗床电气控制线路图

1）主电路分析

T68 型卧式镗床主电路分析如图 3 – 5 – 4 所示。

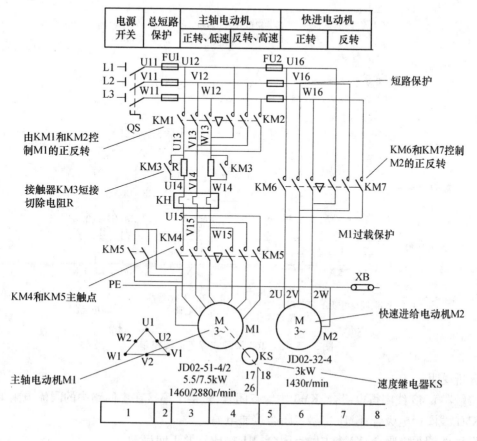

图 3 – 5 – 4　T68 型卧式镗床主电路分析

分析说明：

接触器 KM3 短接切除电阻 R：为了降低反接制动时的电流，在电动机 M1 定子回路中串入电阻 R，同时正常时用接触器 KM3 短接切除电阻 R。

KM4 和 KM5 主触点：由接触器 KM4 和 KM5 控制绕组由△形换接成 YY 形，进行高、低速转换。

主轴电动机 M1：通过变速箱等传动机构带动主轴及花盘旋转，以及主轴轴向、花盘径向、主轴垂直方向、工作台横向、工作台纵向的进给，同时还带动润滑油泵。

速度继电器 KS：作为电动机 M1 停止时反接制动。

快速进给电动机 M2：带动主轴的轴向进给、主轴箱的垂直进给（尾座随主轴箱同时运动）及工作台的横向和纵向进给的快速进给移动。

2）控制电路分析

（1）主轴电动机 M1 的控制。

① 正反转控制。

主轴电动机 M1 正转控制如图 3 – 5 – 5 所示。

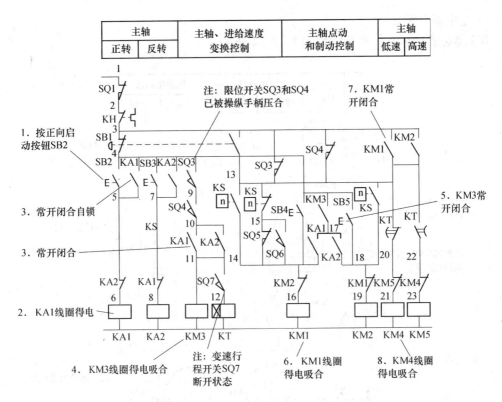

图 3 - 5 - 5 T68 型卧式镗床正转控制

分析说明：

接触器 KM3 线圈得电吸合：KM3 主触点闭合，短接了串接在主回路中的限流电阻 R。

KM1 线圈得电吸合：KM1 主触点闭合接通电源。

KM4 线圈得电吸合：KM4 主触点闭合，M1 接成△形正向启动。

SB3 是反转按钮，反转过程与前面叙述的过程相似，请自行分析。

② 点动控制。

T68 型卧式镗床正转点动控制如图 3 - 5 - 6 所示。

分析说明：

KM4 线圈得电吸合：KM1 和 KM4 的主触点都闭合，M1 接成△形并串入电阻 R 正转点动。

SB5 是反转点动按钮，点动过程与正转点动叙述的过程相似，请自行分析。

③ 停车制动控制。

当主轴电动机 M1 正转时的停车制动控制如图 3 - 5 - 7 所示。

分析说明：

速度继电器 KS 常开闭合：当主轴电动机 M1 正转，并且转速达到 120r/min 以上时，速度继电器 KS 常开触点闭合，为反接制动做好准备。

KM1 线圈失电：KM1 主触点断开，主轴电动机 M1 断电作惯性运动。

分析说明：

KM4 得电吸合：KM2 和 KM4 主触点闭合，电动机 M1 串电阻 R 反接制动。

KS 常开触点断开：当转速降至 120r/min 左右时，KS 常开触点断开，KM2 和 KM4 线圈断电释放，反接制动结束。

204

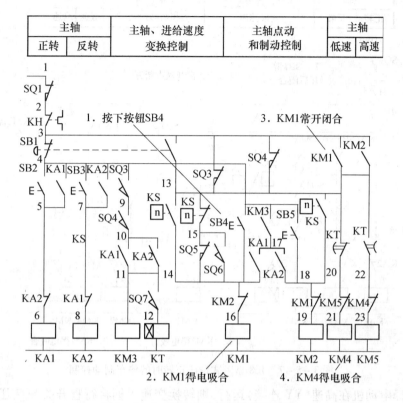

图 3 - 5 - 6　T68 型卧式镗床点动控制

电动机 M1 反转时制动和上述过程类似，请自行分析。

④ 高低速转换控制。

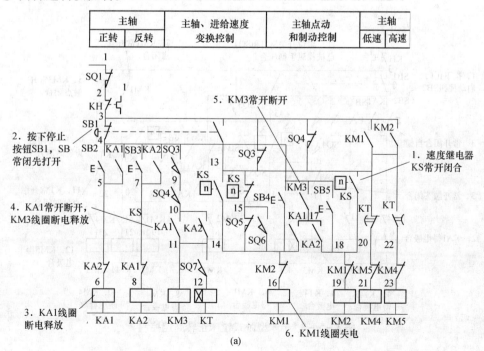

(a)

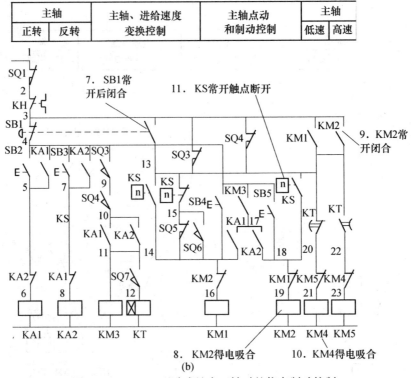

图 3 - 5 - 7　T68 型卧式镗床正转时的停车制动控制

如果选择电动机在高速(YY 连接)运行,则转换变速手柄将行程开关 SQ7 压合。电动机正转高速(YY 连接)控制如图 3 - 5 - 8 所示。

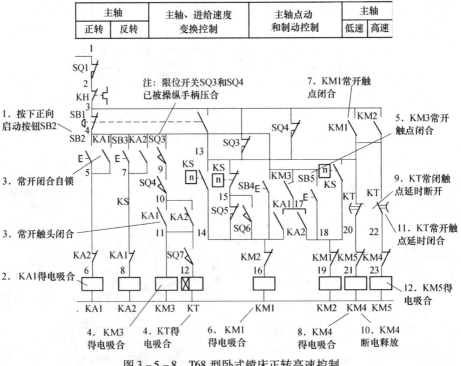

图 3 - 5 - 8　T68 型卧式镗床正转高速控制

分析说明:

KM3 得电吸合:KM3 主触点(2 区和 4 区)闭合,短接了串接在主回路中的限流电阻 R。

KM1 得电吸合:KM1 主触点闭合接通电源。

KM4 得电吸合:KM4 主触点闭合,M1 接成△形正向启动。

KM5 得电吸合:KM5 主触点闭合,主轴电动机 M1 接成 YY 高速运行。

⑤ 主轴变速及进给变速控制。

主轴正转时,如果变速,可不必停机。低速正转时的主轴变速控制如图 3 – 5 – 9 所示。

分析说明:

行程开关 SQ3 断开:将主轴变速操纵盘的操作手柄拉出,与变速手柄有机械联系的行程开关 SQ3 不再受压而断开。

KM4 继续得电:接触器 KM4 线圈继续维持得电,电动机 M1 串电阻 R 反接制动。

KS 常开触点断开:当转速降至 120r/min 左右时,KS 常开触点断开,KM2 及 KM4 线圈断电释放,反接制动结束。这时将变速操纵盘转到所需的转速位置,再把手柄推回原位,SQ3 重新压合,接触器 KM3、KM1、KM4 线圈得电吸合,电动机 M1 启动,主轴以新选定的速度恢复原方向运转。

分析说明:

SQ5 常闭:不进行变速时,变速冲动行程开关 SQ5 被手柄压合,SQ5 的常闭触点处于断开状态。变速时,若因齿轮未啮合,手柄就合不上,此时 SQ5 不再受压,SQ5 的常闭触点闭合,KM1 线圈得电吸合,这时电动机 M1 串电阻慢速正向启动。

KS 常闭触点:当速度高于 120r/min 时,KS 的常闭触点断开,KM1 线圈断电释放,转速下降,当转速下降至 40r/min 左右时,KS 的常闭触点复位,KM1 线圈又得电吸合,电动机 M1 再

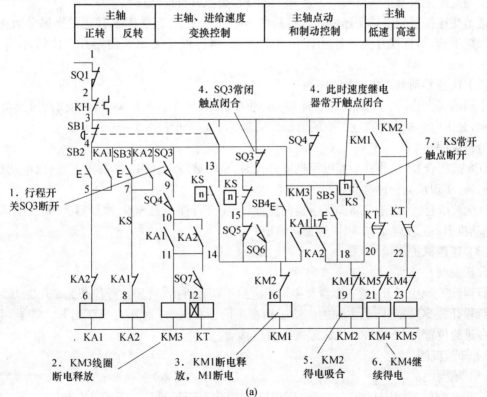

(a)

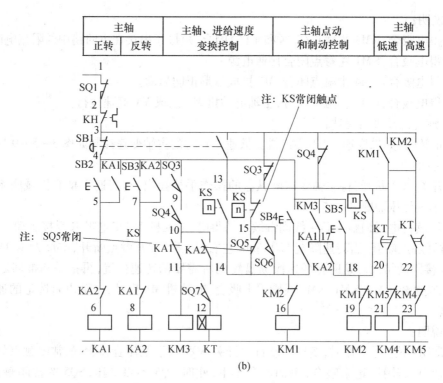

主轴		主轴、进给速度	主轴点动	主轴	
正转	反转	变换控制	和制动控制	低速	高速

注: KS常闭触点

注: SQ5常闭

(b)

图 3-5-9　T68 型卧式镗床正转时的主轴变速控制

次慢速启动,重复动作,直至齿轮啮合好之后,手柄可以顺利地合上,变速冲动结束。

主轴高速正转及主轴反转时变速和上述过程类似,请自行分析。

进给变速控制与主轴变速控制过程基本相同,只是在进给变速时,拉出的操纵手柄是进给变速操纵手柄,将行程开关 SQ4 由闭合变为断开,将行程开关 SQ6 由断开变成闭合,请自行分析。

(2) 快速移动电动机 M2 的控制。

主轴的转向进给、主轴箱(包括尾座)的垂直进给、工作台的纵向进给和横向进给等的快速移动,是由电动机 M2 通过相应的机械传动来完成的,如图 3-5-10 所示。

分析说明:

SQ8 被压合:将快速移动操纵手柄向外拉时,SQ8 被压合,KM7 线圈得电吸合,电动机 M2 反向启动,实现反向快速移动。

SQ9 被压合:将快速移动操纵手柄向里推时,压合行程开关 SQ9,接触器 KM6 线圈得电吸合,电动机 M2 正转启动,实现快速正向移动。

(3) 连锁保护装置,如图 3-5-11 所示。

分析说明:

行程开关 SQ1 断开:当工作台及主轴箱进给手柄在进给位置时,行程开关 SQ1 断开。

行程开关 SQ2 断开:当主轴的进给手柄在进给位置时,行程开关 SQ2 断开。如果两个手柄都在进给位置,便不能开动机床或进行快速移动。

3) 知识巩固

(1) 填空题。

① T68 型卧式镗床共由_____三相异步电动机驱动,即_____ M1 和_____ M2。

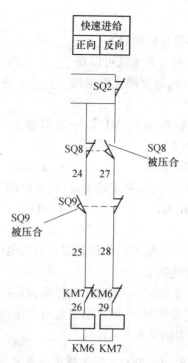

图 3 - 5 - 10 T68 型卧式镗床快速移动电动机 M2 的控制

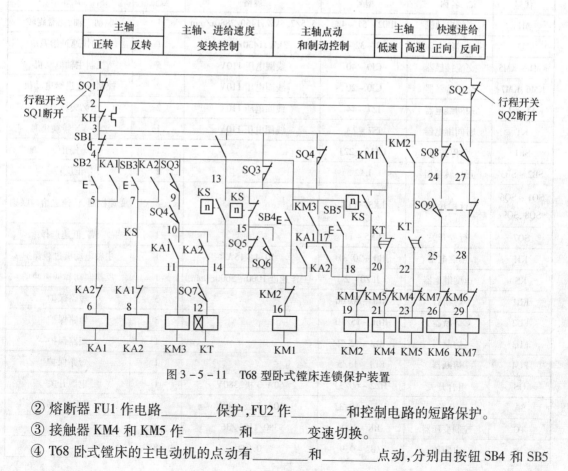

图 3 - 5 - 11 T68 型卧式镗床连锁保护装置

② 熔断器 FU1 作电路_____保护,FU2 作_____和控制电路的短路保护。

③ 接触器 KM4 和 KM5 作_____和_____变速切换。

④ T68 卧式镗床的主电动机的点动有_____和_____点动,分别由按钮 SB4 和 SB5

控制。

⑤ T68 卧式镗床的主电动机反转时,KS _____转。

⑥ T68 卧式镗床的主轴或进给变速既可以在_____时进行,又可以在镗床_____中变速。为使变速齿轮更好地啮合,可接通主电动机_____的电路。

（2）单选题。

① T68 型卧式镗床的主轴电动机 M1 是一台双速异步电动机,低速时定子绕组为_____联结,高速时定子绕组为_____联结。

A. 三角形　　　　　　B. 星形　　　　　　C. 双星行　　　　　　D. 双三角

② T68 型卧式镗床主轴启动时,如果主轴不转,检查电动机_____控制回路。

A. M4　　　　　　　　B. M1　　　　　　　C. M3　　　　　　　D. M2

（3）判断题。

① T68 型卧式镗床主电路中电阻器的作用是限制启动电流。（　　　）

② T68 卧式镗床常采用能耗制动。（　　　）

③ T68 型卧式镗床电动机的安装时,一般起吊装置需最后撤去。（　　　）

④ T68 型卧式镗床电动机的安装时,一般起吊装置可中途撤去。（　　　）

T68 型卧式镗床电器元件明细见表 3 - 5 - 1。

表 3 - 5 - 1　T68 型卧式镗床电器元件明细表

代号	名称	型号	规格	数量	用途
M1	主轴电动机	JD02 - 51 - 4/2	5.5/7.5kW,1460/2880r/min	1	驱动主轴、花盘旋转
M2	快速进给电动机	J02 - 32 - 4	3kW,1430r/min	1	驱动快速进给系统
KM1 ~ KM5	交流接触器	CJ0 - 40	线圈电压 110V	5	控制主轴电动机
KM6、KM7	交流接触器	CJ0 - 20	线圈电压 110V	2	控制快速进给电动机
KA1、KA2	中间继电器	JZ7 - 44	线圈电压 110V	2	记忆旋转方向
KT	时间继电器	JS7 - 2A	线圈电压 110V	1	△ - YY 转换延时
SB1	急停按钮	LA18 - 22J		1	停止
SB2 ~ SB3	正反转按钮	LA2		2	正反转
SQ1 ~ SQ6 SQ8、SQ9	行程开关	LX3 - 11K		8	变速控制、快速进给与联锁
SQ7	行程开关	LX5 - 11		1	高、低速选择
KH	热继电器	JR0 - 20/3D	10.4 ~ 15A	1	主轴电动机过载保护
KS	速度继电器	JFZ0 - 2	工作速度 1000 ~ 3600r/min	1	反接制动和低速冲动
FU1	熔断器	RL1 - 60/60		3	短路保护
FU2	熔断器	RL1 - 15/10		3	短路保护
FU3	熔断器	RL1 - 15/2		1	短路保护
FU4	熔断器	RL1 - 15/5		1	短路保护
QS	组合开关	HZ2 - 60/3J	60A、3 极、380V	1	电源开关
SA	开关	HZ2 - 10/3J	10A、3 极、380V	1	工作灯开关
TC	控制变压器	BK - 100	380/110V/36	1	
R	电阻器	ZB2 - 0.9	0.9Ω	8	

代号	名称	型号	规格	数量	用途
HL	指示灯	XD1	110V	1	电源指示
EL	工作灯	JC – 25	36V	1	
XS	插座	T 型		1	手灯使用插座

4. 检修故障

1）T68 型卧式镗床常见故障及可能的原因

T68 型镗床的控制线路不太复杂,电动机数量较少,机械传动系统比较复杂。因此在检修时要注意机械部分是否有故障。电气控制线路最大的特点在于使用中间继电器 KA1、KA2 记忆原始旋转方向,利用时间继电器进行反接制动,以及变速时的低速冲动。在检查时注意检查行程开关的状态。双速电动机进行速度变换时,注意电源相序要改变,否则电动机的转向会发生变化。T68 型卧式镗床常见故障及可能的原因见表 3 – 5 – 2。

表 3 – 5 – 2　T68 型卧式镗床电气控制线路的常见故障及可能的原因

故障现象	可能的原因
机床不能启动	（1）电源电压太低 （2）电源开关 QS 接触不良或损坏 （3）熔断器 FU1、FU2 或 FU3 熔断 （4）热继电器 KH 常闭触点接触不良或过载脱扣 （5）行程开关 SQ1、SQ2 闭合触点接触不良或损坏 （6）按钮 SB1、SB2 触点接触不良或损坏 （7）中间继电器 KA1、KA2 线圈损坏 （8）中间继电器 KA1、KA2 的常开或常闭触点损坏或接触不良 （9）接触器 KM1 或 KM2、KM3 线圈控制回路有故障 （10）KM1、KM2 常开触点损坏或接触不良
主轴电动机 M1 只有高速挡,或只有低速挡没有高速挡	（1）时间继电器 KT 线圈损坏或者其触点出现损坏,造成 KT 不动作,只有低速 （2）时间继电器延时触点熔焊或机械原因卡住,造成只有高速无低速 （3）行程开关 SQ7 损坏或安装位置移动,造成 SQ7 总是处于通或断状态,若 SQ7 总处于通的状态,主轴电动机 M1 只有高速;若 SQ7 总处于断开状态,则主轴电动机 M1 只有低速 （4）低速接触器 KM4 或高速接触器 KM5 触点熔焊或机械卡住,造成系统只有低速或者只有高速
主轴电动机 M1 无制动	（1）速度继电器 KS 旋转时两个方向的常开触点接触不良 （2）主轴电动机 M1 与速度继电器 KS 连接不好或损坏 （3）急停按钮的常开触点损坏或接触不良使得电动机制动时无法接通反方向的接触器进行反接制动
主轴电动机 M1 制动太强烈	（1）接触器 KM3 线圈损坏 （2）KM3 主触点烧坏或接触不良 （3）制动限流电阻 R 未接好
主轴或进给变速手柄拉出后,主轴电动机 M1 不能制动;或变速完毕,合上手柄后,主轴电动机不能恢复到原转向	（1）行程开关 SQ3、SQ4、SQ5、SQ6 位置偏移、触点接触不良 （2）行程开关 SQ3、SQ6 绝缘击穿短路导致变速时无制动或变速后不能恢复到原始状态

故障现象	可 能 的 原 因
变速时齿轮卡住，手柄推合不上，主轴电动机 M1 不能缓速运行	（1）行程开关 SQ5 或 SQ6 调整不当，没有接通或损坏 （2）速度继电器 KS 常闭触点接触不良 （3）行程开关 SQ3 或 SQ4 常闭触点接触不良或损坏，造成变速时，无低速冲动功能
主轴或工作台及主轴箱无快速进给	（1）行程开关 SQ1 和 SQ2 未压好或触点接触不良 （2）接触器 KM7 或 KM6 线圈损坏 （3）行程开关 SQ8 或 SQ9 触点接触不良或损坏

2）检修故障

（1）学生观摩检修。在 T68 型卧式镗床上人为设置自然故障点，由教师示范检修，边分析边检查，直至故障排除。故障设置时应注意以下几点：

① 人为设置的故障必须是模拟卧式镗床在使用中，由于受外界因素影响而造成的自然故障。

② 切记设置更改线路或更换电器元件等由于人为原因而造成的非自然故障。

③ 对于设置一个以上故障点的线路，故障现象尽可能不要相互掩盖。如果故障相互掩盖，按要求应有明显检查顺序。

④ 设置的故障必须与学生应该具有的修复能力相适应。随着学生检修水平的逐步提高，再相应提高故障的难度等级。

⑤ 应尽量设置不容易造成人身或设备事故的故障点，如有必要时，教师必须在现场密切注意学生的检修动态，随时作好采取应急措施的准备。

（2）教师进行示范检修时，应将下述检修步骤及要求贯穿其中，边操作边讲解：

① 用通电试验法引导学生观察故障现象。

② 根据故障现象，依据电路图用逻辑分析法确定故障范围。

③ 采取正确的检查方法查找故障点，并排除故障。

④ 检修完毕进行通电试验，并做好维修记录。

（3）教师设置让学生事先知道的故障点，指导学生如何从故障现象着手进行分析，逐步引导学生采用正确的检修步骤和检修方法。

（4）教师设置故障点，由学生检修。

（5）检修注意事项：

① 检修前要认真阅读电路图和接线图，熟练掌握各个控制环节的原理及作用，并认真仔细地观察教师的示范检修。

② 由于镗床的电气控制与机械结构的配合十分密切，因此，在出现故障时，应首先判别出是机械故障还是电气故障。

③ 根据故障现象，在电路图上用虚线正确标出故障电路的最小范围。然后采用正确地检查排故方法，在规定时间内查出并排除故障。

④ 排除故障的过程中，不得采用更换电器元件、借用触点或改动线路的方法修复故障点。检修时，严禁扩大故障范围或产生新的故障。

⑤ 带电检修时，必须有指导教师监护，以确保安全。工具和仪表使用要正确。

3）知识巩固

结合图 3 – 5 – 3 所示电路图,分析主轴电动机 M1 只有高速挡,或只有低速挡没有高速挡,主轴电动机 M1 无制动,主轴或工作台及主轴箱无快速进给的故障原因。

【任务评价】

项目	评价内容	配分	自我评价	小组评价	教师评价	综合评定
故障分析	1. 不能正确标出故障线段或标错在故障回路以外	10				
	2. 不能标出最小故障范围	10				
故障排除	1. 停电不验电	5				
	2. 仪表和工具使用方法正确	5				
	3. 不能查出故障	20				
	4. 检修步骤正确	5				
	5. 查出故障点但不能排除	10				
	6. 扩大故障范围或产生新故障	10				
	7. 损坏电器元件	5				
职业素质	1. 认真仔细的工作态度	5				
	2. 团结协作的工作精神	5				
	3. 听从指挥的工作作风	5				
	4. 安全及整理意识	5				
教师评语					成绩汇总	

任务六　桥式起重机电气控制线路的故障检修

【任务描述】

20/5t 桥式起重机在运行时发生故障,需要检修人员对其进行认真的检查,作出正确的判断,找出故障源,然后排除故障,填写维修记录。

【任务目标】

1. 熟练掌握 20/5t 桥式起重机电气控制线路的工作原理。
2. 熟练操作 20/5t 桥式起重机。
3. 掌握 20/5t 桥式起重机的常见故障。
4. 能观察故障现象,分析故障范围,采用正确的方法排除故障。

【任务课时】

30 小时

【任务实施】

1. 认识设备

起重机是一种用来吊起或放下重物并使重物在短距离内水平移动的起重设备,广泛应用于工矿企业、车站、港口、仓库、建筑工地等场所,以完成各种繁重的任务,改善人们的劳动条件,提高劳动效率,是现代化生产不可缺少的工具之一。

起重设备按结构分,有桥式、塔式、门式、旋转式和缆索式等。不同结构的起重设备分别应用在不同的场所,如建筑工地使用的塔式起重机;码头、港口使用的旋转式起重机;生产车间使用的桥式起重机;车站货场使用的门式起重机。

起重机按起吊的质量可划分为三级,小型为5~10t,中型为10~50t,重型为50t以上。

桥式起重机的应用最为广泛,并具有一定的代表性,桥式起重机俗称行车或天车。常见的桥式起重机有5t、10t单钩及15/3t、20/5t双钩等几种。

1)20/5t桥式起重机实物如图3-6-1所示。

图3-6-1 20/5t桥式起重机

(2)20/5t桥式起重机

型号意义:

主钩20t,副钩5t

2.了解结构

1)20/5t桥式起重机的主要结构及运动形式

桥式起重机由桥架、大车行走机构、小车运行机构及操作室等几部分组成,其结构示意图如图3-6-2所示。

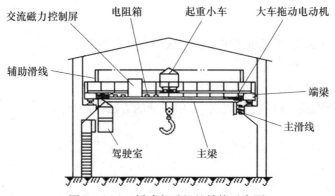

图3-6-2 桥式起重机的结构示意图

桥架是桥式起重机基本构件,由主梁、端梁、走台等几部分组成。主梁跨架在车间的上空,其两端连有端梁,端梁上的轮子放置在桥式起重机行走的轨道上。主梁外侧装有检修时需要的行走台,并在外侧装有安全护栏。桥式起重机的桥架上装有大车行走机构、控制屏、电阻箱、小车运行轨道以及辅助滑线。桥架一端装有控制操作室,另一端装有引入电源的电刷架。

大车行走机构由驱动电动机、制动器、传动轴、减速器和车轮等几部分组成。其驱动方式有集中驱动(一台电动机带动一根传动轴连接两端车轮)和分别驱动(两台电动机分别带动两端的轮子)两种。目前我国生产的桥式起重机,大部分采用分别驱动方式,它具有自重轻、安装维护方便等优点。整个起重机在大车行走机构驱动下,沿车间长度方向纵向运行。

小车运行机构由小车架、小车行走机构和提升机构组成。小车架由钢板焊成,其上装有小车行走机构、升降机构、上限位开关。小车可沿桥式主梁上的轨道横向移动,在小车运行方向的两端装有缓冲器和限位开关。小车行走机构由电动机、减速器、小轨道、制动器等组成,电动机经减速器后带动主动轮使小车运行。提升机构由电动机、减速器、卷筒、制动器等组成,提升电动机通过制动轮、联轴器与减速器连接,减速器输出轴与起吊卷筒相连。20/5t桥式起重机上装有主、副两个吊钩,主钩用来提升重物,副钩除可提升轻物外,在其额定负载范围内也可协同主钩完成工件吊运,但不允许主、副钩同时提升两个物件。每个吊钩在单独工作时均只能起吊重量不超过额定重量的重物;当主、副钩同时工作时,物件重量不允许超过主钩起重量。

操作室是用来供操作者操控桥式起重机,操作室内主要装有凸轮控制器、主令电器、控制柜等。通过操控大车纵向移动和小车横向移动,可以使桥式起重机在整个车间范围内进行起重运输。

通过桥式起重机的结构分析可知,其运动形式有三部分,即由大车拖动电动机驱动的纵向运动,由小车拖动电动机驱动的横向运动以及由提升电动机驱动的重物升降运动,每种运动都要求有限位保护。

2) 20/5t桥式起重机的电力拖动特点及控制要求

(1) 20/5t桥式起重机的供电特点。

20/5t桥式起重机的电源电压为交流380V,由公共的交流电源供给,由于起重机在工作时是经常移动的,并且,大车与小车之间、大车与厂房之间都存在着相对运动,因此,要采用可移动的电源设备供电。一种是采用软电缆供电,软电缆可随大、小车的移动而伸长和叠卷,多用于小型起重机(一般10t以下);另一种常用的方法是采用滑触线和集电刷供电,三根主滑触线是沿着平行于大车轨道的方向敷设在车架厂房的一侧。三相交流电源经由三根主滑触线与滑动的集电刷,引入起重机驾驶室内的保护控制柜上,再从保护控制柜上引出两相电源至凸轮控制器,用以控制电动机的启停和正反转,另一相称为电源的公用相,它直接从保护控制柜接到各电动机的定子接线端。

另外,为了便于供电及各电气设备之间的连接,20/5t桥式起重机在桥架的另一侧装设了21根辅助滑触线,滑触线通常采用角钢、圆钢、V形钢或工字钢等刚性导体制成。

(2) 20/5t桥式起重机对电力拖动的要求。

① 由于桥式起重机工作环境比较恶劣,不但在多灰尘、高温、高湿下工作,而且经常在重载下进行频繁启动、制动、反转、变速等操作,要承受较大过载和机械冲击。因此,要求电动机具有较高的机械强度和较大的过载能力,同时还要求电动机的启动转矩大、启动电流小,故多选用绕线转子异步电动机拖动。

② 由于起重机的负载为恒转矩负载,所以采用恒转矩调速。当改变转子外接电阻时,电动机便可获得不同转速。但转子中加电阻后,其机械特性变软,一般重载时,转速可降低到额定转速的50% ~ 60%。

③ 要有合理的升降速度,空载、轻载要求速度快,以减少辅助工时;重载时要速度慢。

④ 提升开始和重物下降到预定位置附近时,需要低速,所以在30%额定速度内应分成几挡,以便灵活操作。

⑤ 提升的第一级为预备级,是为了消除传动间隙和张紧钢丝绳,以免过大的机械冲击。所以启动转矩不能过大,一般限制在额定转矩的一半以下。

⑥ 起重机的负载力矩为位能性反抗力矩,因而电动机可以运行在电动状态、再生发电状态和倒拉反转制动状态。为了保证人身与设备的安全,停车必须采用安全可靠的制动方式。

⑦ 应具有必要的零位、短路、过载和终端保护。

(3) 20/5t 桥式起重机电气设备及控制、保护装置。

整个起重机的保护环节由交流保护柜和交流磁力控制屏来实现。各控制电路用熔断器 FU1、FU2 作为短路保护;为了保障维修人员的安全,在驾驶室舱门盖上装有安全开关 SQ7;在横梁两侧栏杆门上分别装有安全开关 SQ8、SQ9;为了在发生紧急情况时,操控人员能立即切断电源,防止事故扩大,在保护柜上还装有一只单刀单掷的紧急开关 QS4。上述各开关在电路中均使用常开触点,与副钩、小车、大车的过电流继电器的常闭触点相串联,这样,当驾驶室舱门或横梁栏杆门开启时,主接触器 KM 线圈不能得电运行,或在运行中也会断电释放,使起重机的全部电动机都不能启动运转,保证了人身安全。

电源总开关 QS1、熔断器 FU1 与 FU2、主接触器 KM、紧急开关 QS4 以及过电流继电器 KA0 ~ KA5 都安装在保护柜上。保护柜、凸轮控制器及主令控制器均安装在驾驶室内,以便于司机操作。

起重机各移动部分均采用行程开关作为行程限位保护。它们分别是:行程开关 SQ1、SQ2 是小车横向限位保护;行程开关 SQ3、SQ4 是大车纵向限位保护;行程开关 SQ5、SQ6 分别作为主钩和副钩提升的限位保护。当移动部件的行程超过极限位置时,利用移动部件上的挡铁压开行程开关,使电动机断电并制动,保证了设备的安全运行。其中,行程开关 SQ6 的安装位置在副钩提升电动机附近,因此为了节省一根滑触线,直接将行程开关 SQ6 的一端与电动机上的 W13 相连。

起重机的导轨及金属桥架应当进行可靠的接地保护。

3) 知识巩固

(1) 填空题。

① 桥式起重机由_____、_____、_____及_____等几部分组成。

② 桥式起重机的桥架上装有_____、_____、_____、_____以及辅助滑线。

③ 大车行走机构由_____、_____、_____、_____和车轮等几部分组成。

④ 操作室是用来供操作者操控桥式起重机,操作室内主要装有_____、_____、_____、_____等。

⑤ 桥式起重机的保护环节_____和_____来实现。

⑥ 桥式起重机的_____、_____及_____均安装在驾驶室内,以便于司机操作。

⑦ 桥式起重机各移动部分均采用_____作为行程限位保护。

⑧ 起重机上的移动电动机和提升电动机均采用_____制动。

(2) 判断题。

① 目前我国生产的桥式起重机,大部分采用集中驱动方式。(　　)

② 20/5t 桥式起重机允许主、副钩同时提升两个物件。(　　)

③ 通过操控大车纵向移动,可以使桥式起重机在整个车间范围内进行起重运输。(　　)

④ 凸轮控制器 AC1、AC2、AC3 分别控制小车电动机 M2、副钩电动机 M1、大车电动机 M3、

M4。（　　）

⑤ 桥式起重机轨道及金属桥架应当进行可靠的接地保护。（　　）

（3）问答题。

20/5t 桥式起重机有哪些保护环节？

3. 分析线路

20/5t 桥式起重机凸轮控制器、主令电器的触点分合表如图 3 - 6 - 3 所示,控制线路如图 3 - 6 - 4 所示。

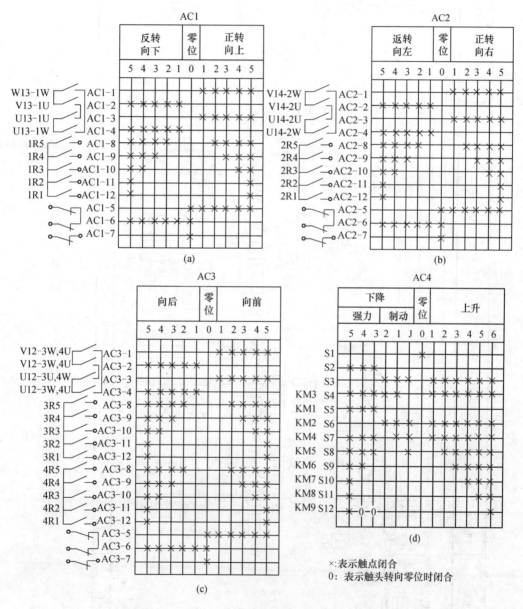

×:表示触点闭合

0: 表示触头转向零位时闭合

图 3 - 6 - 3　20/5t 桥式起重机凸轮控制器和主令电器触点分合表

（a）副钩凸轮控制器触点分合表;（b）小车凸轮控制器触点分合表;

（c）大车凸轮控制器触点分合表;（d）主令电器触点分合表。

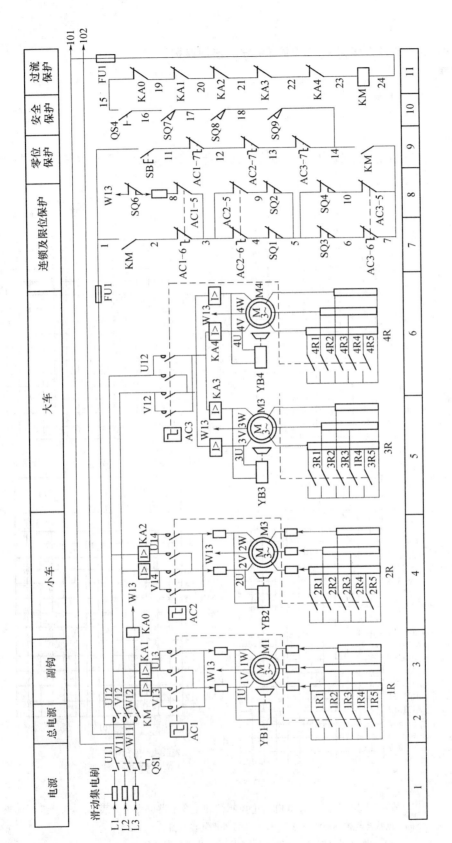

图3-6-4　20/5t桥式起重机控制线路（1）

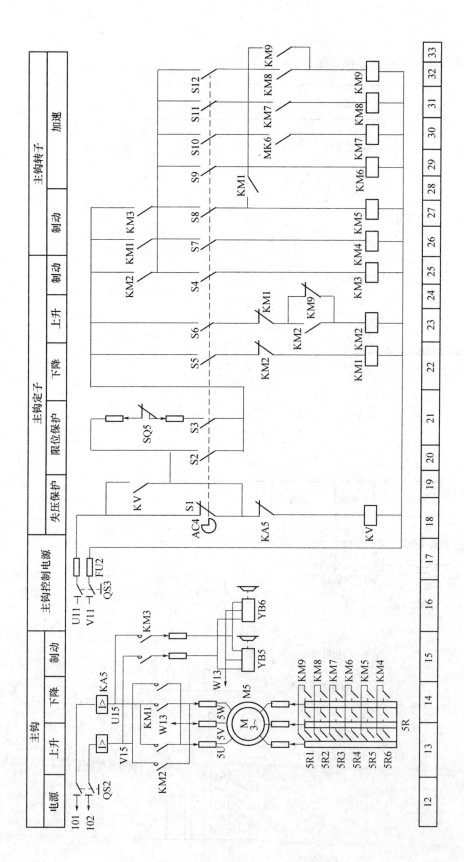

图3-6-4 20/5t桥式起重机控制线路（2）

1) 主电路分析

20/5t 桥式起重机主电路分析如图 3 - 6 - 5 所示。

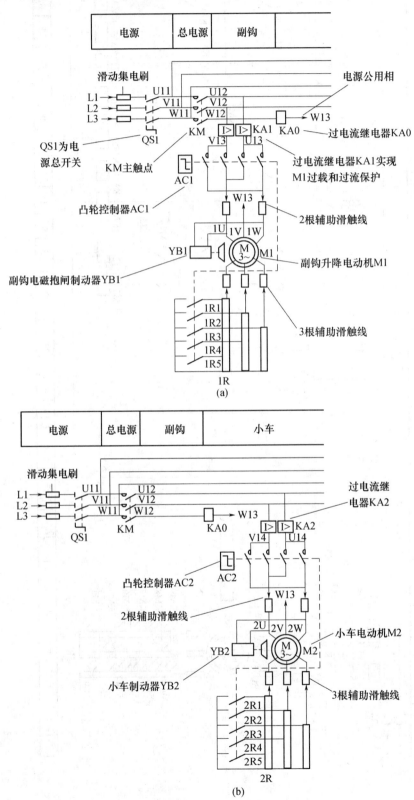

(a)

(b)

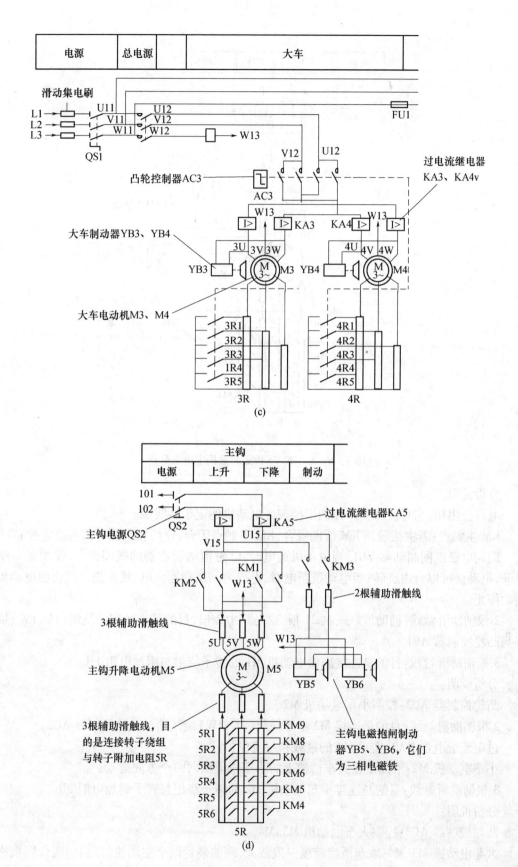

(c)

(d)

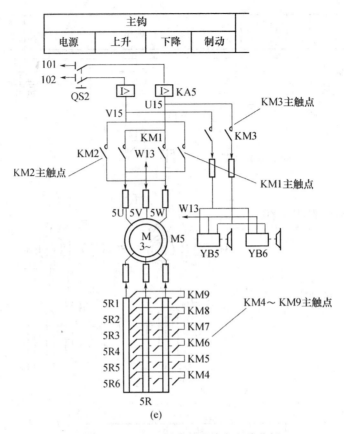

主钩			
电源	上升	下降	制动

图 3－6－5　20/5t 桥式起重机主电路分析

分析说明：

电源公用相：它直接从保护控制柜接到各电动机的定子接线端。

KM 主触点：若主接触器 KM 线圈吸合，KM 主触点闭合，使两相电源引入各凸轮控制器；

副钩电磁抱闸制动器 YB1：当电动机通电时，电磁抱闸制动器的线圈得电，使闸瓦与闸轮分开，电动机可以自由旋转；当电动机断电时，电磁抱闸制动器失电，闸瓦抱住闸轮使电动机被制动停止。

2 根辅助滑触线：辅助滑触线共 21 根，这是其中 2 根，目的是连接定子绕组（1U、1W）接线端与凸轮控制器 AC1。

3 根辅助滑触线：目的是连接副钩电动机 M1 的转子绕组与附加电阻 1R。

分析说明：

凸轮控制器 AC2：控制小车电动机 M2。

2 根辅助滑触线：目的是连接 M2 定子绕组（2U、2W）接线端与凸轮控制器 AC2。

过电流继电器 KA2：实现 M2 的过载和过流保护。

小车电动机 M2：沿固定在大车桥架上的小车轨道横向两个方向运动。

3 根辅助滑触线：目的是连接小车电动机 M2 的转子绕组与转子附加电阻 2R。

分析说明：

凸轮控制器 AC3：控制大车电动机 M3、M4。

大车电动机 M3、M4：大车桥架跨度一般较大，两侧装置两个主动轮，分别由两台同规格电动机 M3 和 M4 拖动,沿大车轨迹纵向两个方向同速运动。

过电流继电器 KA3、KA4:实现小车电动机 M3、M4 的过载和过流保护。

分析说明:

3 根辅助滑触线:目的是连接主钩电动机 M5 的定子绕组(5U、5V、5W)接线端。

过电流继电器 KA5:实现主钩电动机 M5 的过载和过流保护。

2 根辅助滑触线:目的是连接主钩电磁抱闸制动器 YB5、YB6 与交流磁力控制屏。

分析说明:

KM1 主触点:控制主钩电动机 M5 的反转下降。

KM2 主触点:控制主钩电动机 M5 的正转上升。

KM3 主触点:控制主钩电磁抱闸制动器 YB5、YB6 的线圈。

KM4 ~ KM9 主触点:控制转子附加电阻 5R6~5R1 的切除。

2)主接触器 KM 的控制

(1)开车前的准备工作。

开车前的准备工作如图 3-6-6 所示。

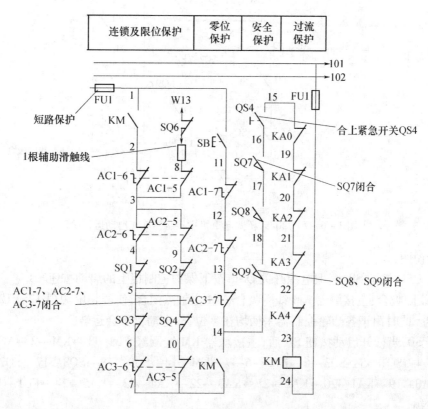

图 3-6-6   20/5t 桥式起重机开车前的准备工作

分析说明:

1 根辅助滑触线:目的是将副钩上升行程开关 SQ6 接到交流保护柜上。

AC1-7、AC2-7、AC3-7 闭合:将所有凸轮控制器手柄置于"0"位,此时零位联锁触点 AC1-7、AC2-7、AC3-7 均处于闭合状态。

SQ7 闭合:关好驾驶室舱门,使行程开关 SQ7 闭合。

SQ8、SQ9闭合:关好横梁两侧栏杆门,使行程开关SQ8、SQ9的常开触点均也处于闭合状态。

(2) 启动运行阶段。

启动运行阶段如图3-6-7所示。

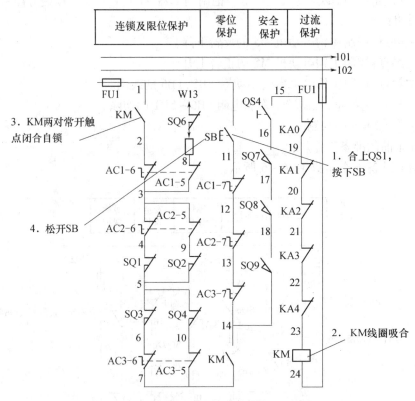

图3-6-7 20/5t桥式起重机主接触器KM启动运行阶段

分析说明:

合上QS1,按下SB:合上电源开关QS1,按下保护控制柜上的启动按钮SB。

KM线圈吸合:主接触器KM线圈吸合,KM主触点闭合,使两相电源(U12、V12)引入各凸轮控制器。此时由于各凸轮控制器手柄均在零位,故电动机不会运转。

松开SB:当松开启动按钮SB后,主接触器KM线圈经FU1→1→KM→2→AC1-6→3→AC2-6→4→SQ1→5→SQ3→6→AC3-6→7→KM→14→SQ9→18→SQ8→17→SQ7→16→QS4→15→KA0→19→KA1→20→KA2→21→KA3→22→KA4→23→KA5→24→FU1→U11形成通路得电自锁。

3) 凸轮控制器的控制

桥式起重机的大车、小车和副钩电动机容量都较小,一般采用凸轮控制器控制。由于大车被两台电动机M3和M4同时拖动,所以大车凸轮控制器AC3比AC1和AC2多了5对常开触点,以供切除电动机M4的转子电阻4R1~4R5用。大车、小车和副钩的控制过程基本相同。下面以副钩为例,说明控制过程。

副钩电动机M1用凸轮控制器AC1控制,AC1分合表及控制分析如图3-6-8所示。

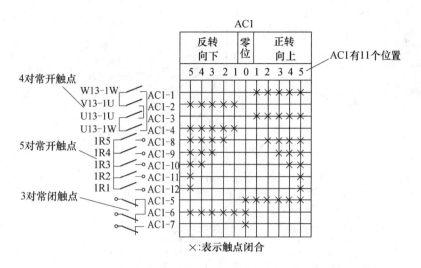

图 3 - 6 - 8   20/5t 桥式起重机凸轮控制器 AC1 分合表及控制分析

分析说明：

4 对常开触点：AC1 共用了 12 副触点，其中 4 对常开触点控制副钩电动机 M1 定子绕组的电源，并通过换接电源相序以实现 M1 的正反转。

5 对常开触点：控制 M1 转子电阻 1R 的切换。

3 对常闭触点：三对常闭辅助触点作为联锁触点，其中 AC1 -5 和 AC1 -6 为 M1 正反转联锁触点，AC1 -7 为零位联锁触点。

AC1 有 11 个位置：中间位置是零位，左、右两边各有 5 个位置，用来控制电动机 M1 在不同转速下的正、反转，即用来控制副钩的升、降。采用对称接法，即控制器手柄处在正转和反转的相应位置时，电动机的工作情况完全相同。

副钩凸轮控制器 AC1 正转的"上 1"挡位为预备挡，上 2、上 3、上 4、上 5 挡位时电动机转速逐渐上升。下降的五个挡位，如果是轻载电动机工作在强力下放的状态，若是重载则电动机工作在回馈制动状态。电动机工作特性如图 3 - 6 - 9 所示。

在主接触器 KM 线圈得电，总电源接通的情况下，转动凸轮控制器 AC1 的手轮至向上的"1"位置时，电动机 M1 正转工作情况如图 3 - 6 - 10 所示。

分析说明：

AC1 主触点闭合：V13 -1W 和 U13 -1U 闭合，M1 正转。

YB1 得电：电磁抱闸 YB1 得电，闸瓦与闸轮已分开。

注 1：由于 AC1 五对常开辅助触点均断开，故 M1 转子回路中串接全部附加电阻 1R 启动，M1 以最低转速带动副钩上升。

注 2：副钩上升限位开关 SQ6。

注 3：AC1 -5 闭合，KM 线圈自锁必经回路，KA0 线圈得电。

注 4：AC1 -7 断开，零位保护。

注 5：AC1 -6 断开。

转动 AC1 手轮，依次至向上的"2"~"5"位时，5 对常开辅助触点依次闭合，短接电阻 1R5 ~ 1R1，电动机 M1 的转速逐渐升高，直到预定转速。

当凸轮控制器 AC1 的手轮转至向下挡位时，这时，由于触点 V13 -1U 和 U13 -1W 闭合，

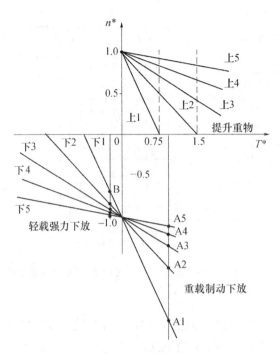

图 3 - 6 - 9　20/5t 桥式起重机凸轮控制器控制的副钩电动机机械特性

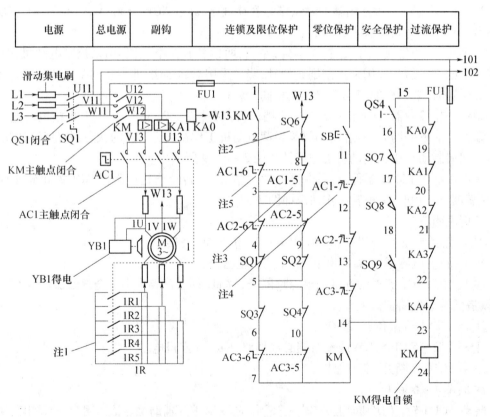

图 3 - 6 - 10　20/5t 桥式起重机凸轮控制器"上 1"挡控制分析

接入电动机 M1 的电源相序改变,M1 反转,带动副钩下降。副钩带有轻载时,电动机工作在反转电动状态,属于强力下放,下降"1"~"5"挡的速度逐渐增加;副钩带有重负载时,重物下降的速度会超过电动机的转速,使电动机进入回馈制动状态,下降"1"~"5"挡的速度逐渐减小。因此在下降重载时,应先把手轮逐级扳到"下降"的最后一挡,然后根据速度要求逐级退回升速,以免引起快速下降而造成事故。

若断电或将手轮转至"0"位时,电动机 M1 断电,同时电磁抱闸制动器 YB1 也断电,M1 被迅速制动停转。

大车小车的控制特点与副钩的控制基本上相同,所不同的是电动机只能工作在正反向电动状态,而不可能工作在再生回馈制动状态,请自行分析。

4)主令控制器的控制

主钩电动机是桥式起重机容量最大的一台电动机,一般采用主令控制器配合磁力控制屏进行控制,即用主令控制器控制接触器,再由接触器控制电动机。为提高主钩电动机运行的稳定性,在切除转子附加电阻时,采取三相平衡切除,使三相转子电流平衡。主钩电动机机械特性如图 3-6-11 所示。主令控制器分析如图 3-6-12 所示。

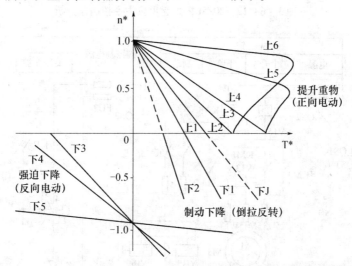

图 3-6-11 20/5t 桥式起重机主令控制器控制的主钩电动机机械特性

分析说明:

AC4 有 13 个位置:中间位置是零位,左、右两边各有 6 个位置,用来控制电动机 M5 在不同转速下的正、反转,即用来控制主钩的升、降。

"0"符号:强力下降位置"4"挡、"3"挡上的"0"符号,表示手柄由"5"挡回转时,触点 S12 接通。

AC4 置于制动下降"J"挡:S3、S6、S7、S8 触点闭合。

(1)主钩电动机 M5 启动前的准备工作。

主钩电动机 M5 启动前的准备工作如图 3-6-13 所示。

分析说明:

合上 QS1、QS2、QS3:接通主电路和控制电路电源,主令控制器 AC4 手柄置于零位。

KV 常开闭合自锁:为主钩电动机 M5 启动控制做好准备。

(2)主钩电动机 M5 的启动运行。

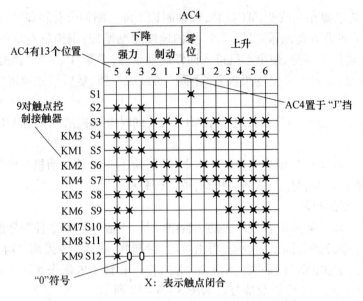

图 3-6-12 20/5t 桥式起重机主令控制器分析

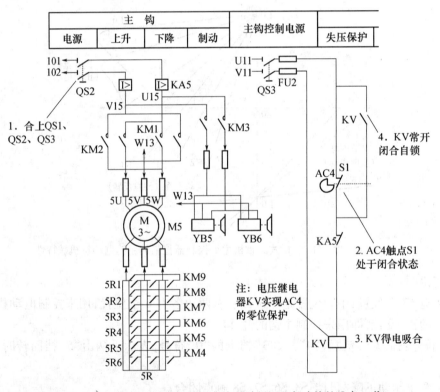

图 3-6-13 20/5t 桥式起重机主钩电动机 M5 启动前的准备工作

主钩运行有升、降两个方向。主钩上升与副钩上升的工作过程基本相似,区别仅在于它是通过接触器来控制的。提升重物共有 6 个挡位,请自行分析。

主钩下降时与副钩的工作过程有明显的差异。主钩下降有 6 挡位置,"J"、"1"、"2" 挡为制动下降位置,用于重负载低速下降,电动机处于倒拉反接制动运行状态;"3"、"4"、"5" 挡为强力下降位置,主要用于轻负载快速下降。主令控制器在下降位置时,AC4 手柄处于 6 个挡位时的工作情况分析如下。

① 手柄扳到制动下降位置"J"挡。

手柄扳到制动下降位置"J"挡时电动机 M5 的工作情况如图 3 - 6 - 14 所示。

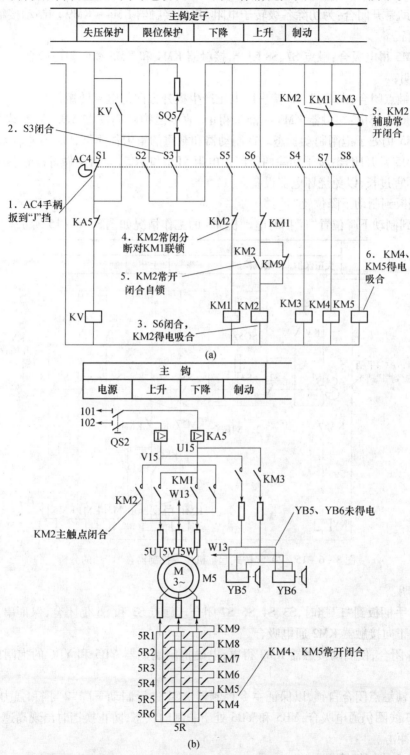

图 3 - 6 - 14   20/5t 桥式起重机主令控制器在"J"挡的分析

229

分析说明：

AC4 手柄扳到"J"挡：S1 断开，常开触点 S3、S6、S7、S8 闭合。

S3 闭合：行程开关 SQ5 串入电路用于上升限位保护。

KM2 辅助常开闭合：为切除各级转子电阻 5R 的接触器 KM4～KM9 和制动接触器 KM3 接通电源做准备。

KM4、KM5 得电吸合：触点 S7、S8 闭合，接触器 KM4 和 KM5 线圈得电吸合。

分析说明：

KM2 主触点闭合：电动机 M5 接正序电压产生提升方向的电磁转矩；

YB5、YB6 未得电：接触器 KM3 线圈未得电，故电磁抱闸制动器 YB5、YB6 线圈也不能得电，电动机 M5 仍处于抱闸制动状态。在制动器和载重的重力作用下，M5 不能启动旋转。

KM4、KM5 常开闭合：转子切除两级附加电阻 5R6 和 5R5，为启动做好准备，手柄置于"J"挡时，时间不宜过长，以免烧坏电器设备。

② 手柄扳到制动下降位置"1"挡。

手柄扳到制动下降位置"1"挡时电动机 M5 的工作情况如图 3-6-15 所示。

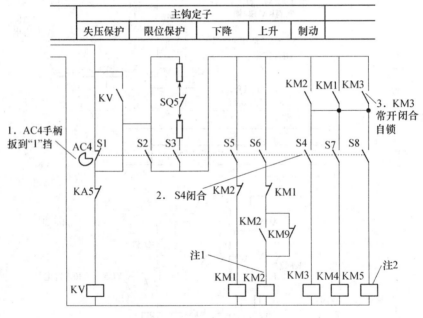

图 3-6-15　20/5t 桥式起重机主令控制器在"1"挡的分析

分析说明：

当 AC4 手柄扳到"1"挡时，S3、S4、S6、S7 闭合。触点 S3 和 S6 仍闭合，保证串入提升限位开关 SQ5 和正向接触器 KM2 通电吸合。

触点 S4 闭合，使制动接触器 KM3 得电，电磁抱闸制动器 YB5 和 YB6 的抱闸松开，M5 能自由旋转。

KM3 自锁触点闭合自锁，以保证主令控制器 AC4 进行制动下降"2"挡和强力下降"3"挡切换时，KM3 线圈仍通电吸合，YB5 和 YB6 处于非制动状态，防止换挡时出现高速制动而产生强烈的机械冲击。

注 1：KM2 线圈继续得电；

注 2：由于 KM5 断电释放,转子回路接入 5 段电阻,M5 产生的提升转矩减小,此时若重物产生的负载倒拉力矩大于 M5 的正向电磁转矩时,M5 运转在倒拉反接制动状态,低速下放重物;反之,重物反而被提升,这时必须把 AC4 的手柄迅速扳到下一挡。

③ 手柄扳到制动下降位置"2"挡。

手柄扳到制动下降位置"2"挡时电动机 M5 的工作情况如图 3-6-16 所示。

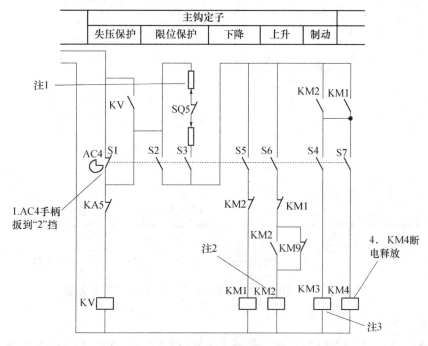

图 3-6-16　20/5t 桥式起重机主令控制器在"2"挡的分析

分析说明:

注 1:两根辅助滑触线,目的是连接主钩上升行程开关 SQ5 与交流磁力控制屏及主令控制器 AC4;

AC4 手柄扳到"2"挡:触点 S3、S4、S6 仍闭合,触点 S7 分断。

注 2:KM2 线圈继续得电,电动机 M5 仍接正序电压。

注 3:KM3 线圈继续得电,电动机 M5 能自由旋转。

KM4 断电释放:附加电阻全部接入转子回路,使电动机产生的电磁转矩减小,重负载下降速度比"1"挡时加快。

④ 手柄扳到强力下降位置"3"挡。

手柄扳到强力下降位置"3"挡时电动机 M5 的工作情况如图 3-6-17 所示。

分析说明:

AC4 手柄扳到"3"挡:触点 S2、S4、S5、S7、S8 闭合。

S2 闭合:控制电路的电源通路由 S3 改为 S2 控制。

KM2 断电释放:S6 断开,KM2 断电释放,KM2 触点复位。

KM1 得电吸合:S5 闭合,KM1 得电吸合,电动机 M5 接负序电压,产生下降方向的电磁力矩。

KM4、KM5 得电吸合:触点 S7 和 S8 闭合,接触器 KM4 和 KM5 得电吸合,转子回路切除两

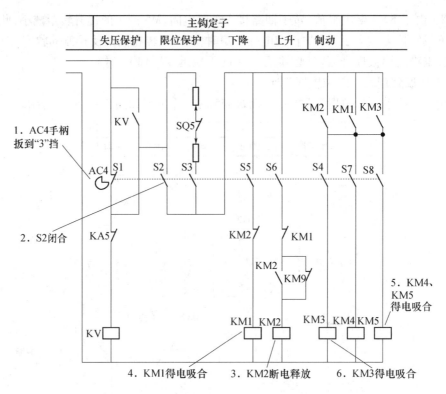

主钩定子					
失压保护	限位保护	下降	上升	制动	

图 3-6-17　20/5t 桥式起重机主令控制器在"3"挡的分析

级电阻 5R6 和 5R5。

KM3 得电吸合:触点 S4 闭合,制动接触器 KM3 得电吸合, YB5 和 YB6 的抱闸松开,此时若负载较轻(空钩或轻载),M5 处于反转电动状态,强力下降负载;若负载较重,使电动机转速超过其同步转速, M5 将进入再生发电制动状态,限制下降速度。

⑤ 手柄扳到强力下降位置"4"挡。

手柄扳到强力下降位置"4"挡时电动机 M5 的工作情况如图 3-6-18 所示。

分析说明:

AC4 手柄扳到"4"挡:AC4 的触点除"3"挡闭合外,又增加了触点 S9 闭合。

KM6 线圈得电吸合:转子附加电阻 5R4 被切除,M5 进一步加速,轻负载下降速度加快。

KM6 常开闭合:为 KM7 线圈得电做好准备。

⑥ 手柄扳到强力下降位置"5"挡。

手柄扳到强力下降位置"5"挡时电动机 M5 的工作情况如图 3-6-19 所示。

分析说明:

AC4 手柄扳到"5"挡:此时主令控制器 AC4 的触点除"4"挡闭合外,又增加了触点 S10、S11、S12 闭合。

S10、S11、S12 闭合:接触器 KM7～KM9 线圈依次得电吸合(在每个接触器的支路中,串连了前一个接触器的常开触点),转子附加电阻 5R3、5R2、5R1 依次逐级切除,以避免过大的冲击电流;M5 旋转速度逐渐增加,最后以最高转速运行,负载以最快速度下降。此时若负载很重,使实际下降速度超过电动机的同步转速,电动机将进入再生发电制动状态,电磁转矩变成制动力矩,限制负载下降速度的继续增加。

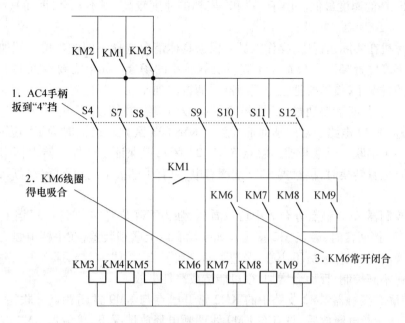

图 3 - 6 - 18 20/5t 桥式起重机主令控制器在"4"挡的分析

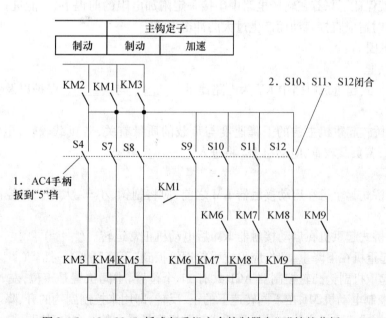

图 3 - 6 - 19 20/5t 桥式起重机主令控制器在"5"挡的分析

由以上分析可见,主令控制器 AC4 手柄置于制动下降位置"J"、"1"、"2"挡时,电动机 M5 加正序电压。其中"J"挡为准备挡。当负载较重时,"1"挡和"2"挡电动机都运转在负载倒拉反接制动状态,可获得重载低速下降,且"2"挡比"1"挡的速度高。若负载较轻时,电动机会运转在正向电动状态,重物不但不能下降,反而会被提升。

当 AC4 手柄置于强力下降位置"3"、"4"、"5"挡时,电动机 M5 加反序电压。若负载较轻或空钩时,电动机工作在电动状态,强力下放重物,"5"挡的速度最高,"3"挡的速度最低;若负载较重,则可以得到超过同步转速的下降速度,电动机工作在再生发电制动状态,且"3"挡的速度最高,"5"挡的速度最低。由于"3"和"4"挡的速度较高,很不安全,因而只能选用"5"挡速度。

桥式起重机在实际运行中,操作人员要根据具体情况选择不同的挡位。例如主令控制器手柄在强力下降位置"5"时,仅适用于起重负载较小的场合。如果需要较低的下降速度或起重较大负载的情况下,就需要把主令控制器手柄扳回到制动下降位置"1"挡或"2"挡,进行反接制动下降。这时,必然要通过"4"挡和"3"挡。为了避免在转速过程中可能发生过高的下降速度,在接触器 KM9 电路中常用辅助常开触点 KM9(33 区)自锁;同时为了不影响提升速度,故在该支路中再串联一个常开辅助触点 KM1(28 区),以保证主令控制器手柄由强力下降位置向制动下降位置转换时,接触器 KM9 线圈有电,只有手柄扳至制动下降位置后,接触器 KM9 线圈才断电。

在主令控制器 AC4 触点分合表中可以看到,强力下降位置"4"挡和"3"挡上有"0"符号,表示手柄由"5"挡回转时,触点 S12 接通。如果没有以上联锁装置,在手柄由强力下降位置向制动下降转换时,若操作人员不小心,误把手柄停在了"3"挡或"4"挡,那么正在高速下降的负载速度不但得不到控制,反而会增加,很可能造成恶性事故。

另外,串联在接触器 KM2 支路中的 KM2 常开触点与 KM9 常闭触点并联,主要作用是当接触器 KM1 线圈断电释放后,只有在 KM9 线圈断电释放情况下,接触器 KM2 线圈才允许得电并自锁,这就保证了只有在转子电路中串接一定附加电阻的前提下,才能进行反接制动,以防止反接制动时造成直接启动而产生过大的冲击电流。

5)知识巩固

(1)填空题。

① 20/5t 桥式起重机电路中 KV 为电路提供_____与_____保护以及主令控制器的_____保护。

② 20/5t 桥式起重机主钩的下降速度与负载的质量有关,若负载较轻,电动机 M5 处于_____状态;若负载较重,电动机 M5 将进入_____状态。

(2)判断题。

① 20/5t 桥式起重机在启动接触器 KM 之前,应将副钩、小车、大车凸轮控制器的手柄置于"0"位。(   )

② 20/5t 桥式起重机在启动接触器 KM 后电动机正常运转。(   )

③ 桥式起重机在下降重载时,应先把手轮逐级扳到"下降"的第一挡。(   )

④ 桥式起重机副钩凸轮控制器 AC1 共有 11 个位置,中间位置是零位,左、右两边各有 5 个位置,用来控制电动机 M1 在不同转速下的正、反转,即用来控制副钩的升、降。(   )

⑤ 20/5t 桥式起重机主钩电动机是桥式起重机容量最大的一台电动机。(   )

⑥ 20/5t 桥式起重机主钩下降有 6 挡位置。"J""1""2"挡为制动下降位置,防止在吊有重载下降时速度过快,电动机处于倒拉反接制动运行状态 。(   )

(3)问答题。

① 20/5t 桥式起重机在启动前各控制手柄为什么都要置于零位?

② 在 20/5t 桥式起重机的电路图中,若合上电源开关 QS1 并按下启动按钮 SB 后,主接触器 KM 不吸合,则可能的故障原因是什么?

③ 分析20/5t桥式起重机主令控制器手柄置于下降位置"J"挡时,桥式起重机的工作过程。

④ 简述20/5t桥式起重机在主钩控制电路中,接触器KM9的自锁触点与KM1的辅助常开触点串接使用的原因。

20/5t桥式起重机电器元件明细见表3-6-1。

表3-6-1　20/5t桥式起重机电器元件明细表

代号	名称	型号	规格	数量	用途
M1	副钩电动机	YZR-200L-8	15kW	1	起吊轻物
M2	小车电动机	YZR-132MB-6	3.7kW	1	驱动小车
M3~M4	大车电动机	YZR-160MB-6	7.5kW	2	驱动大车
M5	主钩电动机	YZR-315M-10	75kW	1	起吊重物
AC1	副钩凸轮控制器	KTJ1-50/1		1	控制副钩电动机
AC2	小车凸轮控制器	KTJ1-50/1		1	控制小车电动机
AC3	大车凸轮控制器	KTJ1-50/5		1	控制大车电动机
AC4	主钩主令控制器	LK1-12/90		1	控制主钩电动机
YB1	副钩电磁制动器	MZD1-300	两相,线圈电压380V	1	制动副钩
YB2	小车电磁制动器	MZD1-100	两相,线圈电压380V	1	制动小车
YB3~YB4	大车电磁制动器	MZD1-100	两相,线圈电压380V	2	制动大车
YB5~YB6	主钩电磁制动器	MZS1-45H	三相,线圈电压380V	2	制动主钩
1R	副钩电阻器	2K1-41-8/2		1	副钩启动调速
2R	小车电阻器	2K1-12-6/1		1	小车启动调速
3R~4R	大车电阻器	4K1-22-6/1		2	大车启动调速
5R	主钩电阻器	4P5-63-10/9		1	主钩启动调速
QS1	总电源开关	HD-9-400/3		1	接通总电源
QS2	主钩电源开关	HD11-200/2		1	接通主钩电源
QS3	主钩控制电源开关	DZ5-50		1	接通主钩控制电源
QS4	紧急开关	A-3161	单刀单掷	1	发生紧急情况断开
SB	启动按钮	LA19-11		1	启动主接触器
KM	主接触器	CJ2-300/3	框架式,线圈电压380V	1	接通副钩、小车和大车的电源
KM1~KM2	主钩升降接触器	CJ2-250	线圈电压380V	2	控制主钩电动机旋转
KM3	主钩制动接触器	CJ2-75/2	线圈电压380V	1	控制主钩电动机的制动
KM4~KM9	主钩加速接触器	CJ2-75/3	线圈电压380V	6	控制主钩电动机附加电阻
KV	欠压继电器	JT4-10P		1	欠压保护
KA0	总过电流继电器	JL4-150/1		1	总电流保护
KA1~KA3	过电流继电器	JL4-15		3	过流保护
KA4	过电流继电器	JL4-40		1	过流保护
KA5	主钩过电流继电器	JL4-150		1	过流保护

（续）

代号	名称	型号	规格	数量	用途
FU1	熔断器	RL1 – 15/2	熔断器 15A,熔体 2A	2	短路保护
FU2	熔断器	RL1 – 15/5	熔断器 15A,熔体 5A	2	短路保护
SQ1～SQ4	大、小车行程开关	LK4 – 11		4	限位保护
SQ5～SQ6	主、副钩提升行程开关	LK4 – 31		2	限位保护
SQ7	门安全开关	LX2 – 11H		1	安全防护
SQ8～SQ9	横梁安全开关	LX2 – 111		2	安全防护

4. 检修故障

1）20/5t 桥式起重机常见故障及可能原因

桥式起重机的结构复杂,工作环境较恶劣,故障率较高。为保证人身和设备的安全,必须坚持经常性的维护保养和检修。桥式起重机常见故障及可能原因见表 3 – 6 – 2。

表 3 – 6 – 2　桥式起重机常见故障及可能原因

故障现象	可能的原因
合上电源总开关 SQ1 并按下启动按钮 SB 后,主接触器 KM 不吸合	(1)线路无电压 (2)熔断器 FU1 熔断或过电流继电器动作后未复位 (3)紧急开关 QS4 或安全开关 SQ7、SQ8、SQ9 未上 (4)各凸轮控制器手柄没在零位 (5)主接触器 KM 线圈断路
主接触器 KM 吸合后,过电流继电器 KA0～KA4 立即动作	(1)凸轮控制电路接地 (2)电动机绕组接地 (3)电磁抱闸线圈接地
当电源接通后转动凸轮控制器手轮后,电动机不启动	(1)凸轮控制器主触点接触不良 (2)滑触线与集电环接触不良 (3)电动机定子绕组或转子绕组接触不良 (4)电磁抱闸线圈断路或制动器未放松
转动凸轮控制器后,电动机启动运转,但不能输出额定功率且转速明显减慢	(1)线路压降偏低 (2)制动器未全部松开 (3)转子电路中的附加电阻未切除 (4)机构卡住
制动电磁铁线圈过热	(1)电磁铁线圈的电压与线路电压不符 (2)电磁铁工作时,动、静铁芯间的间隙过大 (3)制动器的工作条件与线圈特性不符 (4)电磁铁的牵引力过载
制动电磁铁噪声大	(1)交流电磁铁短路环开路 (2)动、静铁芯端面有油污 (3)铁芯松动铁芯端面不平及变形 (4)电磁铁过载

故障现象	可 能 的 原 因
凸轮控制器在工作 过程中卡住或转不到位	（1）凸轮控制器动触点卡在静触点下面 （2）定位机构松动
凸轮控制器在转动时火花过大	（1）动、静触点接触不良 （2）控制容量过大

2）检修故障

（1）学生观摩检修。在 20/5t 桥式起重机上人为设置自然故障点，由教师示范检修，边分析边检查，直至故障排除。故障设置时应注意以下几点：

① 人为设置的故障必须是模拟桥式起重机在使用中，由于受外界因素影响而造成的自然故障。

② 切记设置更改线路或更换电器元件等由于人为原因而造成的非自然故障。

③ 对于设置一个以上故障点的线路，故障现象尽可能不要相互掩盖。如果故障相互掩盖，按要求应有明显检查顺序。

④ 设置的故障必须与学生应该具有的修复能力相适应。随着学生检修水平的逐步提高，再相应提高故障的难度等级。

⑤ 应尽量设置不容易造成人身或设备事故的故障点，如有必要时，教师必须在现场密切注意学生的检修动态，随时作好采取应急措施的准备。

（2）教师进行示范检修时，应将下述检修步骤及要求贯穿其中，边操作边讲解：

① 用通电试验法引导学生观察故障现象。

② 根据故障现象，依据电路图用逻辑分析法确定故障范围。

③ 采取正确的检查方法查找故障点，并排除故障。

④ 检修完毕进行通电试验，并做好维修记录。

（3）教师设置让学生事先知道的故障点，指导学生如何从故障现象着手进行分析，逐步引导学生采用正确的检修步骤和检修方法。

（4）教师设置故障点，由学生检修。

（5）检修注意事项

① 检修前要认真阅读电路图和接线图，熟练掌握各个控制环节的原理及作用，并认真仔细地观察教师的示范检修。

② 由于桥式起重机的电气控制与机械结构的配合十分密切，因此，在出现故障时，应首先判别出是机械故障还是电气故障。

③ 根据故障现象，在电路图上用虚线正确标出故障电路的最小范围。然后采用正确地检查排故方法，在规定时间内查出并排除故障。

④ 排除故障的过程中，不得采用更换电器元件、借用触点或改动线路的方法修复故障点。检修时，严禁扩大故障范围或产生新的故障。

⑤ 带电检修时，必须有指导教师监护，以确保安全。工具和仪表使用要正确。

3）知识巩固

结合图 3-6-4 所示电路图，回答问题：

（1）叙述 20/5t 桥式起重机线路中按下启动按钮后，交流接触器 KM 不能自锁的原因。

237

（2）叙述 20/5t 桥式起重机线路中主钩既不能上升又不能下降的原因。

（3）叙述 20/5t 桥式起重机线路中凸轮控制器在转动时火花过大的原因。

（4）叙述 20/5t 桥式起重机线路中接触器 KM 吸合后,过电流继电器 KA0 ~ KA4 立即动作的原因。

【任务评价】

项目	评价内容	配分	自我评价	小组评价	教师评价	综合评定
故障分析	1. 不能正确标出故障线段或标错在故障回路以外	10				
	2. 不能标出最小故障范围	10				
故障排除	1. 停电不验电	5				
	2. 仪表和工具使用方法正确	5				
	3. 不能查出故障	20				
	4. 检修步骤正确	5				
	5. 查出故障点但不能排除	10				
	6. 扩大故障范围或产生新故障	10				
	7. 损坏电器元件	5				
职业素质	1. 认真仔细的工作态度	5				
	2. 团结协作的工作精神	5				
	3. 听从指挥的工作作风	5				
	4. 安全及整理意识	5				
教师评语					成绩汇总	

项目四　继电控制线路的设计

【项目描述】

电气控制设备越来越多,各类控制线路广泛应用在各种自动化领域中。因此作为电气工程技术人员,需要掌握一定的电气控制线路设计知识,懂得电气设计基本原则、基本内容和基本方法。电路仿真主要是检验设计方案在功能方面的正确性。通过计算机应用软件绘制电气原理图对学生专业技能培养的重要性,并通过举例说明如何运用专业软件方便快捷地进行电气原理图绘制及验证的过程。

【项目目标】

1. 掌握基本控制线路构成、原理及接线方法。
2. 熟悉电气控制线路设计的内容。
3. 熟练掌握电气控制线路设计的基本原则。
4. 熟练掌握电气控制线路设计的方法及一般步骤。
5. 熟练使用电气设计仿真软件进行仿真调试。

【项目引导】

在大量使用各种各样的生产机械,如车床、铣床、磨床、刨床、钻床、风机、水泵和起重机等,这些生产机械一般是由电动机来拖动的。不同的生产机械对电动机的控制要求不同。电气控制的主要任务是实现电动机的启动、制动、正反转和调速等运行方式的控制及对电动机的保护,以满足生产工艺的要求,实现生产过程自动化。

电气控制线路是一种由接触器、继电器、按钮和开关等电器元件组成的由触点断续作用的控制系统,这种控制系统具有控制线路简单、维修方便、便于掌握和价格低廉等优点,在电气控制领域获得广泛的应用。随着微电子技术的发展,生产机械的电气控制逐渐向无触点、弱电化、连续控制和微机控制方向发展。

不同生产机械的控制要求是不同的,所要求的控制线路也是千变万化、多种多样,但它们都有一些具有基本规律的基本环节和基本单元组成,熟悉这些基本的控制环节是掌握电气控制的基础。只要能掌握这些基本的控制环节,再结合具体的生产工艺要求,就不难掌握控制线路的基本分析方法。

任务一　电气线路的设计

【任务描述】

某工厂车间内的车床由两台三相笼型异步电动机 1M、2M 来拖动,要求 1M 启动后,2M 才能启动;电动机 1M 单向运转且采用直接启动,电动机 2M 要求能正反两个方向运转且采用

Y - △降压启动。停止时，2M 先停止，10s 后 1M 自动停止。

【任务目标】

1. 熟悉常用低压电器元件结构及原理，能够正确的选择和使用。
2. 能正确识读和绘制常用低压电器元件的电气符号。
3. 了解电气线路设计的基本内容。
4. 理解电气控制线路的设计的基本原则。
5. 熟练掌握电气控制线路设计的一般步骤及方法。

【任务课时】

12 小时

【任务实施】

1. 了解设计内容

设计一台电气控制系统的新设备，一般包括的设计内容如图 4 - 1 - 1 所示。

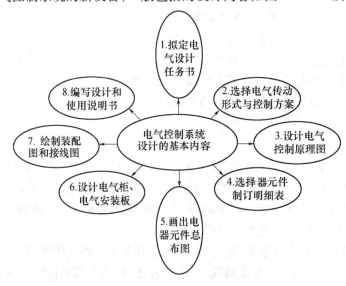

图 4 - 1 - 1　电气控制线路设计的基本内容

2. 理解设计原则

电气控制线路的设计应遵循的基本原则如图 4 - 1 - 2 所示。

(1) 满足生产机械和工艺对电气控制系统要求原则。

首先弄清设备需满足的生产工艺要求，对设备工作情况作全面了解。深入现场调研，收集资料，结合技术人员及现场操作人员经验，作为设计基础。

(2) 控制线路力求简单、经济原则。

① 尽量缩短连接导线的数量及长度。如图 4 - 1 - 3 所示为启停自锁电路。

② 在满足控制要求的情况下，尽量减少电器不必要的通电时间，如图 4 - 1 - 4 所示。

③ 在满足工艺要求前提下，减少不必要的触点，以简化电气控制线路，降低故障的概率，提高工作可靠性。

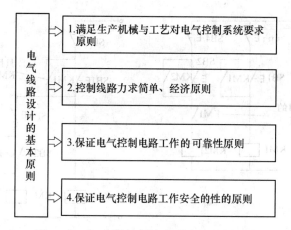

图4-1-2 电气控制线路设计的基本原则

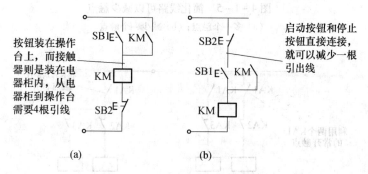

图4-1-3 减少各电器元件间的实际接线

(a) 不合理;(b) 合理。

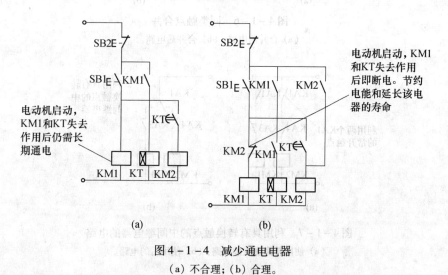

图4-1-4 减少通电电器

(a) 不合理;(b) 合理。

a. 尽量缩减电器的数量,采用标准件和尽可能选用相同型号的电器,如图4-1-5所示。

b. 合并同类触点,如图4-1-6所示。

c. 利用转换触点的方式,如图4-1-7所示。

d. 利用二极管的单向导电性减少触点数目,如图4-1-8所示。

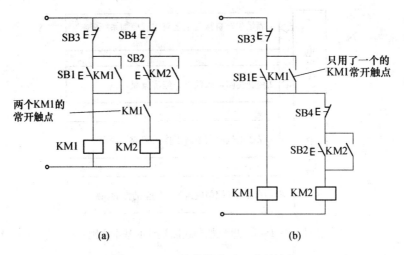

图 4 - 1 - 5　简化线路可以减少触点

（a）多一个触点；（b）减少一个触点。

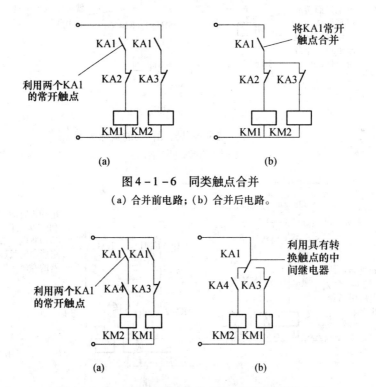

图 4 - 1 - 6　同类触点合并

（a）合并前电路；（b）合并后电路。

图 4 - 1 - 7　利用具有转换触点的中间继电器的电路

（a）使用转换触点前的路；（b）使用后的电路。

（3）保证电气控制电路工作的可靠性原则。

① 正确连接电器元件的线圈。

a. 在交流控制电路的一条支路中不能串联两个电器元件的线圈,如图 4 - 1 - 9 所示。

b. 两电感量相差悬殊的直流电压线圈不能直接并联,如图 4 - 1 - 10 所示。

② 正确连接电器元件的触点。如图 4 - 1 - 11 所示。

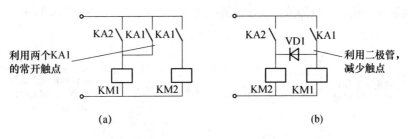

KA2
KA1
KA1
利用两个KA1的常开触点
KM1
KM2
(a)
KA2
VD1
KA1
利用二极管，减少触点
KM2
KM1
(b)

图 4-1-8　利用二极管减少触点

（a）不使用二极管前的电路；（b）使用后的电路。

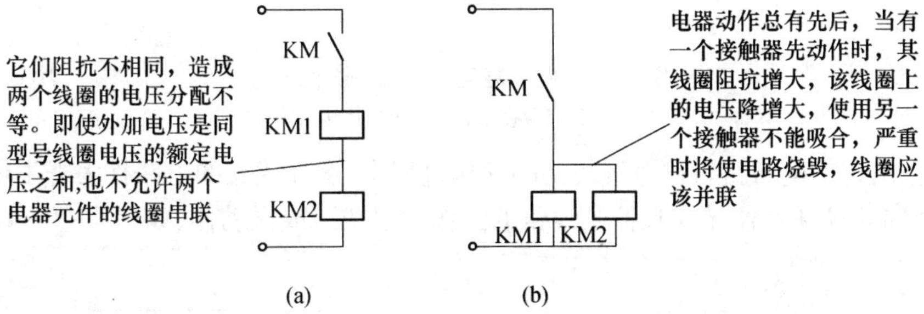

KM
它们阻抗不相同，造成两个线圈的电压分配不等。即使外加电压是同型号线圈电压的额定电压之和，也不允许两个电器元件的线圈串联
KM1
KM2
(a)
KM
电器动作总有先后，当有一个接触器先动作时，其线圈阻抗增大，该线圈上的电压降增大，使用另一个接触器不能吸合，严重时将使电路烧毁，线圈应该并联
KM1
KM2
(b)

图 4-1-9　动作线圈的正确连接

（a）不正确；（b）正确。

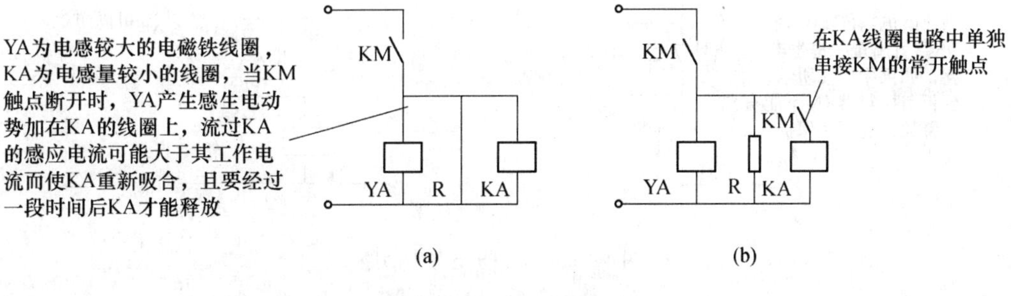

YA为电感较大的电磁铁线圈，KA为电感量较小的线圈，当KM触点断开时，YA产生感生电动势加在KA的线圈上，流过KA的感应电流可能大于其工作电流而使KA重新吸合，且要经过一段时间后KA才能释放
KM
YA
R
KA
(a)
KM
在KA线圈电路中单独串接KM的常开触点
KM
YA
R
KA
(b)

图 4-1-10　两电感量相差悬殊的直流电压线圈的连接

（a）错误接法；（b）正确接法。

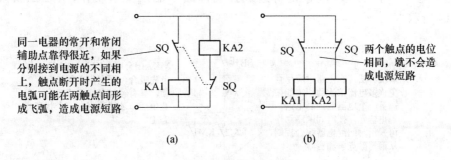

同一电器的常开和常闭辅助点靠得很近，如果分别接到电源的不同相上，触点断开时产生的电弧可能在两触点间形成飞弧，造成电源短路
SQ
KA2
KA1
SQ
(a)
SQ
SQ
两个触点的电位相同，就不会造成电源短路
KA1
KA2
(b)

图 4-1-11　触点的正确连接

（a）不适当；（b）适当。

③ 应尽量避免采用许多电器依次动作才能接通另一个电器的控制线路,如图4-1-12所示。

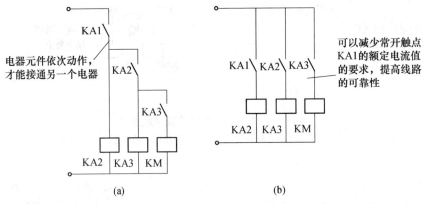

图4-1-12　避免多个元件依次通电
(a) 错误接法;(b) 正确接法。

④ 防止出现寄生回路。在电气线路的动作过程中,意外接通的电路称为寄生电路。寄生电路将破坏电器元件和控制线路的工作顺序或造成误动作,如图4-1-13所示。

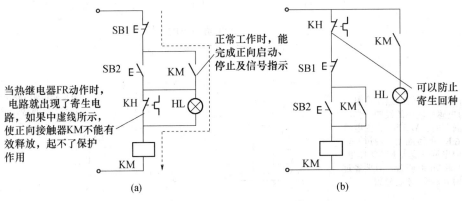

图4-1-13　防止寄生回路
(a) 错误接法;(b) 正确接法。

⑤ 防止线路出现触点竞争现象。"竞争"指触点争先吸合,发生振荡。"冒险"指触点争先释放。"竞争"与"冒险"现象都将造成控制回路不能按要求动作,引起控制失灵,如图4-1-14所示。

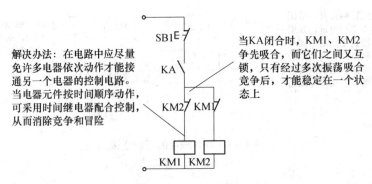

图4-1-14　触点间的"竞争"与"冒险"

（4）保证电气控制电路工作的安全性原则。

电气控制线路应具有完善的保护环节，以保证整个生产机械的安全运行，消除不正常工作时的有害影响，避免误操作发生事故。在自动控制系统中，常用的保护环节有短路、过流、过载、过压、失压、弱磁、超速、极限保护等，如表4-1-1所列。

表4-1-1　电气控制线路各种保护

	故障危害	常用保护电器
短路保护	线路出现短路现象时，会产生很大的短路电流，使电动机、电器及导线等电气设备严重损坏，甚至引发火灾。	熔断器和低压断路器
过载保护	电动机长期过载运行，其绕组温升将超过允许值，损坏电动机	热继电器
欠压保护	电动机欠压下运行，负载没有改变，欠压下的电动机转速下降，定子绕组的电流增加，会使电动机过热损坏。欠压还会引起一些电器释放，使线路不能正常工作，可能危害人身安全或导致设备事故	接触器和电磁式电压继电器
失压保护	生产机械在工作时，由于某种原因而发生电网突然停电，这时电源电压下降为零，电动机停转。一般情况下，操作人员不可能及时拉开电源开关，如不采取措施，当电源电压恢复正常时，电动机会自行启动运转，很可能造成人身和设备事故	接触器和中间继电器
过流保护	启动方法不正确或负载转矩过大常常引起电动机的过电流故障，会使电动机或机械设备损坏	电磁式过电流继电器
弱磁保护	直流并励电动机、复励电动机在励磁减弱或消失时，会引起电动机"飞车"	弱磁继电器（欠电流继电器）
极限保护	对直线运动的生产机械超出限定位置，会造成人身和设备事故	行程开关

知识巩固：

（1）下列低压电器中可以实现过载保护的有（　　　　）。

A. 热继电器　　　　B. 速度继电器　　　　C. 接触器　　　　D. 低压断路器

E. 时间继电器

（2）在三相笼型电动机的正反转控制电路中，为了避免主电路的电源两相短路，采取的措施是（　　　）。

A. 自锁　　　　B. 互锁　　　　C. 接触器　　　　D. 热继电

（3）在电动机的连续运转控制中，其控制关键是（　　　）的应用。

A. 自锁触点　　　　B. 互锁触点　　　　C. 复合按钮　　　　D. 机械联锁

（4）有型号相同，线圈额定电压均为380V的两只接触器，若串联后接入380V回路，则（　　　）。

A. 都不吸合　　　　B. 有一只吸合　　　　C. 都吸合　　　　D. 不能确定

（5）如图4-1-15所示是电动机常用保护电路，指出各电器元件所起的保护作用。

3. 掌握设计方法

经验设计法又称为一般设计法、分析设计法。根据生产机械工艺要求和生产过程，选择适当的基本环节（单元电路）或典型电路综合而成。适用于不太复杂的（继电接触式）电气控制线路设计。

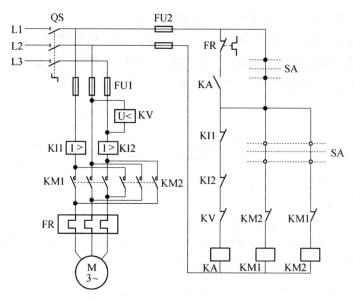

图 4 - 1 - 15　电动机常用保护电路

1）主电路设计

主要考虑电动机的启动、正反转、制动和调速。设计的主电路如图 4 - 1 - 16 所示。

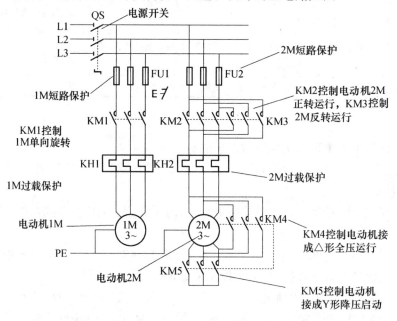

图 4 - 1 - 16　主电路图

2）控制电路设计

主要考虑如何满足电动机的各种运转功能和生产工艺要求。包括基本控制线路和特殊部分的设计,以及选择控制变量和确定控制原则。基本的控制线路如图 4 - 1 - 17 所示。

3）联锁保护环节设计

主要考虑如何完善整个控制线路的设计,包含各种联锁环节以及短路、过载、过流、失压等保护,如图 4 - 1 - 18 所示。

246

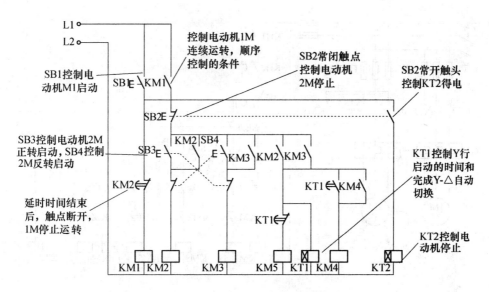

图 4 - 1 - 17　基本控制电路图

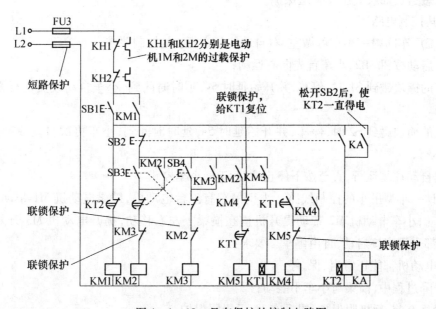

图 4 - 1 - 18　具有保护的控制电路图

4）线路的综合审查

反复审查所设计的线路是否满足设计原则和生产工艺要求。在条件允许情况下进行模拟实验,逐步完善设计,直至满足要求,如图 4 - 1 - 19 所示。

5）知识巩固

（1）某机床的主轴和润滑油泵分别由两台三相笼型异步电动机来拖动,并要求:

① 油泵电动机启动后主轴电动机才能启动;

② 主轴电动机能正反转,且能单独停车;

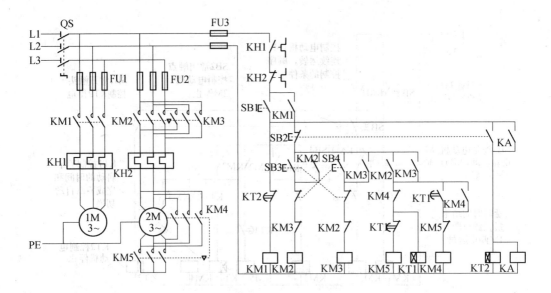

图 4 - 1 - 19　综合电路图

③ 具有短路、过载、欠压及失压保护。

试画出其控制电路图。

（2）某工厂车间内一小车可做左、右自动往复运行。其控制要求：

① 按下启动按钮 SB2，小车首先向右运动；

② 小车的撞块碰到 S1 时，停车，并开始延时 5s，延时时间到，小车自动改变运行方向，改向左运行；

③ 小车的撞块碰到 S2 时，停车，并开始延时 5s，延时时间到，小车再次自动改变运行方向，改向右运行；

④ 依此自动往复运行，直至按下停止按钮 SB1，小车停止。

（3）设计一小型吊车的控制线路。小型吊车有三台电动机，横梁电动机 M1 带动横梁在车间前后移动，小车电动机 M2 带动提升机构在横梁上左右移功，提升电动机 M3 升降重物。三台电动机都采用直接启动，自由停车。要求：

① 三台电动机都能正常启、保、停；

② 在升降过程中，横梁与小车不能动；

③ 横梁具有前、后极限保护，提升有上、下极限保护。

（4）画出笼型异步电动机的能耗制动控制电路，要求如下：

① 用按钮 SB2 和 SB1 控制电动机 M 的启停；

② 按下停止按钮 SB1 时，应使接触器 KM1 断电释放，接触器 KM2 通电运行，进行能耗制动；

③ 制动一段时间后，应使接触器 KM2 自动断电释放，试用通电延时型和断电延时型继电器画出一种控制电路。

设计主电路与控制电路。

248

【任务评价】

项目	评价内容	配分	自我评价	小组评价	教师评价	综合评定
电路设计	1. 电气原理图设计完全正确	15				
	2. 电路符合设计要求及原则	10				
	3. 根据要求,正确的选择保护元件	10				
	4. 电路设计要完全实现控制要求	15				
电路图绘制	1. 绘制电路电气符号正确	10				
	2. 电路图绘制正确	10				
	3. 电路图绘制不规范、不标准	10				
职业素质	1. 认真仔细的工作态度	5				
	2. 团结协作的工作精神	5				
	3. 听从指挥的工作作风	5				
	4. 安全及整理意识	5				
教师评语					成绩汇总	

任务二　电气线路设计软件的使用

【任务描述】

某工厂送料小车在 A、B 两地间做往复运动,由电动机 M1 拖动,小车在 A 地装料,由电磁阀 YV 控制,时间为 20s,装完料后从 A 地运动到 B 地卸料,由电动机 M2 带动小车倾倒物料,5s 后车斗复原,小车退回到 A 地再装料,循环进行。设计主电路和控制电路,利用仿真软件进行仿真与调试。小车运行示意图如图 4 - 2 - 1 所示。

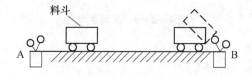

图 4 - 2 - 1　小车运行示意图

【任务目标】

1. 熟悉 CADe_SIMU 仿真软件。
2. 能正确使用仿真软件进行电气线路的仿真。
3. 熟练掌握仿真软件的使用并对电路进行调试。

【任务课时】

18 小时

【任务实施】

1. 熟悉软件

CADe_SIMU 线路图模拟仿真软件包括了各种电器元件符号,对应每种器件还有多种类型,并做成工具条提供使用。要简便快捷用 CADe - SIMU 软件绘图,前提是先熟悉这个软件。软件的界面窗口如图 4 - 2 - 2 所示。

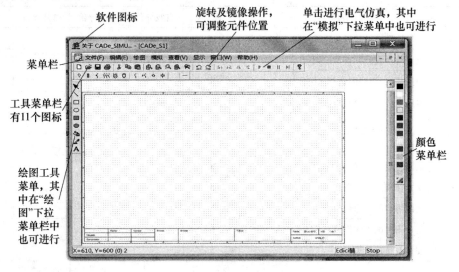

图 4 - 2 - 2　界面窗口

点击任意一个工具菜单的图标,在工具菜单下面一行显示其类型工具条,方便选取合适的元件符号,工具菜单栏及说明如图 4 - 2 - 3 所示。

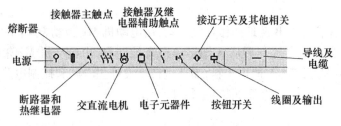

图 4 - 2 - 3　工具菜单栏

2. 掌握软件使用

1) 工具菜单使用方法

工具条选取某一元件符号→单击该元件图标→移动光标元件会随之移动→在绘图窗口中某一处点击则可将元件放在该处→按住左键拖动可移动其位置,按右键可取消操作,如图 4 - 2 - 4 所示。

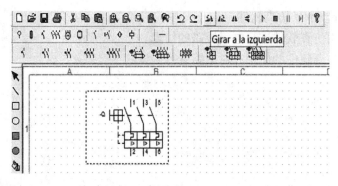

图 4 - 2 - 4　元件摆放

在工具栏菜单上选择向左转、向右转及镜像等操作，可水平、垂直或反向摆放元器件，如图4-2-5所示。

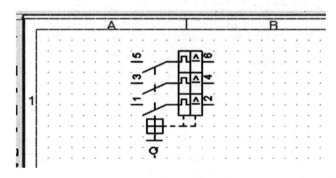

图4-2-5　元件旋转

双击元件符号，出现"编辑"框，可修改其名称和线号，如图4-2-6所示。

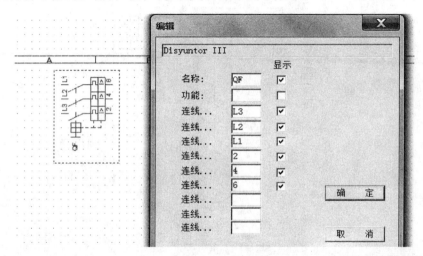

图4-2-6　修改名称和线号

单击左侧绘图工具条中图标"A"，标注电器元件名称及参数，如图4-2-7所示。

图4-2-7　添加文本标注

元件摆放的位置不合适或元件选择错误，单击该元件变为红色，按Delete键进行删除。根据电路图的要求把各个控制线路元件用导线连接起来。如图4-2-8所示为点动控制线路。

注意：电路图中各个电器元件必须用导线连接

点击菜单栏上 ▶ 和 ■ 按钮，进行电路仿真，如图4-2-9所示。

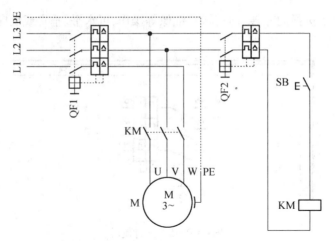

图 4 - 2 - 8　点动控制线路

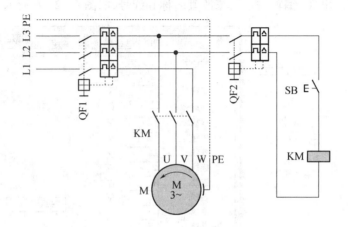

图 4 - 2 - 9　电路仿真

2）主电路设计

小车由电动机 M1 拖动实现来回运料,由两个接触器 KM1 和 KM2 控制电动机 M2 的正转与反转。小车在倒料时利用电动机 M2 来控制小车的货箱翘起,翻倒物料。由接触器 KM3 来控制,不需要控制电动机的转向。主电路如图 4 - 2 - 10 所示。

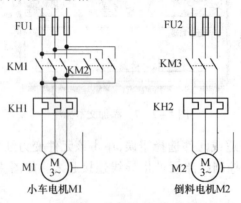

图 4 - 2 - 10　主电路设计

3）控制电路设计

系统控制电路设计前应该先考虑小车的初始状态，即小车初始位置判定。若小车初始状态在 A 点，则小车会触碰行程开关 SQ1，使电磁阀 YV 和延时继电器 KT1 通电。这时由电磁阀 YV 控制的进料装置将会对小车进料，而时间则由延时继电器 KT1 控制，KT1 延时时间为 20s。如图 4－2－11 所示，小车在 A 地，碰到行程开关 SQ1。

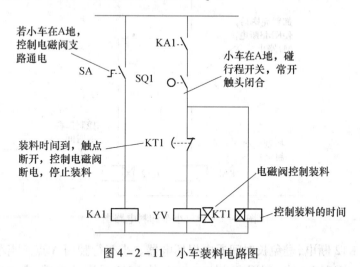

图 4－2－11　小车装料电路图

当小车装料完毕后，时间继电器便将电磁阀 YV 断电同时将 KM1 线圈导通，使小车离开 A 点向 B 点行进。当小车不在 A、B 两点时，若需要将小车开到 B 点，手动按钮 SB1 使 KM1 通电，电机 M1 正转，小车驶向 B 点。如图 4－2－12 所示。

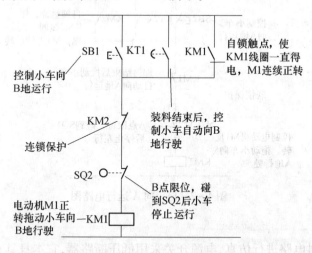

图 4－2－12　向 B 地运行电路图

小车到达 B 点后将触碰行程开关 SQ2，这时电机 M1 将立即停止下来，同时小车将马上进行倒料，接触器 KM3 和延时继电器 KT2 导通，接触器导通后将会使电机 M2 开始动作，支撑小车货箱倾倒货物，如图 4－2－13 所示。

延时继电器 KT2 的延时时间为 5s，当时间继电器动作，将 KM3 线圈断电，倒料电动机 M2 停止转动，并且同一时间 KM2 线圈通电，电动机 M1 反转，离开 B 点，向 A 地运行。这时行程

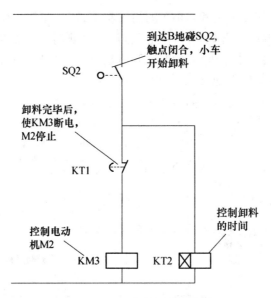

到达B地碰SQ2,
触点闭合,小车
开始卸料

SQ2

卸料完毕后,
使KM3断电,
M2停止

KT1

控制卸料
的时间

控制电动
机M2

KM3   KT2

图 4 - 2 - 13   小车卸料电路图

开关 SQ2 断开, KT2 断电,避免长时间通电损坏电器。小车行驶回 A 点。当小车初始不在 A、B 点时,又想将小车运回 A 点,利用启动按钮 SB2,使 KM2 导通并自锁,电动机 M1 反转,向 A 点行驶,如图 4 - 2 - 14 所示。

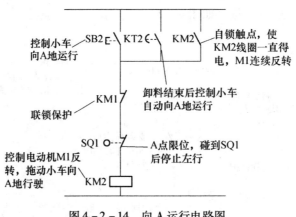

控制小车
向A地运行

SB2   KT2   KM2

自锁触点,使
KM2线圈一直得
电,M1连续反转

KM1

卸料结束后控制小车
自动向A地运行

联锁保护

SQ1

A点限位,碰到SQ1
后停止左行

控制电动机M1反
转,拖动小车向
A地行驶

KM2

图 4 - 2 - 14   向 A 运行电路图

4）电路仿真

完成设计后,对电路进行仿真,电源开关采用低压断路器,它本身具有短路、过载、欠压、失压保护。通过仿真图 4 - 2 - 15 ～ 4 - 2 - 18 来说明小车的运动过程。

5）知识巩固

（1）某机床有两台三相异步电动机,要求第一台电动机启动运行 5s 后,第二台电动机自行起动,第二台电动机运行 10s 后,两台电动机停止;两台电动机都具有短路、过载保护,设计主电路和控制电路。

（2）一台三相异步电动机运行要求为:按下启动按钮,电动机正转,5s 后,电动机自行反转,再过 10s,电动机停止,并具有短路、过载保护,设计主电路和控制电路。

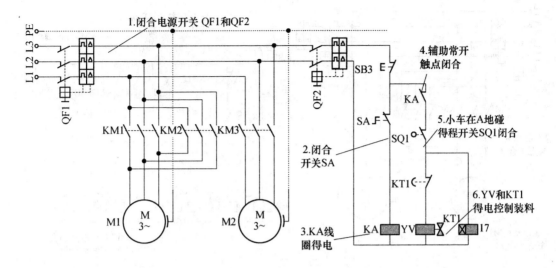

图 4 - 2 - 15 小车装料过程

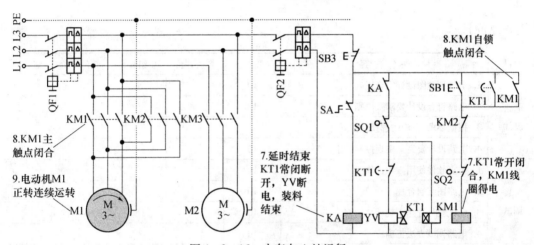

图 4 - 2 - 16 小车向 A 地运行

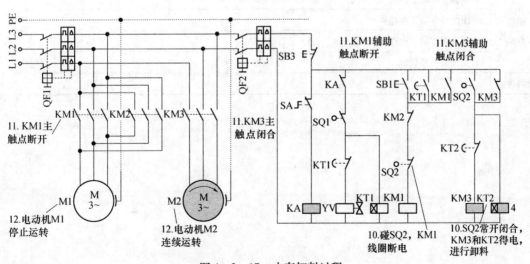

图 4 - 2 - 17 小车卸料过程

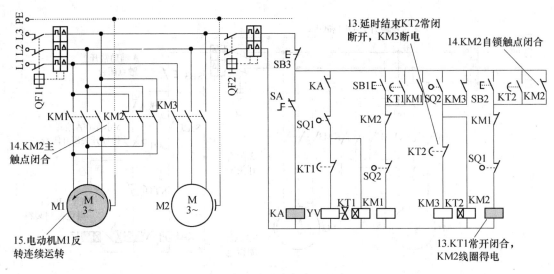

图 4 - 2 - 18　小车向 A 运行

【任务评价】

项目	评价内容	配分	自我评价	小组评价	教师评价	综合评定
电路设计	1. 电气原理图设计完全正确	10				
	2. 电路符合设计要求及原则	10				
	3. 根据要求,正确的选择保护元件	10				
	4. 电路设计要完全实现控制要求	10				
仿真调试	1. 仿真软件使用方法正确	10				
	2. 电路图绘制合理	10				
	3. 电气符号选择正确	10				
	4. 电路调试方法正确	10				
职业素质	1. 认真仔细的工作态度	5				
	2. 团结协作的工作精神	5				
	3. 听从指挥的工作作风	5				
	4. 安全及整理意识	5				
教师评语					成绩汇总	

附　录

附录 A　常用低压电气元件符号一览表

类别	名称	新图形符号	新文字符号	旧图形符号	旧文字符号
开关	单极控制开关		SA		K
	三极控制开关		QS		K
	三极隔离开关		QS	同上	K
	三极负荷开关		QS	同上	DK
	组合旋钮开关		QS	同上	HK
	低压断路器		QF		ZK
	控制器开关		SA		ZK
	倒顺开关		QS		HK

257

类别	名称	新图形符号	新文字符号	旧图形符号	旧文字符号
按钮开关	常开按钮		SB		QA
	常闭按钮		SB		TA
	复合按钮		SB		AN
	急停按钮		SB		
	钥匙操作式按钮		SB		
位置开关	常开触点		SQ		XWK
	常闭触点		SQ		XWK
	复合触点		SQ		XWK
接触器	线圈		KM		C
	常开主触点		KM		C
	常开辅助触点		KM		C
	常闭辅助触点		KM		C
热继电器	热元件常闭触点		KH		RJ RJ

类别	名称	新图形符号	新文字符号	旧图形符号	旧文字符号
时间继电器	一般线圈符号		KT		SJ
	通电延时线圈		KT		SJ
	断电延时线圈		KT		SJ
	瞬时常开触点		KT		SJ
	瞬时常闭触点		KT		SJ
	延时闭合常开触点		KT		SJ
	延时断开常闭触点		KT		SJ
	延时闭合常闭触点		KT		SJ
	延时断开常开触点		KT		SJ
中间继电器	线圈		KA		ZJ
	常开触点		KA		ZJ
	常闭触点		KA		ZJ
速度继电器	常开触点常闭触点	继电器转子	KS		SDJ

类别	名称	新图形符号	新文字符号	旧图形符号	旧文字符号
电流继电器	过电流继电器线圈		KA		GLJ
	欠电流继电器线圈		KA		GLJ
	常开触点		KA		GLJ
	常闭触点		KA		GLJ
电压继电器	过电压继电器线圈		KV		QYJ
	欠电压继电器线圈		KV		QYJ
	常开触点		KV		QYJ
	常闭触点		KV		QYJ
压力继电器	压力继电器常开触点		KP		WJ
电磁操作器	电磁吸盘		YH		DX
	电磁离合器		YC		CT
	电磁制动器		YB	同上	CT
	电磁阀		IV	同上	CT
	熔断器		FU		RD
灯具	照明灯		EL		ZD
	指示灯		HL		XD

类别	名称	新图形符号	新文字符号	旧图形符号	旧文字符号
	插接器	插座 或 插头 XS　　XP	X		CZ
变压器	单相变压器		TC		B
	三相自耦 变压器		T		ZDB
	频敏变阻器	f f f	RF		
三相交流异步电动机	三相笼型 异步电动机	M 3~	M	D	D
	三相绕线 异步电动机	M 3~	M	D	D
直流电动机	串励直流 电动机	M	MD		ZD
	并励直流 电动机	M	MD		ZD
直流电动机	他励直流 电动机	M	MD		ZD

261

类别	名称	新图形符号	新文字符号	旧图形符号	旧文字符号
直流电动机	复励直流电动机		MD		ZD
	换向绕组	B1 —— B2		H1 —— H2	HQ
	补偿绕组	C1 —— C2		BC1 —— BC2	BCQ
	串励绕组	D1 —— D2		C1 —— C2	CQ
	并励或他励绕组	E1 并励 E2 F1 他励 F2		B1 —— B2 并励	BQ
				T1 —— T2 他励	TQ
发电机	直流发电机	Ⓖ	GD	Ⓕ	ZF
	交流发电机	Ⓖ	GA	Ⓕ	JF
晶体管	二极管		V		D

附录 B 工业机械电气设备通用技术条件

工业机械电气设备通用技术条件（以下简称"标准"）是维修电工在从事工业机械电气线路的安装与检修等工作中不可缺少的指导性文件及准则。现将标准 GB/T 5226.1—1996《工业机械电气设备 第一部分：通用技术条件》（被替代标准 GB 5226—85《机床电气设备通用技术条件》），1996 年 9 月 3 日发布，1997 年 7 月 1 日实施的国家标准摘录如下：

引言

本标准对工业机械电气设备提出技术要求和建议，以便促进提高人员和财产的安全性；控制响应的一致性；维护的便利性。

不宜牺牲上述基本要素来获取高性能。

1. 范围

（1）本标准使用于工业机械（包括协同工作的一组机械）的电气和电子设备及系统，而不适用于手提工作式机械和高级系统（如系统间通讯）的电气和电子设备及系统。

（2）本标准所论及的设备是从机械电气设备的电源引入处开始的。本标准适用的电气设备部件，其额定电压不超过交流 1000V 或直流 1500V，额定频率不超过 200Hz。对于较高电压或频率,需满足特殊要求。

(3) 本标准是基础标准,不限制或阻碍技术进步。

2. 基本要求

1) 电气设备的选择

电气设备和器件应适应于它们预期的用途,并且应符合有关 IEC(国际电工委员会)标准的规定。

2) 电源

在下列规定的常规电源条件下,电气设备应设计成在满载或无载时能正常运行,除非用户另有说明。

(1) 交流电源。电压:稳态电压值为 0.9～1.1 倍额定电压;频率:0.99～1.01 倍额定频率(连续的),0.98～1.02 倍额定频率(短期工作)。

(2) 直流电源。由电池供电,电压:0.85～1.15 倍额定电压;由换能装置供电,电压:0.9～1.1 倍额定电压。

3) 实际环境和运行条件

电气设备应适合在下述规定的实际环境和运行条件中使用。

(1) 环境空气温度。密封的电气设备应能正常工作在环境空气温度 5～40℃ 范围内,且 24h 平均温度应不超过 35℃。外露的电气设备应能正常工作在环境空气温度 5～55℃ 范围内,且 24h 平均温度应不超过 50℃。

(2) 湿度。电气设备应能正常工作在相对湿度 30%～95% 范围内(无冷凝水)。

(3) 海拔高度。电气设备应能在海拔高度 1000m 以下正常工作。

(4) 污染。电气设备应适当保护,以防固体物和液体的侵入。

3. 引入电源线端接法和切断开关

1) 引入电源线端接法

(1) 建议把机械电气设备连接到单一电源上。如果需要用其他电源供电给电气设备的某些部分(如电子电路、电磁离合器),这些电源宜尽可能取自组成为机械电气设备一部分的器件(如变压器、换能器等)。

(2) 除非机械电气设备采用插销直接连接电源处,否则建议电源线直接连到电源切断开关的电源端子上。如果这样做不到,则应为电源线设置独立的接线座。

(3) 只有在用户同意下才可使用中线。使用中线时应在机械的技术文件(如安装图和电路图)上表示清楚,并应对中线提供标有 N 的单用绝缘端子。

(4) 在电气设备内部,中线和保护接地电路之间不应相连,也不应把 PEN 兼用端子在机械电柜内部使用。

(5) 所有引入电源端子都应按规定作出清晰的标记。

2) 外部保护导线端子

(1) 连接外部保护导线的端子应设置在有关相线端子的邻近处。

(2) 这种端子的尺寸应适合与附表 1 规定的外部铜保护导线的截面积相连接。如果外部导线不是铜的,则端子尺寸应适当选择。

附表 1　外部保护铜导线的最小截面积

设备供电相线的截面积 S	外部保护导线的最小截面积 S_P
$S \leqslant 16$	S
$16 < S \leqslant 35$	16
$S > 35$	$S/2$

（3）外部保护导线的端子应使用字母标志 PE 来指明。PE 代号应仅限用于机械的保护接地电路与引入电源系统的外部保护导线相连处的端子。为了避免混淆，用于把机械元件连到保护接地电路的其他端子，不应使用 PE 标记，而应使用⊕符号或用黄绿组合的双色标记。

3）电源切断（隔离）开关

（1）每个引入电源应提供一个手动操作的电源切断开关。当需要时（如电气设备在工作期间）该开关将切断机械电气设备电源。

（2）当配备两个或两个以上的电源切断开关时，为了防止出现危险情况、损坏机械或加工件，应采取联锁保护措施。

（3）电源切断开关应是下列形式之一：开关隔离器件、切断开关或断路器。

（4）电源切断开关的手柄应容易接近，一般应安装在维修站台以上 0.6～1.9m 间。

4. 电气设备的保护

1）概述

电气设备需在以下几方面采取保护措施：由于短路而引起的过电流；过载；异常温度；失压或欠电压；机械或机械部件超速。

2）过电流保护

如机械电路中的电流会超过元件的额定值或导线的载流能力，则应按下面的叙述配置过电流保护。

（1）需配置过电流保护器件。电源线（除非用户另有要求，否则电气设备供方不负责向电气设备电源线提供过电流保护器件）；动力电路；控制电路；插座及其有关导线；局部照明电路；变压器。

（2）过电流保护器件的设置。过电流保护器件应安装在受保护导线的电源引接处。

（3）过电流保护器件。分断能力应不小于保护器件安装处的预期短路电流。

（4）过电流保护器件额定值和整定值。熔断器的额定电流或其他过电流保护器件的整定电流应选择得尽可能小，但要满足预期的过电流通过，例如电动机启动或变压器合闸期间。

3）电动机的过载保护

（1）连续工作的 0.5kW 以上的电动机应配备电动机过载保护。建议所有的电动机，特别是冷却泵电动机都采用这种过载保护。电动机的过载保护能用过载保护器、温度传感器或电流限定器等器件来实现。

（2）除用电流限定或内装热保护（例如热敏电阻嵌入电动机绕组中）外，每条通电导线都应接入过载检测，但中线除外。

（3）若过载是用切断电路的办法作为保护，则开关器件应断开所有通电导线，但中线除外。

（4）应防止过载保护器件复原后任何电动机自行重新启动，以免引起危险情况，损坏机械或加工件。

4) 对电源中断或电压降落随后复原的保护

（1）如果电压降落或电源中断会引起电气设备误动作,则应提供欠压保护器件,在预定的电压值下它应确保适当的保护(例如断开机械电源)。

（2）若机械运行允许电压中断或电压降落一短暂时刻,则可配置带延时的欠压保护器件。欠压保护器件的工作,不应妨碍机械的任何停车控制的操作。

（3）应防止欠压保护器件复原后机械的自行重新启动,以免引起危险情况、损坏机械或加工件。

（4）如果仅是机械的一部分或以协作方式同时工作的一组机械的一部分受电压降落或电源中断的影响,则应提供一种方法,使得能利用系统的其余部分对受影响部分进行监控,以确保满足本条的要求。

5) 电动机的超速保护

如果超速能引起危险情况,则应按故障情况下减低危险的措施办法提供超速保护。超速保护应激发适当的控制响应,并应防止自行重新启动。

5. 保护接地电路

（1）保护接地电路由下列部分组成:PE 端子;电气设备和机械的导体结构件部分;机械设备上的保护导线。

（2）保护导线应按规定做出标记。保护导线应采用铜导线。在使用非铜质导体的场合,其单位长度电阻不应超过允许的铜导体单位长度电阻,并且它的截面积不应小于 $16mm^2$。

（3）保护接地电路的连续性。电气设备和机械的所有裸露导体件都应连接到保护接地电路上。无论什么原因(如维修)拆移部件时,不应使余留部件的保护接地电路连续性中断。

（4）禁止开关器件进入保护接地电路。

（5）当保护接地电路的连续性可用接插件断开时,保护接地电路只应在通电导线全部断开之后再断开,且保护接地电路连续性的重新建立应在所有通电导线重新接通之前。

（6）所有保护导线应按要求进行端子连接。不允许把保护导线接到附加配件或连接在用具零件上。

6. 控制电路和控制功能

1) 控制电路

（1）控制电路电源应由变压器供电。这些变压器应有独立的绕组。如果使用几个变压器,建议这些变压器的绕组按使二次侧电压同相位的方式连接。如果直流控制电路连接到保护接地电路,它们应由交流控制电路变压器的独立绕组或由另外的控制电路变压器供电。对于不大于 3kW 用单一电动机启动器和不超过两只控制器件(如互锁装置、急停按钮)的机械,不强制使用变压器。

（2）控制电压值应与控制电路的正确运行协调一致。当用变压器供电时,控制电路的额定电压不应超过 250V。

（3）控制电路应按要求提供过电流保护。也可以提供过载保护。

（4）控制器件的连接,一边连接(或预计连接)到保护接地电路的控制电路中,各电磁操作件工作线圈的一端(最好是同标记端)或任何其他各电器件的一端,应直接连接到该控制电路的接地边。所有操纵线圈或电器件的控制器件的开关功能件(如触点),应连接在线圈或电器件的另一端子与控制电路的另一边(即未接到保护接地电路的一边)之间。允许下列情况例外:保护器件(如过载继电器)的触点可以连接在保护电路连接边和线圈之间,只要这些触点与继电器触点工作在其上的控制器件线圈之间的导线是处于同一电柜内,其连接线很短,出现接地故障的可能性不大。

2)控制功能

(1)启动功能应通过给有关电路通电来实现。

(2)停止功能有下列三种类别:0类:用即刻切除机械执行结构动力的办法停车;1类:给机械执行机构施加动力去完成停车并在停车后切除动力的可控停止;2类:利用储留动能施加于机械执行结构的可控停止。每台机械都应配备0类停止。如因安全需要和机械的功能要求,则应提供1类和(或)2类停止。停止功能应使有关操作电路断路,并应否定有关的启动功能。停止功能的复位不应引发任何危险情况。

(3)紧急停止除停止的要求之外,还有下列要求:紧急停止功能应否定所有其他功能和所有工作方式中的操作;接往能够引起危险情况的机械执行机构的动力应尽可能快地切除,且不引起其他危险(如采用无外部动力的机械停车装置,对于1类停止功能采用反接制动);复位不应引起重新启动。

3)联锁保护

(1)联锁安全防护装置的复位不应引发机械的运转和工作,以免发生危险情况。

(2)如果超程会发生危险情况,则应配备极限器件,用来切断有关机械执行结构的动力电路。

(3)应通过适当的器件(如压力传感器)去检验辅助功能的正常工作。如果辅助功能(如润滑、冷却、排屑)的电动机或任一器件不工作有可能发生危险情况或者损坏机械或加工件,则应提供适当的联锁。

(4)机械控制元件的接触器、继电器和其他控制器件同时动作会带来危险时(例如启动相反运动),应进行联锁以防止不正确的工作。控制电动机换向的接触器应联锁,使得在正常使用中切换时不会发生短路。如果为了安全或持续运行,机械上某些供功能需要相互联系,则应用适当的联锁以确保正常的协调,对于在协调方式中同时工作并具有多个控制器的一组机械,必要时应对控制器的协调操作作出规定。

(5)如果电动机采用反接制动,则用采取有效措施以防止制动结束时电动机反转,这种反转可能会造成危险情况或损坏机械和加工件。为此,不应允许采用只按时间作用原则的控制器件。

7. 操作板和安装在机械上的控制器件

对外装或局部露出外壳安装的器件的要求:

(1)为了适用,安装在机械上的控制器件应满足下列条件;维修时易于接近;安装得使由于操纵设备或其他可移设备引起损坏的可能性减至最小。

手动控制器件的操作件应这样选择和安装:操作件一般不低于维修站台以上0.6m,并处于操作者在正常工作位置上易够得着的范围内;使操作者进行操作时不会处于危险位置;意外操作的可能性减至最小。

(2)位置传感器(如位置开关、接近开关)的安装应确保即使超程它们也不会受到损坏。电路中提供保护措施而使用的机械动作式位置传感器,应设计成为强制断开操作。

(3)指示灯和显示器用来发出下列形式的信息:

指示:引起操作者注意或指示操作者应该完成某种任务。红、黄、绿和蓝色通常用于这种方式。

确认:用于确认一种指令、一种状态或情况,或者用于确认一种变化或转换阶段的结束。蓝色和白色通常用于这种方式,某些情况下也可以用绿色。

除非供方和用户间另有协议,否则指示灯玻璃的颜色代码应根据工业机械的状态符合附表2的要求。

附表2　指示灯的颜色及其相对于工业机械状态的含义

颜色	含义	说明	操作者的动作	应用示例
红	紧急	危险情况	立即动作去处理危险情况(如操作急停)	压力/温度超过安全极限电压降落击穿行程超越停止位置
黄	异常	异常情况 紧急临界情况	监视和(或)干预(如重建需要的功能)	压力/温度超过正常限值保护器件脱扣
绿	正常	正常情况	任选	压力/温度在正常范围内
蓝	强制性	指示操作者需要动作	强制性动作	指示输入预选值
白	无确定性质	其他情况,可用于红、黄、绿、蓝色的应用有疑问时	监视	一般信息

(4)急停器件应设置在各个操作控制站以及其他可能要求有急停功能的操作工位。急停器件主要包括:按钮操作开关,拉线操作开关,不带机械防护装置的脚踏开关。它们应是自锁式的,并应安装在易接近处。急停器件的操作件未经手动复位前应不可能恢复电路,如果设置几个急停器件,则在所有操作件复位前电路不应恢复。手动操作急停器件的触点应确保强制断开操作。急停器件的操作件应着红色。如果操作件后面有衬托色则它应着黄色。按钮操作开关的操作件应为掌揿式或蘑菇头式的。

8. 导线和电缆

1)一般要求

导线和电缆的选择应适合于工作条件(如电压、电流、电击的防护、电缆的分组)和可能存在的外界影响(如环境温度、存在水或腐蚀物质和机械应力)。只要可能就应选用有阻燃性能的绝缘导线和电缆。

2)导线

一般情况下,导线应为铜质的。任何其他材质的导线都应具有承载相同电流的标称截面积,导线最高温度不应超过附表3规定的值。如果用铝导线,截面积应至少为 $16mm^2$。

附表3　正常和短路条件下导线允许的最高温度 /℃

绝缘种类	正常条件下导线最高温度	短路条件下导线短时极限温度
聚氯乙烯(PVC)	70	160
橡胶	60	200
交联聚乙烯(XLPE)	90	250
硅橡胶(SiR)	180	350
注:短路时间不超过5s的假定绝热性能		

虽然1类导线主要用于固定的、不移动的部件之间,但它们也可用于出现极小弯曲的场合,条件是截面积小于 $0.5mm^2$。易遭受频繁运动(如机械工作每小时运动一次)的所有导线,

均应采用5或6类绞合软线,见附表4。

附表4　导线的分类

类别	说　明	用法/用途
1	铜或铝圆截面硬线,一般至少16mm²	只用于无振动的固定安装
2	铜或铝最少股的绞芯线,一般大于25mm²	
5	多股细铜绞合线	用于有振动机械的安装;连接移动部件
6	多股极细铜软线	用于频繁移动

注:资料来源于IEC 228:1978《绝缘电缆导线》和IEC 228A:1982,第一次增补《圆导线的尺寸范围指南》

3)绝缘

绝缘的类别包括(但不限于):聚氯乙烯(PVC);天然或合成橡胶;硅橡胶(SiR);无机物;交联聚乙烯(XLPE);乙烯丙烯混合物(EPR)。绝缘的介电强度应满足耐压试验的要求。对工作于电压高于交流50V或直流120V的电缆,要经受至少交流2000V的持续5min的耐压试验。对于独立的PELV(保安特低电压)电路,介电强度应承受交流500V的持续5min的耐压试验。绝缘的机械强度和厚度应使得工作时或敷设时,尤其是电缆装入通道时绝缘不受损伤。

4)正常工作时的载流容量

导线截面积应使得在最大稳态电流或其等效值情况下,导线温度不超过附表3中的规定值。

5)电压降

电压降不应超过额定电压的5%。

6)最小截面积

为确保适当的机械强度,导线截面积应不小于附表5示出值。然而,如果用别的措施来获得适当的机械强度且不削弱正常功能,必要时可以使用比附表5示出值小的导线。电柜内部具有最大电流为2A的电路的配线不必遵守附表5的要求。

附表5　铜导线的最小截面积/mm²

位置	用　途	单芯绞线	单芯硬线	双芯屏蔽线	双芯无屏蔽线	三芯或三芯以上屏蔽线或无屏蔽线
		铜导线的最小截面积				
外壳外部	正常配线	1	1.5	0.75	0.75	0.75
	频繁运动机械部件的连接	1	—	1	1	1
	小电流(<2A)电路中的连线	1	1.5	0.3	0.5	0.3
	数据通信配线	—	—	—	—	0.08
外壳内部	正常配线	0.75	0.75	0.75	0.75	0.75
	小电流(<2A)电路中的连线	0.2	0.2	0.2	0.2	0.2
	数据通信配线	—	—	—	—	0.08

9．配线技术

1）连接和布线。

（1）一般要求。

① 所有连接,尤其是保护接地电路的连接应牢固,没有意外松脱的危险。

② 连接方法应与被连接导线的截面积及导线的性质相适应。对铝或铝合金导线,要特别考虑电蚀问题。

③ 只有专门设计的端子,才允许一个端子连接两根或多根导线。但一个端子只应连接一根保护接地电路导线。

④ 只有提供的端子适用于焊接工艺要求才允许焊接连线。

⑤ 接线座的端子应清楚做出与电路图上相一致的标记。

⑥ 软导线管和电缆的敷设应使液体能排离该装置。

⑦ 当器件或端子不具备端接多股芯线的条件时,应提供拢合绞芯束的办法。不允许用焊锡来达到此目的。

⑧ 屏蔽导线的端接应防止绞合线磨损并应容易拆卸。

⑨ 识别标牌应清晰、耐久,适合于实际环境。

⑩ 接线座的安装和接线应使内部和外部配线不跨越端子。

（2）导线和电缆的敷设。

① 导线和电缆的敷设应使两端子之间无接头或拼接点。

② 为满足连接和拆卸电缆和电缆束的需要,应提供足够的附加长度。

③ 如果导线端部会受到不适当的张力,则多芯电缆端部应夹牢。

④ 只要可能,就应将保护导线靠近有关的负载导线安装,以便减小回路阻抗。

（3）不同电路的导线。

① 不同电路的导线可以并排放置,可以穿在同一通道中（如导线管或电缆管道装置）,也可以处于同一多芯电缆中,只要这种安排不削弱各自电路的原有功能。如果这些电路的工作电压不同,应把它们用适当的隔板彼此隔开,或者把同一管道内的导线都用最高电压导线的绝缘。

② 不经过电源切断开关断开的电路应与其他配线分开,或者应颜色来区分（或两种办法同时采用）,以便在电源切断开关处在"通"或"断"位置时均能够辨认出它们是带电的。

2）导线的标识

（1）一般要求。导线应按照技术文件的要求在每个端部做出标记。

（2）保护导线的标识。应依靠形状、位置、标记或颜色使保护导线容易识别。当只采用色标时,应在导线全长上采用黄/绿双色组合。保护导线的色标是绝对专用的。

（3）中线的标识。如果电路中包含有用颜色识别的中线,其颜色应为浅蓝色。可能混淆的场合,不应使用浅蓝色来标记其他导线。在没有中线的情况下,浅蓝色可另做它用,但不能用作保护导线。

（4）其他导线的标识。其他导线应使用颜色（单一颜色或单色、多色条纹）、数字、字母、颜色和数字或字母的组合来标记。采用数字时,它们应为阿拉伯数字;字母应为拉丁字母（大写或小写）。绝缘单芯导线应使用下列颜色代码:

黑色——交流和直流动力电路;

红色——交流控制电路;

蓝色——直流控制电路；

橙色——由外部电源供电的联锁控制电路。

3）电柜内配线

（1）必要时配电盘的配线应固定，以保持它们处于应有的位置。只有在用阻燃绝缘材料制造时才允许使用非金属线槽或通道。

（2）建议安装在电柜内的电气设备，要设计和制作成允许从电柜正面修改配线。如果有困难，或控制器件是背后接线，则应提供检修门或能旋出的配电盘。

（3）安装在门上或其他活动部件上的器件，应按可控部件频繁运动用的软导线连接。这些导线应固定在固定部件上和与电气连接无关的活动部件上。

（4）不敷入通道的导线和电缆应牢固固定住。

（5）引出电柜外部的控制配线，应采用接线座或连接插销插座组合。

（6）动力电缆和测量电路的电缆可以直接接到想要连接的器件的端子上。

4）电柜外配线

（1）一般要求引领电缆进入电柜的导入装置或通道，连同专用的管接头、密封垫等一起，应确保不降低防护等级。

（2）外部通道。

① 连接电气设备电柜外部的导线应封闭在适当的通道中（如导线管或电缆管道装置），只有具有适当保护套的电缆，无论是否用开式电缆托架或电缆支撑设施，都可使用不封闭的通道安装。

② 和通道或多芯电缆一起使用的接头附件应适合于实际环境。可能与导线绝缘接触的锐棱、焊碴、毛刺、粗糙表面或螺纹，应从通道和接头上清除。关于导线槽满率的考虑应基于通道的直线性和长度以及导线的柔性。建议通道的尺寸和布置要使导线和电缆容易装入。

③ 如果至悬挂按钮站的连接必须使用柔性连接，则应采用软导线管或软多芯电缆。悬挂站的重量不应借助软导线或多芯电缆来支撑，除非是为此目的专门设计的导线管或电缆。

④ 软导线管或软多芯电缆应使用于包括少量或不经常运动的连接。也应允许使用于一般静止电动机、位置开关和其他外部安装器件的连接。

（3）机械的移动部件的连线。

① 频繁移动的部件应按8.2）条要求的适合于弯曲使用的导线连接。软电缆和软导管的安装应避免过度弯曲和绷紧，尤其是在接头附件部位。

② 移动电缆的支撑应使得在连接点上没有机械应力，也没有急弯。弯曲回环应有足够的长度，以便使电缆的弯曲半径至少为电缆外径的10倍。

③ 如果移动电缆靠近运动部件，则应采取措施使它们之间至少应保持25mm距离，如果做不到，则应在二者之间安设隔板。

④ 电缆护套应能耐受由于移动而产生的可预料到的正常磨损，并能经受大气污染物质的影响（如油、水、冷却液、粉尘）。

⑤ 如果软导线管靠近运动部件，则在所有运动情况下其结构和支撑装置均应能防止对软导线管或电缆的损伤。

⑥ 软金属导线管不应用于快速和频繁的移动，除非是为此目的专门设计的。

⑦ 备有标志电缆的预接引出线的器件（位置开关、接近开关）可不提供导线管的短接装置。

⑧ 连接交流电路和直流电路的导线应允许安装在同一通道中而不考虑其电压情况,只要通道中的导线全部按其中的最高电压来选用绝缘。

(4) 备用导线。应考虑提供维护和修理用的备用导线。提供备用导线时,应把它们连接在备用端子上,或用和防护接触带电体同样的方法予以隔离。

10．警告标志和项目代号

1）铭牌、标记和识别牌

电气设备应标出供方名称、商标或其他识别符号,必要时还应标出认证标记。铭牌、标记和识别牌应经久耐用,经得住复杂的实际环境影响。

2）警告标志

不能清楚标明其中装有电气器件的外壳,都应标出形状符合图示符号的黑边、黄底、黑色闪电符号⚡。

3）控制设备的标记

控制设备(如控制装置组合)应清晰耐久地标出标记,使得在设备被安装后清晰可见。铭牌应固定在外壳上,尽可能给出下列信息:供方的名称或商标;必要时的认证标记;使用顺序号;额定电压、相数和频率(如果是交流)、满载电流(使用几种电源时应分别写出);最大电动机或负载的额定电流;随设备提供的机械过电流保护器件的短路切断能力;电气图编号或电气图索引号。

4）项目代号

所有控制器件和元件应清晰标出与技术文件相一致的项目代号。

11．技术文件

1）概述

(1) 为了安装、操作和维护工业机械电气设备所需要的资料,应以简图、图、表图、表格和说明书的形式提供。这些资料应使用供方和用户在订货前共同商定的语言和信息载体或媒介(如纸带、软件、磁盘)。

(2) 提供的资料可随提供的电气设备的复杂程度而异。对于很简单的设备,有关资料可以包容在一个文件中,只要这个文件能显示电气设备的所有器件并使之能够连接到供电网上。

(3) 主要的供方应确保随每台机器提供规定的技术文件。

2）提供的资料

随电气设备提供的资料包括:

(1) 设备、装置、安装以及电源连接方式的清楚全面的描述。

(2) 电源的技术要求。

(3) 实际环境(如照明、振动、噪声级、大气污染)的资料,适用的场合。

(4) 系统图或框图,适用的场合。

(5) 电路图。

(6) 下述有关资料(在适当的场合):程序编制;操作顺序;检查周期;功能试验的周期和方法;调整、维护和维修指南,尤其是对保护器件及其电路;元器件尤其是备用件的清单。

(7) 安全防护装置、相互影响的功能、具有危险运动的防护装置尤其是互相影响的装置的联锁的详细说明(包括互连接线图);

(8) 主要安全防护装置的功能暂时终止时(如手工编程、程序更改)的安全防护措施及方法的详细说明。

参 考 文 献

［1］李敬梅. 电力拖动控制线路与技能训练. 4 版. 北京:中国劳动社会保障出版社,2007.
［2］叶云汉. 电机与电力拖动项目教程. 北京:科学出版社,2008.
［3］刘玉敏. 机床电气线路原理及故障处理. 北京:机械工业出版社,2008.